江苏省“十四五”职业教育在线精品课程配套教材

高等职业教育“十四五”系列教材

工业机器人机械维护

主　编　蔡红健

副主编　巫邵波

南京大学出版社

内容简介

本教材为任务驱动的项目式活页教材，有机融入了“1＋X”工业机器人操作与运维职业技能等级证书(初、中、高级)考核所涉及的知识点与技能点，以从事工业机器人机械维护相关工作的职业岗位分析和工作过程为导向，通过保养工业机器人、调试工业机器人和拆装工业机器人等 3 个项目 8 个任务 17 个子任务，详细介绍了认识与检查工业机器人、保养齿轮箱、保养平衡缸、标定工业机器人的零点、测定工业机器人的负载参数、拆装电机、中心手和齿轮箱等工业机器人关键机械零部件等内容。

本教材既适合作为高等职业教育工业机器人技术专业的教材和企业的培训用书，也可以作为高职院校机电及相关专业各类学生的专业选修课教材，同时可供从事 KUKA 机器人操作与机械维护等工作的技术人员作参考。

图书在版编目(CIP)数据

工业机器人机械维护 / 蔡红健主编. -- 南京 ：南京大学出版社，2024. 8. -- ISBN 978-7-305-28166-2

Ⅰ. TP242.2

中国国家版本馆 CIP 数据核字第 202491N3M5 号

出版发行　南京大学出版社
社　　址　南京市汉口路 22 号　　　邮　　编　210093

书　　名　**工业机器人机械维护**
　　　　　GONGYE JIQIREN JIXIE WEIHU
主　　编　蔡红健
责任编辑　吕家慧　　　　编辑热线　025-83597482

照　　排　南京开卷文化传媒有限公司
印　　刷　苏州工业园区美柯乐制版印务有限责任公司
开　　本　787 mm×1092 mm　1/16　印张 13.25　字数 328 千
版　　次　2024 年 8 月第 1 版　2024 年 8 月第 1 次印刷
ISBN 978-7-305-28166-2

定　　价　59.00 元
网　　址：http://www.njupco.com
官方微博：http://weibo.com/njupco
微信服务号：njuyuexue
销售咨询热线：(025)83594756

前　言

随着全球工业化和经济的持续发展，我国已成为制造业大国。然而，近年来我国出现的劳动力结构性短缺、劳动成本不断上升等问题，严重制约我国现代制造产业的发展。为提高我国生产力，完成制造业从劳动密集型向技术密集型方向发展，振兴现代制造业、实现新型工业化是我国经济发展的重要任务，工业机器人应运而生。工业机器人作为机器人家族的主要一员，广泛应用于汽车、机械、电子、危险品制造、国防军工、化工、轻工等行业。《中国制造 2025》站在历史新高度，从战略全局出发，明确提出了我国实施制造强国战略的第一个十年行动计划，将“高档数控机床和机器人”作为大力推动的重点领域之一。

目前，在工业生产中，使用最广泛的是六自由度垂直串联多关节机器人。虽然不同机器人厂家有自己的设计标准和设计风格，但在机械结构和控制功能方面差异并不大。德国在世界上拥有先进的工业制造技术和工业化水平，率先提出了德国工业 4.0，这标志着全球加快了全面进入以智能制造为核心的智能经济时代。我国对机器人产业“十四五”规划已基本制定完成，工业和信息化部等多部门印发的《“十四五”机器人产业发展规划》中提出，到 2025 年，中国将成为全球机器人技术创新策源地、高端制造集聚地和集成应用新高地，机器人产业营业收入年均增长超过 20%，制造业机器人密度实现翻倍。

国内机器人产业的持续蓬勃发展态势，将带来对工业机器人研发、安装、编程以及调试维修的专门人才的大量迫切需求。目前，关于机器人方面的专著、教材普遍偏于理论，而关于实际操作、维护、保养的知识只能依赖于各种商业机器人产品的用户手册。理论与实践应用的严重脱节已经成为制约工业机器人广泛应用的瓶颈。依据当前社会对工业机器人机械维护的迫切需求形势，编写一本兼顾理论与实践操作的工业机器人教材就显得尤为重要。

本教材以世界工业机器人四大家族之一的 KUKA 机器人为主要对象，着重围绕工业机器人的机械结构、手动操作及机械维护的基本共性问题展开。在论述上深入浅出，偏重于基本概念和基本规律，既不停留在表面现象，也不追求繁琐的操作细节，说明问题即可。在结构编排上循序渐进，遵循读者认知规律，通过典型实例解说，达到理论与实际有机结合。

本教材分为 3 个项目，每个项目中又设计了 2～3 个任务。在项目 1 中，我们学习怎样日常点检机器人，怎样保养齿轮箱，以及怎样保养高负载机器人的平衡装置。在项目 2 中，我们学习怎样标定机器人的零点和怎样测定机器人的负载参数。在项目 3 中，我们学习怎样检修电机、中心手和齿轮箱等工业机器人关键机械零部件。这样的结构编排和内容设置可以使读者尽快掌握工业机器人的基本理论知识，全面提高工业机器人机械维护技能，达到触类旁通的目的。本教材具有以下特点。

1. 全面反应新时代教学改革成果

本教材以教育部关于职业院校专业人才培养方案制订与实施工作的指导意见（教职成〔2019〕13 号）、教育部关于印发《职业院校教材管理办法》的通知（教材〔2019〕3 号）为指导，以课程建设为依托，全面反映新时代产教融合、校企合作、教育信息化等方面的教学改革成果，以培养职业能力为主线，将探究学习、沟通交流、团队合作、分析解决问题、创新能力培养等元素贯穿教材始终，充分适应不断创新与发展的工学交替、教学做合一和项目教学、任务驱动、案例教学等理实一体化教学组织与实施形式。

2. 以“做”为中心的“教学做合一”教材

本教材按照“以学生为中心、学习成果为导向、促进自主学习”思路进行教材开发设计，弱化“教学材料”的特征，强化“学习资料”的功能，将“工业机器人机械维护岗位任职要求、职业标准、工作过程”作为教材主体内容，将“1＋X”工业机器人操作与运维职业技能等级标准相关内容融入教材，采用“做中学、学中做”教学模式，体现“教学做合一”理念。

3. 编写体例、形式和内容适合职业教育特点

本教材结构设计符合学生认知规律和职业成长规律，采用项目化设计，任务驱动，强调“理实一体、学做合一”，更加突出实践性，力求实现情境化项目教学。本教材共分为 3 个项目，每个项目下设 2～3 个任务，激发学生的学习兴趣，明确学习目标。学生通过实施任务，总结知识，分享学习成果，实现知识建构与积累，提高分析问题与解决问题的能力。

4. 新形态一体化教材实现教学资源共建共享

将教材配套的数字学习资源通过二维码的形式印刷在教材上，学生通过手机扫码，即可获得在线学习资源的支持，同时提供配套的教学课件、课程标准、习题解析等配套资源供任课教师使用。新形态一体化立体教材有利于学生即时学习和个性化按需学习，有助于教师创新教学模式，开展教学改革与实践。

5. 校企“双元”合作开发教材，实现校企“双元”协同育人

本教材紧跟机器人产业发展趋势和智能制造行业人才需求，及时将产业发展的新技术、新工艺和新规范融入教材，反映典型岗位（群）职业能力要求，吸收行业企业技术人员、能工巧匠深度参与教材编写。教材在编写团队深入企业调研的基础上开发完成，许多案例都来源于企业真实案例。

本教材由江苏工程职业技术学院蔡红健担任主编，参加编写的还有江苏工程职业技术学院巫邵波。其中，蔡红健编写了项目 1 中的任务 1 以及项目 2 和项目 3，巫邵波编写了项目 1 中的任务 2 和任务 3。在编写过程中，江苏工程职业技术学院的胡志刚、陈伟卓等为书稿付出了辛勤的劳动，库卡机器人（上海）有限公司、上海库茂机器人股份有限公司也给予了大力支持，提供了企业真实案例。同时，本教材参考了相关同类教材、专著、论文、手册等资料，在此，编者对原编著者表示衷心的感谢。

由于编者水平有限，书中难免有不当之处，恳请读者批评指正，可将意见和建议反馈至编者电子邮箱：caihongjian2000@126.com。

编　者

2024 年 3 月

目　录

项目 1　保养工业机器人

1. 知识目标

(1) 能描述工业机器人的定义、特征、基本结构和功能，解释工业机器人的相关术语及其含义，了解工业机器人的发展，熟悉工业机器人的常见分类及其行业应用。

(2) 能描述工业机器人的常见技术指标，了解 KUKA 机器人的产品系列，会根据工作情况，合理选择机器人型号。

(3) 掌握工业机器人的系统组成及各部分的功能，了解工业机器人的运动控制。

(4) 了解搬运机器人、焊接机器人、装配机器人、涂装机器人、机加工机器人的分类及特点，能描述其系统组成及功能。

(5) 能描述工业机器人的运动轴、坐标系及其作用。了解工业机器人的安全操作规程，熟悉示教器的按键及使用功能，会使用 KUKA smartPAD 手动操作 KUKA 机器人。

2. 能力目标

(1) 能根据工作任务的需要，搜集、整理和学习相关信息资源。

(2) 培养学生自学、工具应用、资料检索和技术文件写作的能力。

(3) 培养学生发现问题、分析问题和解决问题的能力，具有正确的价值观与评定事物的能力。

(4) 培养学生良好的交往与沟通表达能力及展示自己专业水平的能力，其中优秀者还应具有组织和协调能力。

3. 素质目标

(1) 具备良好的职业道德及社会责任意识，遵纪守法，坚持不懈，诚实守信。

(2) 身心健康，自信，自律，意志坚定。

(3) 善于运用已获得知识、技能和经验独立分析和解决问题。

(4) 善于观察、沟通及团队协作，对工作结果能客观评价与反思，勇于创新。

4. 思政育人目标

(1) 热爱祖国，拥护党的领导，培育和践行社会主义核心价值观。

(2) 提升国际视野，具备科技报国、制造强国的家国情怀和使命担当。

(3) 遵纪守法，具备良好的职业道德、社会责任意识。

(4) 践行严谨细致、一丝不苟、精益求精的工匠精神。

(5) 增强环保意识，践行绿色发展理念。

(6) 提高安全意识，养成文明生产的习惯。

任务1　明察秋毫——认识与检查机器人

【扫一扫】
课前测试

案例引入

某汽车生产公司汽车盖板焊接生产线上利用 KUKA 机器人为汽车盖板进行点焊工作，生产线 24 小时运作，由于缺乏日常点检，地脚螺栓产生松动，焊接位置精度超差，导致汽车盖板废品率提高，从而给企业造成了大量的经济损失。

子任务1　认识工业机器人

知识链接

1. 工业机器人的定义

【扫一扫】
认识库卡机器人

工业机器人诞生于20世纪60年代，并在20世纪90年代得到迅速发展，它是综合了机械、电子、控制、计算机、传感器、人工智能等多学科先进技术于一体的现代制造业重要的自动化装备。工业机器人一般指在工厂车间环境中配合自动化生产的需要，代替人来完成材料的搬运加工、装配等操作的一种机器人。能代替人完成搬运、加工、装配功能的工作可以是各种专用的自动机器，但是使用机器人则是为了利用它的柔性自动化功能达到最高的技术经济效益。有关工业机器人的定义有许多不同的说法，以下为各国科学家从不同角度出发给出的一些具有代表性的工业机器人定义。

1）美国机器人协会(RIA)对工业机器人的定义

工业机器人是一种用于移动各种材料、零件、工具或专用装置的，通过程序动作来执行各种任务并具有编程能力的多功能操作机。

2）日本机器人协会(JIRA)对工业机器人的定义

工业机器人是一种带有存储器件和末端操作器的通用机械，它能够通过自动化的动作替代人类劳动。

3）中国对工业机器人的定义

工业机器人是一种自动化的机器，所不同的是这种机器具备一些与人或者生物相似的智能能力，如感知能力、规划能力、动作能力和协同能力，是一种具有高度灵活性的自动化机器。

4）国际标准化组织(ISO)对工业机器人的定义

工业机器人是一种能自动控制，可重复编程，多功能、多自由度的操作机，能搬运材料、工件或操持工具来完成各种作业。

目前，国际大都遵循 ISO 所下的定义。广义地说，工业机器人是一种在计算机控制下的可编程的自动机器。

【扫一扫】
工业机器人的定义和特征

2. 工业机器人的特征

工业机器人具有 4 个基本特征。

1) 具有特定的机械机构

工业机器人的动作具有类似于人或其他生物的某些器官(肢体、感受等)功能。

2) 通用性

工业机器人可从事多种工作，可灵活改变动作程序。

3) 具有不同程度的智能

工业机器人有记忆、感知、推理、决策、学习等智能。

4) 独立性

完整的工业机器人系统在工作中可以不依赖于人的干预。

3. 工业机器人的发展

1) 世界工业机器人的发展现状

1959 年德沃尔与美国发明家约瑟夫·英格伯格联手制造出第一台工业机器人，可实现回转、伸缩、俯仰等动作，如图 1-1-1 所示。不久，世界上第一家机器人制造工厂——Unimation 公司成立了。1961 年发表了该项专利，1962 年美国通用汽车公司投入使用，标志着第一代机器人诞生。由于英格伯格对工业机器人的研发和宣传，他也被称为“工业机器人之父”，从此，机器人开始成为人类生活中的现实。

图 1-1-1　世界上第一台工业机器人

随后，工业机器人在日本得到了迅猛发展。如今，日本已成为世界上工业机器人产量和拥有量最多的国家。20 世纪 80 年代，世界工业生产技术上的高度自动化和集成化高速发展，促进了工业机器人的进一步发展，并在这个时期工业机器人对世界整个工业经济的发展起到了关键性作用。

目前，世界上工业机器人无论是从技术水平上还是从已装配的数量上都日趋成熟，优势集中在以日、美为代表的少数几个发达的工业化国家，已经成为一种标准设备，被工业界广泛应用。国际上成立的具有影响力的、著名的工业机器人公司主要分为日系和欧系，日系中主要有安川、OTC、松下、FANUC、不二越、川崎等公司的产品；欧系中主要有德国的 KUKA（被中国美的集团收购）、CLOOS、瑞典的 ABB、意大利的 COMAU 及奥地利的 IGM 公司。

工业机器人已成为柔性制造系统（FMS）、计算机集成制造系统（CIMS）、工厂自动化（FA）的自动工具，据专家预测，工业机器人产业是继汽车、计算机之后出现的一种新的大型高技术产业。

根据国际机器人联合会（IFR）发布的《2022 全球机器人产业报告》的统计数据，2021 年，全球工业机器人新增装机量达 517 385 台，同比增长 31%，创下历史新高，同时，全球运行中的机器人存量约为 350 万台，也创下了新的历史纪录。亚洲是近年来机器人增长最快的地区，自 2016 年以来，亚洲工业机器人密度复合年增长率为 18%，同期欧洲和美洲的年复合增长率均为 8%。从全球范围来看，2021 年全球制造业自动化程度最高的五个国家分别是韩国、新加坡、日本、德国和中国，韩国是制造业中机器人密度最高的国家，每万名工人拥有 1 000 台工业机器人，中国工业机器人密度达到每万名工人中有 322 台工业机器人，居全球第五。

2）工业机器人行业四大家族

工业机器人行业四大家族瑞士 ABB、日本发那科（FANUC）、安川电机（YASKAWA）、德国库卡（KUKA）都在中国设立了分公司及合资公司，2022 年 11 月，美的集团完成对库卡 100%股权收购。

（1）ABB 工业机器人

ABB 是迄今唯一一家在华从事工业机器人生产的国际企业。1974 年，ABB 率先推出全球首款全电动的微处理器控制工业机器人，开启了现代机器人革命。2015 年 4 月 13 日，ABB 在世界顶级工业博览会——德国汉诺威工业博览会上正式向市场推出全球首款真正实现人机协作的双臂工业机器人 YuMi，如图 1-1-2 所示。该机器人是全球首款真正实现人机协作的双臂 14 轴机器人，手臂可实现 ±230° 的旋转，展开可达 1.6 m，最高运行速度达 1 500 mm/s，重复定位精度可以精确到 0.02 mm。尽管 YuMi 的设计是为了满足消费电子产品行业对柔性生产和灵活制造的需求，但它同样可以应用于小件装配环境中，这得益于其双臂设计、多功能智能双手、通用小件进料器、基于机器视觉的部件定位、引导式编程，以及一流的精密运动控制。而 YuMi 也凭借一系列优良的产品设计荣获了“红点最佳产品设计奖”。

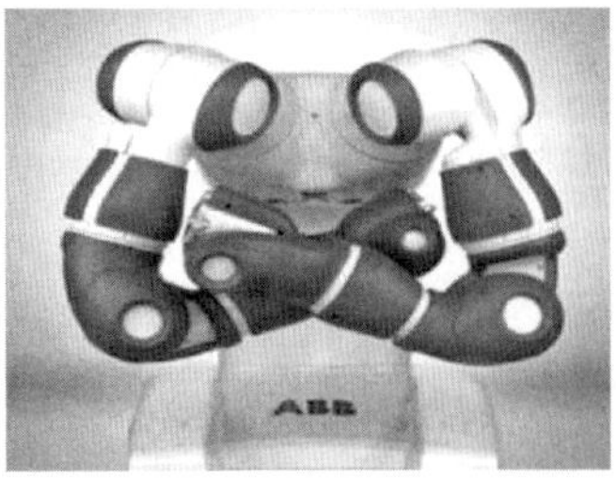

图 1-1-2　ABB YuMi 双臂工业机器人

(2) FANUC工业机器人

自1974年,FANUC首台机器人问世以来,FANUC致力于机器人技术上的领先与创新,是世界上唯一一家由机器人来做机器人的公司,是世界上唯一提供集成视觉系统的机器人企业,是世界上唯一一家既提供智能机器人又提供智能机器的公司。广泛应用在装配、搬运、焊接、铸造、喷涂、码垛等不同生产环节。2011年,FANUC全球机器人装机量已超25万台,是世界影响力最大、技术最领先的机器人及其系统供应商。2012年推出的新品拳头机器人二号M-2iA,采用完全密封结构,可高压喷流清洗,用于高速搬运、装配机器人,具有独特的平行连接结构,并且还具备轻巧便携的特点,最大负重3～6 kg,如图1-1-3所示,其手腕的中空设计使电缆可在内部缠绕,大大降低了电缆的损耗。

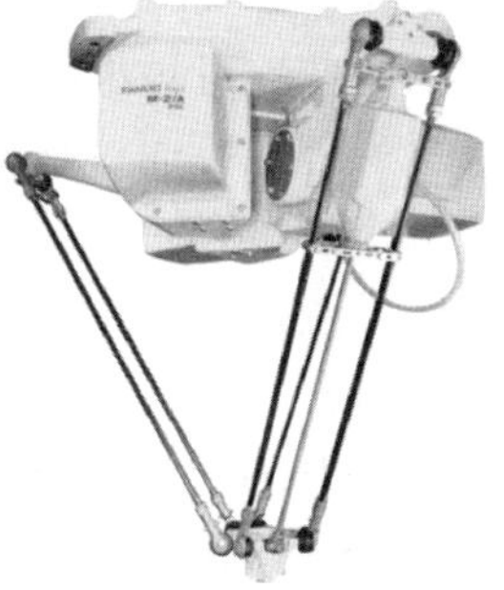

图1-1-3 FANUC M-2iA 装配机器人

(3) YASKAWA工业机器人

安川电机机器人产品系列在重视客户间交流对话的同时,针对更宽广的需求和多种多样的问题提供最为合适的解决方案,广泛应用于焊接、搬运、装配、喷涂以及放置在无尘室内的液晶显示器、等离子显示器和半导体制造的搬运等产业领域中。2005年,YASKAWA推出可代替人完成组装或搬运的机器人MOTOMAN-DA20和MOTOMAN-IA20,如图1-1-4所示。DA20机器人是一款在仿造人类上半身的构造物上配备2个6轴驱动臂型双臂机器人。上半身构造物本身也具有绕垂直轴旋转的关节,尺寸与成年男性大体相同,可直接配置在此前人类进行作业的场所,可以稳定地搬运工件,还可从事紧固螺母及部件的组装等作业。IA20机器人是一款通过7轴驱动再现人类肘部动作的臂型机器人。在工业机器人中,也是全球首次实现7轴驱动,因此更加接近人类动作。一般来说,人类手臂具有7～8轴的关节。此前的6轴机器人可实现手臂的3个关节和手腕的3个关节。而IA20机器人则增加了肘部的1个关节,可实现通过肘部折叠或伸出手臂的动作,可将胸部作为动作区域来使用,实现绕开机身障碍物的动作。

(a) MOTOMAN–DA20 双臂机器人

(b) MOTOMAN–IA20 7轴臂型机器人

图1-1-4 YASKAWA 机器人

(4) KUKA 工业机器人

每台库卡机器人都有一个分辨率达 640×480 像素，带一个 6D 集成鼠标的可编程式手持操作器(KUKA control panel, KCP)。操纵鼠标，便可控制机械手臂的运动，机器人移动的位置可被即时储存(touchup)，功能、模块以及所有相应的数据列表也可通过它得以创建并编辑。若要手动控制，必须先开启 KCP 背部的开关。新版的 KR C4 控制面板采用 Windows XP 操作系统，包含一个 CD-ROM 驱动和一个 USB 插口，一个以太网接口。大多数的机器人都是橙黄色，鲜明地代表了公司主色调。KUKA 公司推出的气体保护焊接专家 KR 5 arc HW，如图 1-1-5 所示，其机械臂和机械手上有一个 50 mm 宽的通孔，可以保护机械臂上的整套气体软管的敷设，这样不仅可以避免气体软管组件受到机械性损伤，还可以防止在机器人改变方向时随意甩动。

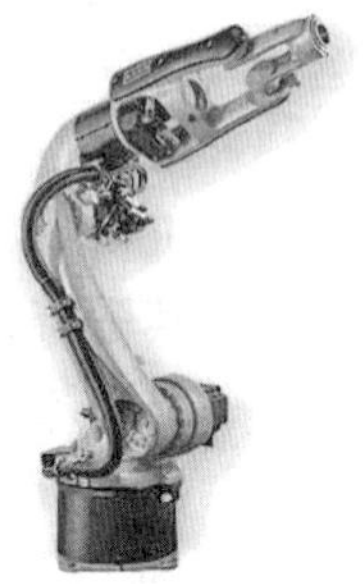

图 1-1-5　KUKA KR 5 arc HW 机器人

3) 我国工业机器人的发展

我国工业机器人起步于 20 世纪 70 年代初期，经过 40 多年的发展，大致可分为 4 个阶段：20 世纪 70 年代的萌芽期、80 年代的开发期、90 年代的实用化期和 21 世纪的发展期。在高新技术发展的推动下，随着改革开放方针的实施，我国工业机器人在工业自动化的发展进程中扮演着极其重要的角色。为了迅速缩短与工业发达国家的差异，并在高起点的平台上发展我国自己的机器人工业，要积极吸收和利用国外已经成熟的机器人技术，并且要得到国家的重视和支持。

现在，我国从事机器人研发的单位有 200 多家，专业从事机器人产业开发的企业有 50 家以上。在众多专家的建议和规划下，“七五”期间由机电部主持，中央各部委、中科院及地方科研院所和大学参加，国家投入相当多的资金，进行了工业机器人基础技术、基础元器件、几类工业机器人整机及应用工程的开发研究。“九五”期间，在国家“863”高技术计划项目的支持下，沈阳新松机器人自动化股份有限公司、哈尔滨博实自动化设备有限责任公司、上海机电一体化工程公司、北京机械工业自动化所、四川绵阳思维焊接自动化设备有限公司等确立为智能机器人主题产业基地。此外，还有上海富安工厂自动化公司、哈尔滨焊接研究所、国家机械局机械研究院及北京机电研究所、首钢莫托曼公司、安川北科公司、奇瑞汽车股份有限公司等都以其研发生产的特色机器人或应用工程项目活跃在当今我国工业机器人市场上。

“十五”期间是中国工业机器人产业发展的一个关键转折点，市场需求也有一个井喷式的发展，需求量每年以 15%～20%的速度增长。统计数据显示，中国市场上工业机器人总共拥有量近万台，占全球总量的 0.56%，国产工业机器人目前以国内市场应用为主，年出口量为 100 台左右，年出口额为 0.2 亿以上。国内的机器人技术研发力量已经具备了大型机器人工程设计和应用的能力，整体性能已达到国际同类产品的先进水平，而整体价格仅为国外同类产品的三分之二甚至一半，具有良好的性能价格比和市场竞争力。

我国工业机器人经过“七五”攻关计划、“九五”攻关计划和“863”计划的支持，已经取得了较大进展，其市场也逐渐成熟，应用上已经遍及各行各业，但进口机器人仍占了绝大多数。目前取得较大进展的工业机器人技术有数控机床关键技术与装备、隧道挖掘机器人相关技术、装配自动化机器人相关技术、工程机械智能化机器人相关技术等。虽然工业机器人技术有很大进步，但是仍然相当于国外发达国家 20 世纪 80 年代初的水平，特别是在制造工艺与装备方面不能生产高精密、高速与高效的关键部件。所以我国工业机器人技术发展的战略目标是“根据 21 世纪初我国国民经济对先进制造及自动化技术的需求，瞄准国际前沿高新技术发展方向，创新性地研究和开发工业机器人技术领域的基础技术、产品技术和系统技术。”未来我国工业机器人技术发展的重点：一是危险、恶劣等环境作业的机器人，主要有防暴、星球探测、高压带电清扫、油气管道清淤等工业机器人；二是仿生工业机器人，主要有移动机器人、无线遥控操作机器人等；三是医药行业、建筑行业、机械加工行业等，其发展趋势是智能化、低成本、高可靠性和易于集成控制。

目前，我国在工业机器人的应用工程方面已建立了多条用于汽车制造业上的焊装生产线、装配生产线、喷涂生产线和总装生产线。在上海、沈阳、北京、芜湖等地建立了工业机器人及其自动化生产线工厂和产业基地，开发出一批有市场前景的，具有自主知识产权的工业机器人及其自动化生产线产品。同时，进一步加强与外企合作，引入先进技术及资金，使我国成为国际生产工业机器人基地，占领国内市场，走向世界。

4. 工业机器人的分类

【扫一扫】
工业机器人的分类

关于工业机器人分类，国际上没有制定统一的标准，可按技术等级、机构特征、负载重量、控制方式、自由度、结构、应用领域等划分。

1) 按机器人的技术等级划分

(1) 示教再现机器人

第一代工业机器人能够按照人类预先示教的轨迹、行为、顺序和速度重复作业，示教可由操作人员手把手进行或通过示教器完成。示教可以由操作人员手把手地进行，如图 1-1-6 (a)所示。比如：操作人员握住机器人上的焊枪，沿着焊缝示范一遍，机器人记住这一连串的动作，工作时自动重复这些运动，从而完成给定位置的弧焊工作。但是普遍的方式是通过示教器示教，如图 1-1-6 (b)所示。操作人员利用示教器上的开关或按键来控制机器人一步步地运动，机器人自动记录，然后重复。目前在工业现场大多数用的是第一代机器人。

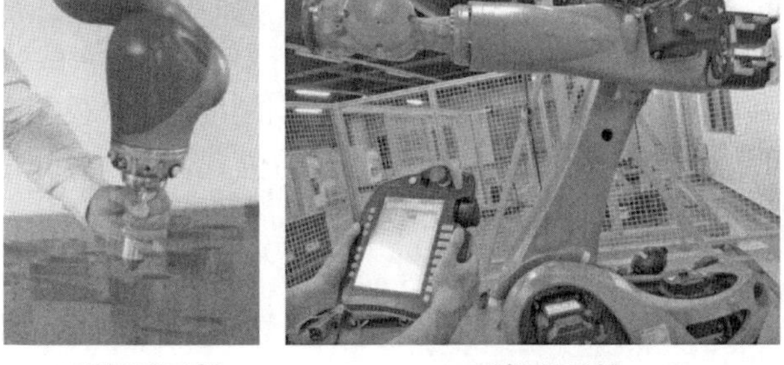

(a) 手把手示教　　(b) 示教器示教

图 1-1-6　示教再现机器人

(2) 感知机器人

第二代工业机器人具有环境感知装置,能在一定程度上适应环境的变化,目前已经进入应用阶段,如图 1－1－7 所示。

(a) 整体外形图　　(b) 视觉系统放大图

图 1－1－7　感知机器人

(3) 智能机器人

第三代工业机器人具有发现问题,并且能自主地解决问题的能力,尚处于实验研究阶段。

2) 按机器人的机构特征划分

(1) 直角坐标机器人

具有空间上相互垂直的多个直线移动轴,通过直角坐标方向的 3 个独立自由度确定其手部的空间位置,其动作空间为一长方体。

(2) 柱面坐标机器人

主要由旋转基座、垂直移动和水平移动轴构成,具有 1 个回转和 2 个平移自由度,其动作空间呈圆柱形。

(3) 球面坐标机器人

空间位置分别由旋转、摆动和平移 3 个自由度确定,动作空间形成球面的一部分。

(4) 垂直串联多关节机器人

模拟人手臂功能,由垂直于地面的腰部旋转轴、带动小臂旋转的肘部旋转轴以及小臂前端的手腕等组成,手腕通常有 2～3 个自由度,其动作空间近似一个球体。

(5) 水平串联多关节机器人

水平多关节机器人又称为 SCARA 机器人,结构上具有串联配置的 2 个能够在水平面内旋转的手臂,自由度可依据用途选择 2～4 个,动作空间为一圆柱体。

(6) 并联机器人

并联机器人又称为 Delta 机器人,可以看成以并联方式驱动的一种闭环机构。其结构紧凑,完全对称的并联机构具有较好的各向同性。刚度高,承载能力大,无累积误差,精度较高。驱动装置可置于定平台上或接近定平台的位置,运动部分重量轻,速度高,动态响应好,但动作空间较小。

5. 工业机器人的应用

工业机器人在搬运、焊接、涂装、装配、机械加工等应用领域得到了广泛应用。

1）工业机器人应用于搬运

搬运作业是一种工具握持工件，从一个加工位置移到另外一个加工位置，搬运机器人可以安装不同的末端执行器，完成各种不同形状和状态的工件搬运，大大减轻了人类繁重的体力劳动。广泛应用于机械、电子、纺织、卷烟、医疗、食品、造纸等行业的柔性搬运和传输，同时可在车站、机场、邮局的物品分拣中作为运输工具，工业机器人应用于搬运如图1－1－8所示。

图1－1－8 工业机器人应用于搬运

2）工业机器人应用于焊接

焊接机器人具有性能稳定、工作空间大、运动速度快和负荷能力强等特点，焊接质量明显优于人工焊接，大大提高了焊接作业的生产率。点焊机器人主要用于汽车整车的焊接工作，生产过程由各大汽车主机厂负责完成。弧焊机器人主要应用于各类汽车零部件的焊接生产。采用机器人焊接是焊接自动化的革命性进步，它突破了焊接刚性自动化的传统方式，开拓了一种柔性自动化生产方式，实现了在一条焊接机器人生产线上同时自动生产若干种焊件，工业机器人应用于焊接如图1－1－9所示。

3）工业机器人应用于装配

装配机器人是柔性自动化系统的核心设备，末端执行器为适应不同的装配对象而设计成各种“手爪”，传感系统用于获取装配机器人与环境和在装配对象之间相互作用的信息。与一般工业机器人相比，装配机器人具有精度高、柔顺性好、工作范围小、能与其他系统配套使用等特点，主要应用于各种电器的制造行业及流水线产品的组装作业，具有高效、精确、可不间断工作的特点，工业机器人应用于装配如图1－1－10所示。

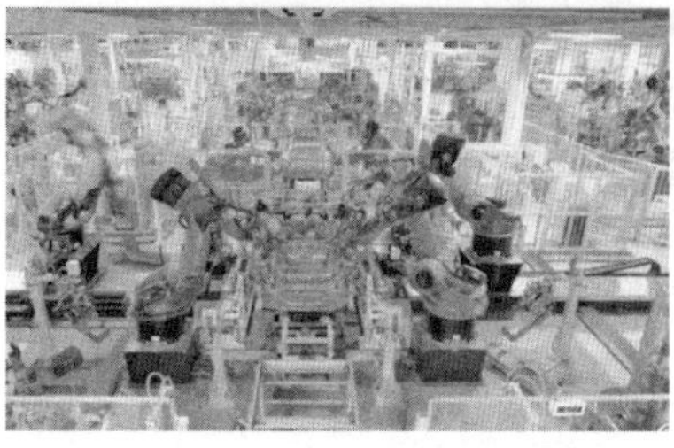

图1－1－9 工业机器人应用于焊接

图1－1－10 工业机器人应用于装配

4）工业机器人应用于涂装

机器人涂装工作站或生产线充分利用了机器人灵活、稳定、高效的特点，适用于生产量大、产品型号多、表面形状不规则的工件外表面涂装，广泛应用于铁路、家电、建材、机械、汽车及其零配件等行业，工业机器人应用于涂装如图 1－1－11 所示。

图 1－1－11　工业机器人应用于涂装

5）工业机器人应用于机械加工

将机器人技术应用于机械加工中，通过高精度工业机器人实现更加柔性的机械加工作业。可通过示教器进行在线操作，也可通过离线方式进行编程。一般可以利用 Robotmaster 等离线编程软件，把机器人的终端执行器变为具有铣削、钻削、雕刻等功能的主轴系统，就使机器人成为机加工机床。机加工机器人适用于修边模、建模、钻孔、攻丝、去毛刺等切削加工工艺，适合加工多种类型的材料，如铝、不锈钢、复合材料、树脂、木材、玻璃和铜，工业机器人应用于机械加工如图1－1－12 所示。

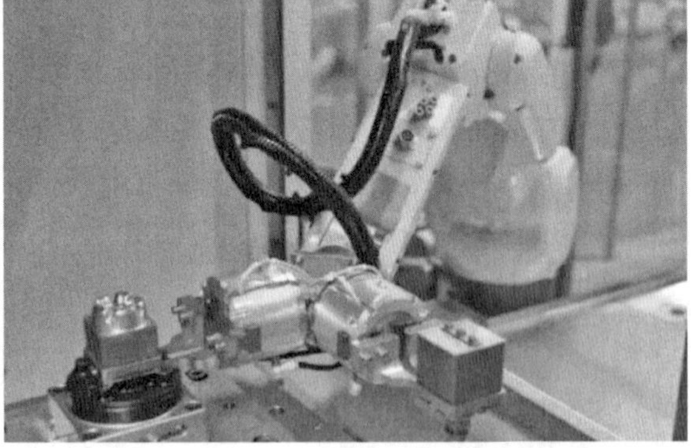

图 1－1－12　工业机器人应用于机械加工

6. 工业机器人的系统组成

【扫一扫】

工业机器人的系统组成

工业机器人是一种自动控制、可重复编程、能在三维空间完成各种作业的机电一体化的自动化生产设备，它能够仿人操作，模拟人手臂、手腕和手功能，对物体运动的位置、速度和加速度进行精确控制，从而完成某一工业生产的作业要求。

当前，工业中应用最多的是第一代机器人，主要由以下几部分组成：操作机、控制系统和示教器，如图 1－1－13 所示。对于第二代和第三代工业机器人还包括感知系统和分析决策系统，分别由传感器和软件实现。

1）操作机

操作机是工业机器人的机械主体，又称为机器人本体或机械手，是用来完成各种作业的执行机构，主要由机械臂、驱动装置、传动单元及内部传感器等部分组成，如图 1－1－14 所示。

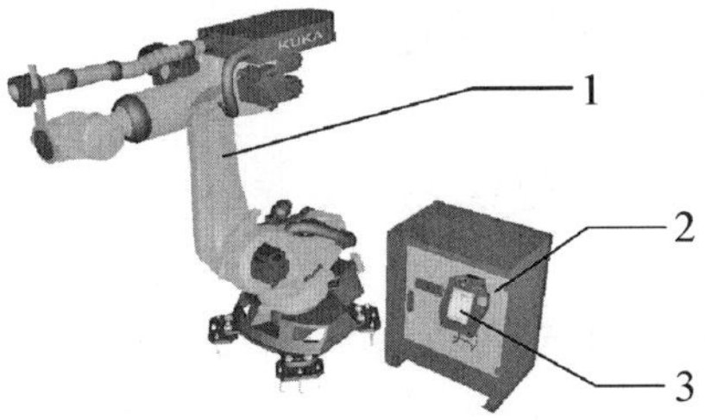

1—操作机　2—控制系统　3—示教器

图 1－1－13　工业机器人的基本组成

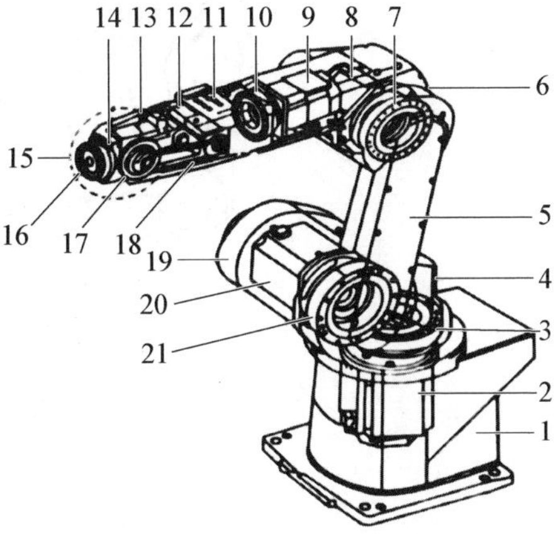

1—底座　2、8、9、12、13、20—伺服电机
3、7、10、14、17、21—减速器　4—腰关节
5—大臂　6—肘关节　11—小臂　15—腕关节
16—连接法兰　18—传动带　19—肩关节

图 1－1－14　工业机器人操作机的基本构造

工业机器人需要快速而频繁地启停，精确地定位和运动，因此必须采用位置传感器、速度传感器等检测元件实现位置、速度、加速度闭环控制。为适应不同的用途，工业机器人操作机的末端通常为一连接法兰，可接装不同的末端执行器，常见的有夹钳式取料手和吸附式取料手，如图 1－1－15、图 1－1－16 所示。

此外，根据作业要求，配上专用的末端执行器后，就能完成各种动作，实现各种功能。如在连接法兰上安装焊枪，就成为一台焊接机器人，安装拧螺母机，则成为一台装配机器人。目前，有许多专用电动工具、气动工具改型而成的执行器，有焊枪、电磨头、电铣头、抛光机、激光切割机等，如图 1－1－17 所示，这一系列执行器可供用户选用，使机器人能胜任各种工作。

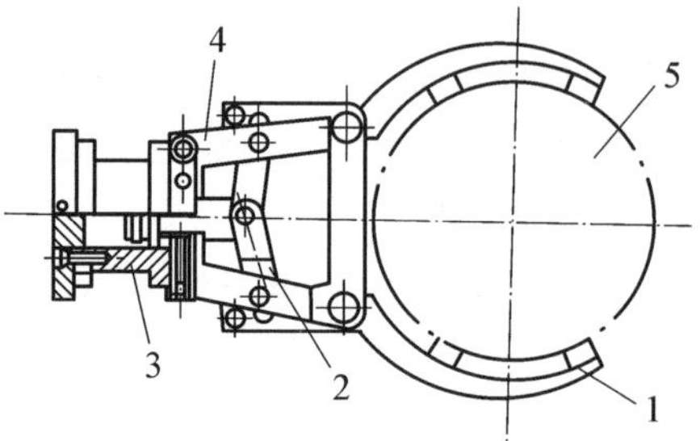

1—手指　2—传动机构　3—驱动装置
4—支架　5—工件

图 1-1-15　夹钳式取料手的基本构造

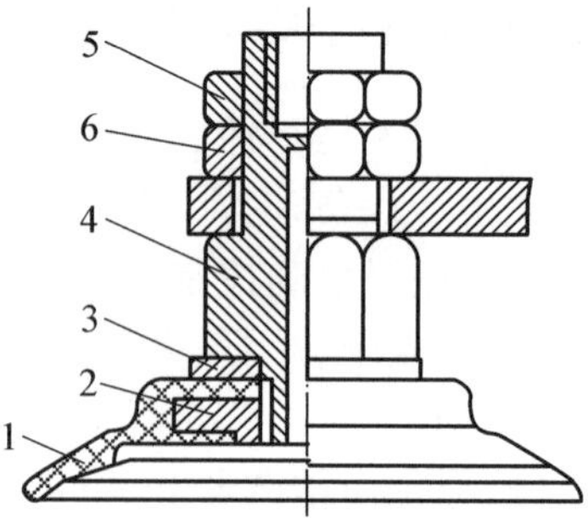

1—吸盘　2—固定环　3—垫片
4—支承杆　5—螺母　6—基板

图 1-1-16　吸附式取料手的基本构造

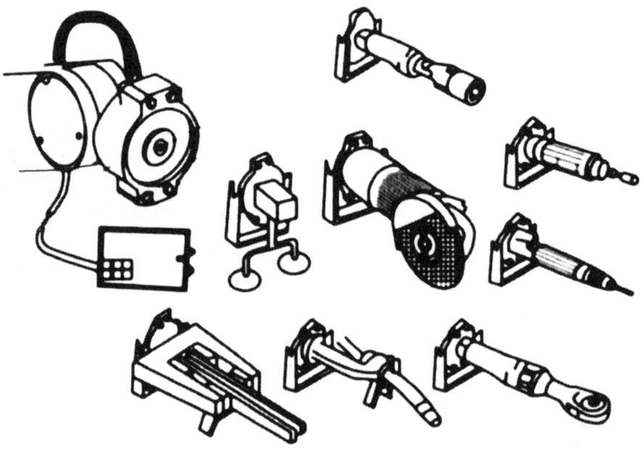

图 1-1-17　工业机器人专用末端执行器

(1) 机械臂

关节型工业机器人的机械臂是由关节连在一起的许多机械连杆的集合体,关节通常有移动关节和转动关节,移动关节允许连杆作直线运动,而转动关节仅允许连杆之间作旋转运动。关节型工业机器人的实质是一个拟人手臂的空间开链式机构,一端固定在底座上,另一端可自由运动。由关节和连杆结构所构成的机械臂大致可分为底座、腰部、大臂、小臂和手腕 5 部分,如图 1-1-18 所示。相邻 2 个部分组成关节,即工业机器人由腰关节、肩关节、肘关节和腕关节等 4 个独立转动关节串联而成。为了降低对电机的冲击,对中、大型的机器人还配有平衡装置。为了扩大使用范围或完成较远距离的操作,有的还增设行走机构。

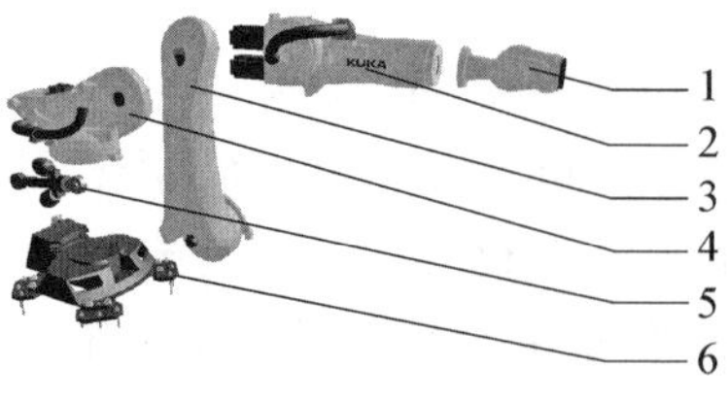

1—手腕　2—小臂　3—大臂
4—腰部　5—平衡装置　6—底座

图 1-1-18　机械臂的基本组成

① 底座

底座是机器人的基础部分,操作机执行机构的各部件和驱动装置都安装在底座上,故起支撑和连接的作用。

② 腰部

腰部是支撑机器人手臂的部件,又称为机器人的立柱。通常,腰部可以在基座上转动,为了增大工作空间,还可以通过导杆或者导槽在基座上移动。

③ 手臂

手臂通常包括小臂和大臂，是连接底座和手腕的部件，是执行结构中的主要运动装置，又称为主轴或基轴，用于改变手腕和末端执行器的空间位置，满足工业机器人的作业空间，并将各种载荷传递到基座上。工业机器人工作时，手臂承受手腕、末端执行器及工件的静、动载荷，而且自身运动较多，受力复杂，因此，手臂的结构、工作范围、灵活性、负载和定位精度直接影响了工业机器人的工作性能。

④ 手腕

手腕是连接末端执行器和手臂的部件，将负载传递到手臂，又称次轴或手轴，主要用来改变末端执行器的空间姿态，扩大操作机的工作范围，使操作机变得更加灵巧，适应性更强。

⑤ 平衡装置

由于关节式机器人臂杆的重心不通过其转轴，因而产生偏重力矩，它随着机器人手臂运动的位置、速度和加速度的不同不断变化着。这对机器人的运动学、动力学特性都有很大的影响。良好的平衡系统对改善和提高机器人的性能起着至关重要的作用。首先它可减小各关节的驱动力矩和驱动功率，从而减小驱动系统的重量和尺寸，降低能耗和成本。其次，可减小不平衡力矩的波动，有利于控制和改善机器人的动力学特性，提高运行精度。此外，还可减少传动载荷和磨损，提高机器人的使用寿命等。在工业机器人中，平衡装置大致可分为附加配重式、弹簧式、气缸式、弹簧-凸轮式，以及液压-气动式。

⑥ 行走机构

当工业机器人需要完成较远距离的操作或扩大使用范围时，可在底座上安装滚轮、轨道等行走装置，实现操作机的整体运动。滚轮式行走机构可分为有轨和无轨两种。驱动滚轮运动则应另外增设机械传动装置。

(2) 驱动装置

驱动装置是指驱使工业机器人机械臂运动的机构，对工业机器人的性能和功能影响很大。按照控制系统发出的指令信号，借助于动力元件，使机器人产生动作，相当于人的肌肉和筋络。工业机器人的动作自由度较多、运动速度较快，驱动装置大多安装在活动部件上，这就要求设计工业机器人的驱动装置时，尽量做到外形小、质量轻且工作平稳可靠。

工业机器人常用的驱动方式主要有液压驱动、气压驱动和电气驱动三种基本类型，如表1-1-1所示。

表1-1-1　工业机器人的三种驱动方式

	液压驱动	气压驱动	电气驱动
输出功率	压力高，可获得大的输出功率	气体压力低，输出功率较小，如需输出功率大时，其结构尺寸过大	输出功率较小或较大
控制性能	油液不可压缩，压力、流量均容易控制，控制精度高，可无级调速，反应灵敏，可实现连续轨迹控制	气体压缩性大，阻尼效果差，低速不易控制，控制精度低，不易与CPU连接。可高速，冲击较严重，精确定位困难	比较容易与CPU连接，控制性能好，响应快，可精确定位，但控制系统复杂

续　表

	液压驱动	气压驱动	电气驱动
结构体积	在输出力相同的情况下体积比气压驱动方式小	体积较大	需要减速装置，体积较小
密封性	密封问题较大	密封问题较小	无密封问题
安全性	防爆性能较好，用液压油作传动介质，在一定条件下有火灾危险	防爆性能好，高于 1 000 kPa 时，应注意设备的抗压性	设备自身无爆炸和火灾的危险
环境影响	油液易泄漏，对环境有污染	排气时有噪声	无
维修使用	维修方便，液体对温度变化敏感	维修简单，能在高温、粉尘等恶劣环境中使用，泄露无影响	维修使用较复杂
制造成本	液压元件成本较高，油路比较复杂	结构简单，能源方便，成本低	成本较高
使用范围	中、小型及重型机器人	中、小型机器人	高性能机器人、运动轨迹要求严格的场合

目前，除个别运动精度不高、重负载或有防爆要求的机器人采用液压、气压驱动外，工业机器人大多采用电气驱动。电气驱动主要有步进电机驱动和伺服电机驱动两类。

① 步进电机驱动

步进电机是一种将电脉冲信号转变为角位移或线位移的开环控制精密驱动元件，分为反应式步进电机、永磁式步进电机和混合式步进电机三种，其中混合式步进电机的应用最为广泛，步进电机需要配套的步进驱动器来驱动，如图 1－1－19 所示。在非超载的情况下，电机的转速、停止的位置只取决于脉冲信号的频率和脉冲数，而不受负载变化的影响。

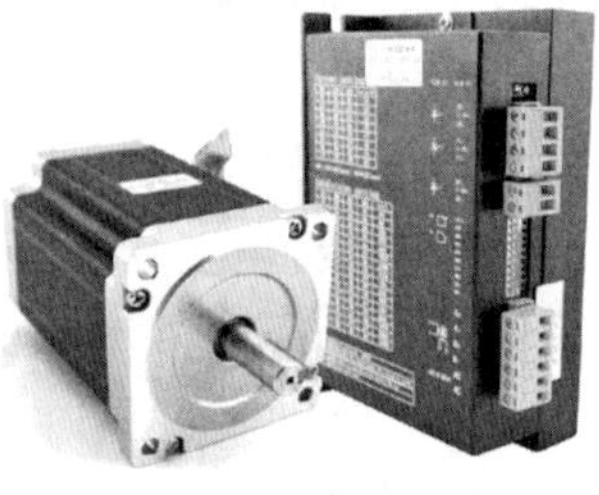

图 1－1－19　步进电机与步进驱动器

当步进电机接收到一个脉冲信号，它就驱动步进电机按设定的方向转过一个固定的角度，称为步距角，步进电机的旋转是以固定的角度一步步运行的。通过控制脉冲个数来控制角位移量，通过控制脉冲频率来控制电机转动的速度和加速度，从而达到调速的目的。步进电机具有周期性位置误差而无累积误差，具有自锁能力等运动特点，与伺服电机相比，是一种精度高、控制简单、成本低廉的驱动方案。

图 1－1－20　伺服电机与伺服驱动器

② 伺服电机驱动

在自动控制系统中，伺服电机用作执行元件，把所收到的电信号转换成电机轴上的角位移或角速度输出，可分为直流和交流伺服电机两大类。主要特点是当信号电压为零时无自转现象，转速随着转矩的增加而匀速下降。伺服电机需要配套的伺服驱动器来驱动，如图 1－1－20 所示。直流伺服电机是有刷伺服，存在要换碳刷的问题。在交流伺服电机发展早期，直流伺服电机有低速平稳性好的特点，但随着交流伺服技术和矢量控制技术的发展，交流伺服电机在低速的情况下也可以获得同样的平稳性。

(3) 传动单元

驱动装置的受控运动必须通过传动单元带动机械臂产生运动，以精确地保证末端执行器的位置、姿态和运动轨迹。机器人的机械传动单元有齿轮传动、带传动、链传动、直线运动单元等，而应用最广的是减速器，与通用减速器相比，应用在关节型工业机器人上的减速器要求传动链短、间隙小、传动比大、刚度大、输出扭矩高、体积小、质量轻和可控性好。精密减速器使伺服电机在一个合适的速度下运转，并精确地将转速降到工业机器人各部位需要的速度，在提高机械本体刚性的同时输出更大的转矩。

用在工业机器人上的减速器主要有两大类：谐波减速器和 RV 减速器。由于 RV 减速器具有更高的刚度和回转精度，耐冲击，一般将 RV 减速器放置在关节型机器人的腰部、肩部等重负载的位置，主要用于 20 kg 以上的机器人关节。而将谐波减速器放置在关节型机器人的肘部、腕部或手部等轻负载的位置，主要用于 20 kg 以下的机器人关节。

2) 控制系统

如果说操作机是机器人的“肢体”，那么控制系统就是机器人的“大脑”。控制系统是根据指令和传感信息控制机器人，完成一定动作或作业任务的装置，是决定机器人功能和性能的主要因素，也是机器人系统中更新和发展最快的部分。工业机器人控制系统的主要任务是控制工业机器人在工作空间中的运动位置、姿态、轨迹、操作顺序以及动作的时间等。

工业机器人控制系统一般由控制器、驱动器和上级控制器组成。可以实现示教、记忆、位置伺服、坐标设定、与外围设备联系、传感器接口、故障诊断、安全保护等功能。

(1) 控制器

控制器是用于工业机器人坐标轴位置和运动轨迹控制的装置，输出运动轴的插补脉冲，其功能与数控系统(CNC)非常类似，控制器的常用结构有工业计算机型和可编程序控制器(PLC)型两种结构，如图1-1-21 所示。

(a) 工业计算机型　　(b) PLC型

图 1-1-21　工业机器人控制器

工业计算机型控制器的主机和通用计算机并没有本质的区别，但机器人的计算机型控制器需要增加传感器、驱动器接口等硬件，这种控制器的兼容性好，软件安装方便，容易实现网络通信。

可编程序控制器型控制器以类似 PLC 的 CPU 模块作为中央处理器，然后通过选配各种 PLC 功能模块，如测量模块、轴控制模块等，来实现对机器人的控制，这种控制器的配置灵活，模块通用性好、可靠性高。

(2) 驱动器

驱动器实际上是用于控制器的插补脉冲功率放大的装置，实现驱动电机位置、速度、转矩控制，驱动器通常安装在控制柜内。驱动器的形式取决于执行电机的类型，伺服电机需要配套伺服驱动器，而步进电机需要使用步进驱动器。

目前，机器人常用的驱动器以交流伺服驱动器为主，有集成式、模块式和独立式三种基本结构形式。

集成式驱动器的全部驱动模块集成一体，电源模块可以独立或集成，这种驱动器的结构紧凑、生产成本低，是目前较为广泛的结构形式。模块式驱动器的电源模块为公用，驱动模块独立，驱动器需要统一安装。以上两种驱动器不同控制轴间的关联性强，调试、维修和更换相对比较麻烦。

独立式驱动器的电源和驱动电路集成一体，每一轴的驱动器可独立安装和使用，因此，其安装使用灵活、通用性好，其调试、维修和更换也较方便。

(3) 上级控制器

上级控制器用于机器人系统协同控制、管理的附加设备，它既可以用于机器人与机器人、机器人与行走装置的协同作业控制，也可用于机器人与数控机床、机器人与其他机电一体化设备的集中控制，此外，还可用于机器人的调试和编程。

工业机器人常用的上级控制器主要有 PC、CNC 和 PLC 三种形式。对于一般的机器人编程、调试和网络连接操作，上级控制器一般直接使用 PC 或工作站。当机器人和数控机床结合，组成柔性加工单元(FMC)时，上级控制器的任务一般由数控机床配套的 CNC 承担，机器人可在 CNC 的统一控制下协调工作。在自动化生产线等设备上，上级控制器的任务一般直接由生产线的 PLC 承担，机器人可在 PLC 的统一控制下协调工作。

工业机器人控制系统按照开放程度的不同，将控制系统分成封闭型、开放型和混合型三类。目前基本上都是封闭型系统(如日系机器人)或混合型系统(如欧系机器人)。按计算机结构、控制方式和控制算法，机器人控制系统又可分为集中式控制、主从式控制和分布式控制三种方式。

① 集中式控制系统

集中控制方式是用一台计算机实现系统的全部控制功能。结构简单、成本低，但实时性差、难以扩展。在早期的工业机器人中常常采用这种结构，其结构框图如图 1-1-22 所示。

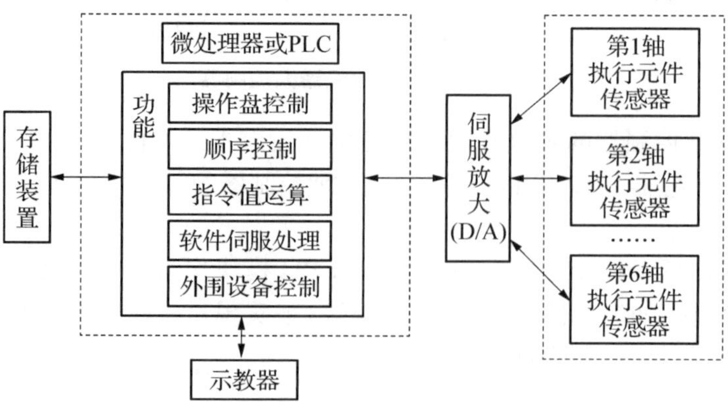

图 1-1-22 集中式控制系统框图

集中式控制系统的优点在于硬件成本较低，便于信息的采集和分析，易于实现系统的最优控制，整体性与协调性较好，基于 PC 的系统硬件扩展较为方便。其缺点也显而易见：系统控制缺乏灵活性，控制危险容易集中，一旦出现故障，其影响面广，后果严重；大量数据计算会降低系统实时性，系统对多任务的响应能力也会与系统的实时性相冲突；系统连线复杂，会降低系统的可靠性。

② 主从式控制系统

主从控制方式是采用主、从两级处理器实现系统的全部控制功能。主 CPU 实现管理、坐标变换、轨迹生成和系统自诊断等；从 CPU 实现所有关节的动作控制，其结构框图如图 1-1-23 所示。主从控制方式系统实时性较好，适用于高精度、高速度控制，但其系统扩展性较差，维修困难。

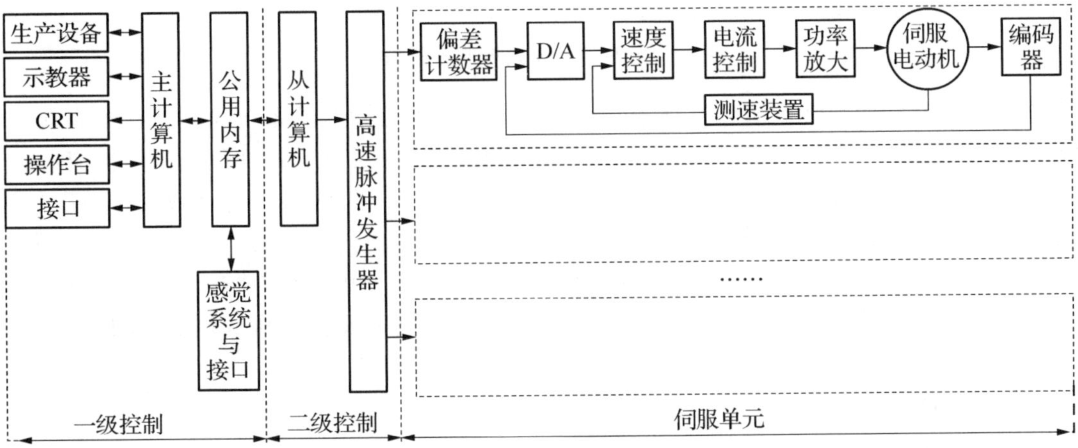

图 1-1-23　主从式控制系统框图

③ 分布式控制系统

分布控制方式是按系统的性质和方式将控制系统分成几个模块，每个模块都有自己的控制任务和控制策略，各模块之间可以是主从关系，也可以是同级关系。这种方式实时性好，易于实现高速、高精度控制，易于扩展，可实现智能控制，是目前流行的方式，其控制框图如图 1-1-24 所示。

分布控制方式的主要思想为“分散控制，集中管理”，即系统对其总体目标和任务可以进行综合协调和分配，并通过子系统的协调工作来完成控制任务。整个系统在功能、逻辑和物理等方面都是分散的。这种结构中，子系统由控制器和不同被控对象或设备构成，各个子系统之间通过网络等互相通信。分布式控制系统是一个开放、实时和精确的机器人控制系统，常采用两级控制方式，由上位机、下位机和网络组成。上位机负责整个系统管理以及运动计算、轨迹规划等。下位机由多个 CPU 组成，每个 CPU 控制一个关节运动，进行插补细分和控制优化。上、下位机通过通信总线相互协调工作，如 RS-232、RS-485、EEE-488 以及 USB 总线等。

分布式控制系统的优点在于系统灵活性好，控制系统的危险性降低，采用多处理器的分散控制，有利于系统功能的并行执行，提高系统的处理效率，缩短响应时间。

库卡机器人控制系统 KR C4 就是一个典型的分布式控制系统，采用基于 PC 的控制

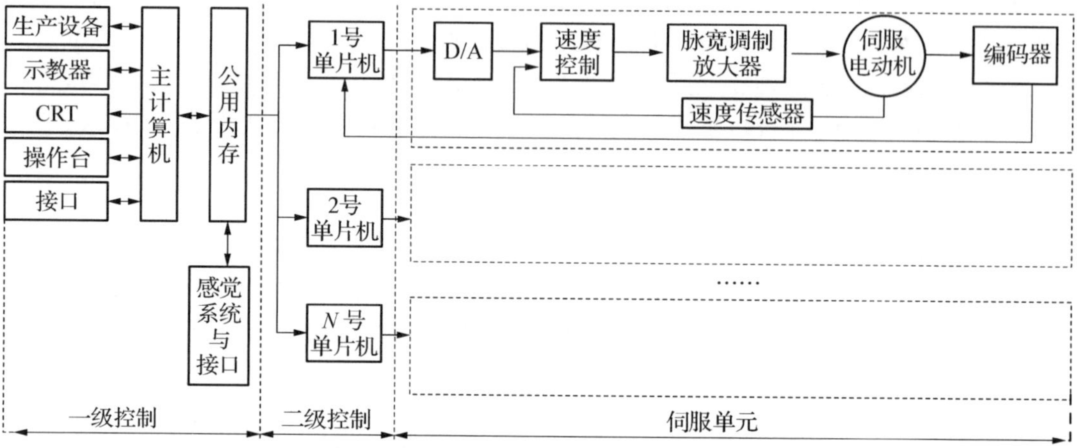

图 1-1-24　分布式控制系统框图

技术，是一个全新的、结构清晰且注重使用开放、高效数据标准的系统架构。这个系统架构中集成的所有安全控制、机器人控制、运动控制、逻辑控制及工艺过程控制均拥有相同的数据基础和基础设施，并可以对其进行智能化使用和分享，使系统更高效安全，更灵活智能，降低了自动化方面的集成、保养和维护成本，使计划、操作和维护更加简单。利用千兆以太网，在专用控制模块之间能进行实时、快速通信，并且集成软件防火墙，使网络更加安全。通过中央基础服务系统实现了最大化的数据一致性，支持多核处理器，在最小的空间内实现最大化的性能，其性能也支持升级。

3）示教器

示教器也称为示教编程器或示教盒，主要由液晶屏幕和操作按键组成，可由操作者手持移动，机器人的所有操作与编程基本上都是通过它来完成的。示教器提供了操作键、按钮、开关、显示屏等，其目的是能够为用户编程、设定变量时提供一个良好的操作环境，它既是输入设备，也是输出显示设备，同时还是机器人示教的人机交互接口。

在示教过程中，它将控制机器人的全部动作，因此，示教器的实质就是一个专用的智能终端，不断扫描示教器上的功能，并将其全部信息送入控制器、存储器。不同的机器人控制系统，其示教器结构与外形均不同，但功能类似。主要有以下功能：

（1）生产运行。

（2）查阅机器人的参数和状态。

（3）手动操作机器人。

（4）编辑程序。

（5）确认示教轨迹。

示教器工作时的数据流如图 1-1-25 所示，当用户按下示教器上的按键时，示教器通过线缆向控制系统发出相应的指令代码(S1)，此时，通信子模块接收指令代码，然后，由指令码解释模块分析判断该指令码(S2)，并进一步向相关模块发送与指令码相应的消息(S3)，以驱动有关模块完成该指令码要求的具体功能(S4)，同时，为让操作用户时刻掌握机器人的运动位置和各种状态信息，控制系统的相关模块同时将状态信息(S5)经串口发送给示教器(S6)，显示在屏幕上，与用户沟通，完成数据交换。

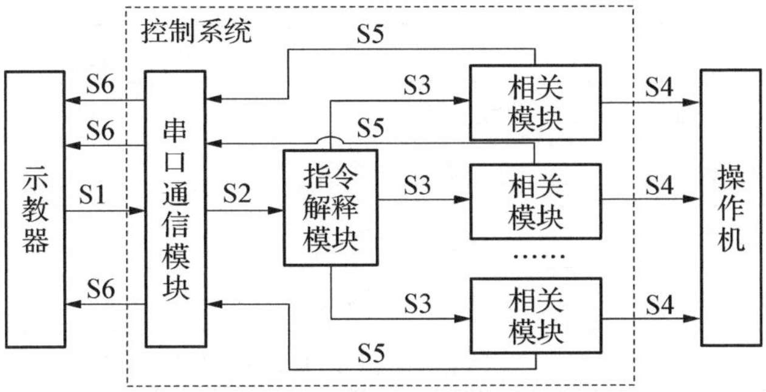

图 1-1-25 示教器工作时的数据流

库卡机器人的示教器称为可编程式手持操作器(KUKA control panel, KCP),由于采用 KR C4 控制系统的机器人示教器采用了先进的触摸屏技术,库卡机器人的示教器又称为 KUKA smartPAD,其正面图如图 1-1-26 所示,各按键、开关的功能如表 1-1-2 所示。示教器支持热拔插,当按下解锁按钮后,可拔出示教器。

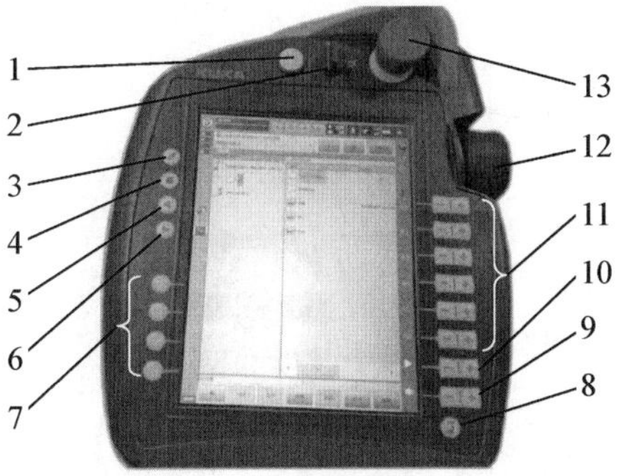

1—解锁按钮 2—连接管理器开关 3—键盘显示按键 4—停止键 5—逆向启动键 6—正向启动键 7—状态键 8—主菜单按键 9—手动倍率按键 10—程序倍率按键 11—移动键 12—3D 鼠标 13—急停按钮

图 1-1-26 KUKA smartPAD 外观正面图

表 1-1-2 KUKA smartPAD 元件的功能

序号	名称	功　　能
1	解锁按钮	解锁后可拔下 KUKA smartPAD
2	连接管理器开关	插入钥匙后,可转动开关,切换运行方式
3	键盘键	按下该键,显示键盘,再次按下该键,不显示键盘
4	停止键	暂停运行中的程序
5	逆向启动键	程序向反方向运行
6	正向启动键	程序向正方向运行
7	状态键	根据安装的技术包设定参数,如夹爪闭合或松开
8	主菜单按键	在触摸屏上显示或者退出菜单

续 表

序号	名称	功　能
9	手动倍率按键	设定手动运行倍率
10	程序倍率按键	设定程序运行倍率
11	移动键	手动移动机器人
12	3D 鼠标	手动移动机器人
13	急停按钮	在紧急情况下停止运行机器人，按下时具有自锁功能

KUKA smartPAD 的背面图如图 1－1－27 所示。其中触摸笔可在示教器触摸屏上完成点击、拖动等操作。将 U 盘插入 USB 接口，完成存档、还原等任务。启动键与正面的正向启动键功能一样，可启动已选定的程序。确认开关有三个位置：未按下、中间位置和完全按下，当运行方式为手动慢速 T1 及手动快速 T2 时，确认开关必须保持中间位置，这样才能使操作机运动。当运行方式为自动 AUT 或外部自动 EXT 时，确认开关不起作用。

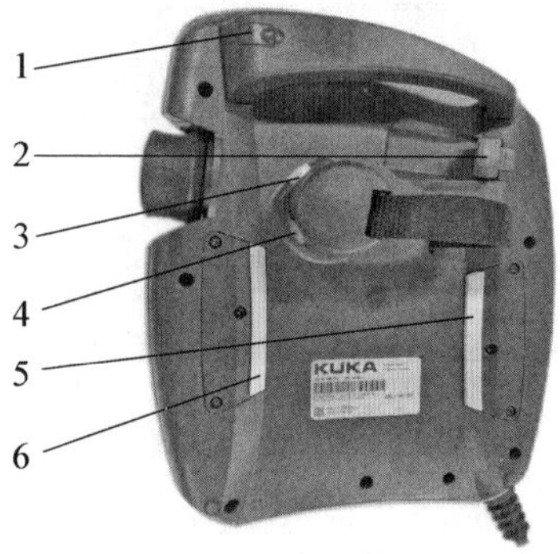

1—触摸笔　2—USB 接口　3、5、6—确认开关　4—启动键

图 1－1－27 KUKA smartPAD 背面图

任务清单 1-1-1　认识工业机器人

班级__________姓名__________学号__________组别__________组长__________
组员____

任务描述	1. 通过查阅资料，描述工业机器人的定义、特征、基本结构和功能。 2. 通过查阅资料，了解工业机器人的发展历程。 3. 通过查阅资料，熟悉工业机器人的常见分类及其行业应用。 4. 通过清洁工业机器人，掌握工业机器人的系统组成及各部分的功能。
对接“1+X”	本任务对接《工业机器人操作与运维职业技能等级标准》(2021 年 2.0 版)的内容有： 1. 工业机器人的定义 工业机器人是指其操作机是自动控制的、可重复编程、多用途、可对三个或三个以上轴进行编程。它可以是移动或固定式，通常在工业自动化中使用。 2. 末端执行器的定义 末端执行器也称末端，是指为使机器人完成其任务而专门设计并安装在机器人末端关节机械接口处的装置，如夹持器、扳手、焊枪、喷枪等。 3. 示教器的定义 示教器也称示教盒，指能用它对机器人进行编程或使机器人运动并与控制系统相连的手持式单元。
任务目标	1. 知识目标 了解工业机器人的发展历程，熟悉工业机器人的常见分类及其行业应用，掌握工业机器人的系统组成及各部分的功能。 2. 能力目标 能描述工业机器人的定义、特征、基本结构和功能。 3. 素质目标 运用已获得知识、技能和经验独立分析和解决问题。 4. 思政育人目标 具有家国情怀，能够描述工业机器人的基本结构和功能，培养学生探索未知、追求真理和热爱科学的精神，通过了解工业机器人的发展历程和国内外工业机器人产业发展现状，提升学生的国际视野，增强学生科技报国的信心。
任务要求	通过清洁工业机器人的表面，描述工业机器人的基本组成及功能。
任务思考	1. 什么是工业机器人？ 2. 工业机器人有哪些特征？

<table>
<tr><td>任务实施</td><td>1. 描述清洁工业机器人的注意事项。

2. 分析工业机器人的基本组成及功能。</td></tr>
<tr><td>任务总结</td><td>1. 知识与技能方面的收获与体会。

2. 职业素养方面的收获与体会。

3. 其他方面的收获与体会。</td></tr>
<tr><td>任务评价</td><td><table>
<tr><th>序号</th><th>考核指标</th><th>所占分值</th><th>备注</th><th>得分</th></tr>
<tr><td>1</td><td>任务完成情况</td><td>30</td><td>是否在规定时间内完成任务</td><td></td></tr>
<tr><td>2</td><td>任务实施质量</td><td>30</td><td>参与态度及任务成果的质量</td><td></td></tr>
<tr><td>3</td><td>任务总结质量</td><td>40</td><td>知识、技能、职业素养及其他方面的收获与体会</td><td></td></tr>
</table>
指导教师：　　　　日期：　　年　月　日</td></tr>
<tr><td>任务拓展</td><td>查阅和搜集资料，展望工业机器人的发展。</td></tr>
</table>

子任务2　认识典型工业机器人应用单元

知识链接

1. 搬运机器人应用单元

目前搬运仍然是机器人的第一大应用领域，约占机器人应用整体的38%。许多自动化生产线需要使用机器人进行上下料、搬运以及码垛等操作。近年来，随着协作机器人的兴起，搬运机器人的市场份额一直呈增长态势。

【扫一扫】

认识搬运机器人

1) 搬运机器人的特点

搬运机器人作为先进自动化设备，具有通用性强、工作稳定的优点，并且操作简便、功能丰富，正逐渐向第三代智能机器人发展，其主要优点如下：

(1) 动作稳定，搬运准确性高，定位准确，保证批量一致性。

(2) 降低制造成本，提高生产效率，解放繁重的体力劳动，实现“无人”或“少人”生产。

(3) 改善工人的劳动条件，摆脱有毒、有害环境。

(4) 能够实时调节动作节拍、搬运速度及末端执行器的动作状态。

(5) 可更换不同末端执行器，实现多形状、不规则物料搬运，方便、快捷。

(6) 能够与传送带、移动滑轨等辅助设备集成，实现柔性化生产，适应性强。

(7) 占地面积少，动作范围大，减少厂源浪费。

2) 搬运机器人的应用

搬运机器人可以广泛应用于物料搬运、生产线的上下料、立体仓库的码垛作业等。

(1) 物料搬运

工业机器人物料搬运是指工件从一个位置搬运到另外一个位置，包括水平位置搬运和立体位置搬运，两者的区别在于后者的目标位置高于或低于工件当前位置。如图1-1-28所示装有成品的包装箱从流水线上搬运到转运车上，即从图中的A位置搬运到B位置，以便作入库处理。

图1-1-28　机器人物料搬运

(2) 上下料

上下料机器人能满足快速、大批量加工节拍，节省人力成本，提高生产效率等要求，适用于机床、生产线的上下料、工件转序等场合。该机器人系统具有高效率和高稳定性，结构简单，易于维护，可以满足不同产品的生产。对用户来说，可以很快调整产品结构和扩大产能，大大降低产业工人的劳动强度。图1-1-29所示为机器人从锻造设备中高温取出工件。对于如此恶劣的锻压环境，工业机器人也始终能够胜任，提高了自动化生产线的利用率和柔性。一台可编程的工业机器人可以适用于搬运多种不同工件，由系统控制器对整条生产线进行集中控制，统计生产数量，预定生产工件，显示循环周期等。

(3) 码垛作业

随着现代工业生产中立体仓库的广泛使用，码垛作业机器人得到了大力推广。码垛作业从实质上来说也是搬运作业的一种体现，根据预先规划好的路径，机器人将工件从一个位置搬运到另外一个位置，只是两次搬运的目标位置不同。图 1－1－30 所示是机器人将汽车轮毂搬运到立体仓库上，完成一个六行三列的码垛任务。

图 1－1－29　机器人上下料

图 1－1－30　机器人码垛

3）搬运机器人的分类

从结构形式上看，搬运机器人可分为直角坐标式搬运机器人和关节式搬运机器人两大类。

(1) 直角坐标式搬运机器人

直角坐标式搬运机器人如图 1－1－31 所示，由 X、Y 和 Z 三个坐标轴组成直角坐标系。其适用范围相对较窄、针对性较强，适合定制专用机来满足特定需求，按照结构形式的不同，又将其分为龙门式、悬臂式、侧壁式和摆臂式等几种形式。

(2) 关节式搬运机器人

关节式搬运机器人是当今工业中常见的机型之一，其结构如图 1－1－32 所示，一般有 5～6 根轴，其动作类似于人的手臂，具有占用面积小、结构紧凑、动作灵活，工作空间大等特点，适用于几乎任何轨迹和角度的搬运工作。

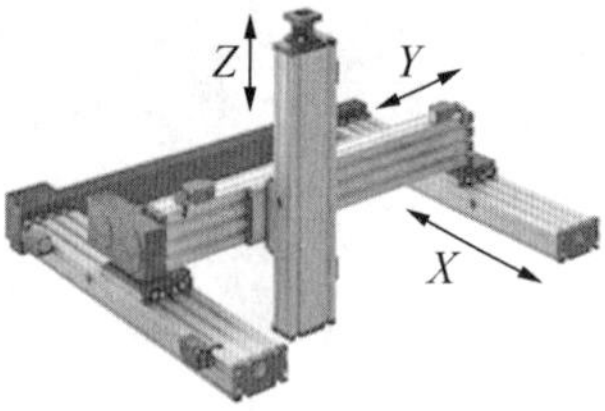

图 1－1－31　直角式搬运机器人

图 1－1－32　关节式搬运机器人

4）搬运机器人的系统组成

搬运机器人是一个完整系统，包含了相应的附属装置及周边设备，主要由操作机、控制系统、示教器、搬运系统和安全保护装置组成。而搬运系统由气体发生装置、真空发生装置、液压发生装置和末端执行器等部分组成，如图 1－1－33 所示。真空发生装置、气体发生装置和液压发生装置均为标准件，企业常用空气控压站对整个车间提供压缩空气和抽真空。液压发生装置的动力元件有电动机、液压泵，可以布置在机器人周围，液压缸作为执行元件与夹钳一体，需安装在搬运机器人末端法兰上。

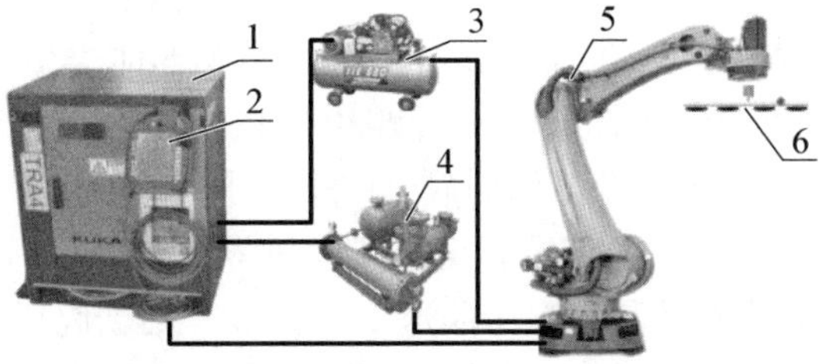

1—机器人控制柜 2—示教器 3—气体发生装置 4—真空发生器 5—操作机 6—末端执行器

图1-1-33 搬运机器人的系统组成

操作者可以通过示教器和操作面板对搬运机器人运动位置和动作进行示教，设定运动速度、搬运参数等。

对于某些工作范围较大的搬运场合，机器人的末端执行器无法到达指定的搬运位置或姿态，可以通过增加机器人的自由度来达到增大搬运工作空间的目的。增加滑移平台是搬运机器人增加自由度最常用的方法，可将滑移平台安装在地面上或龙门框架上，如图1-1-34所示。

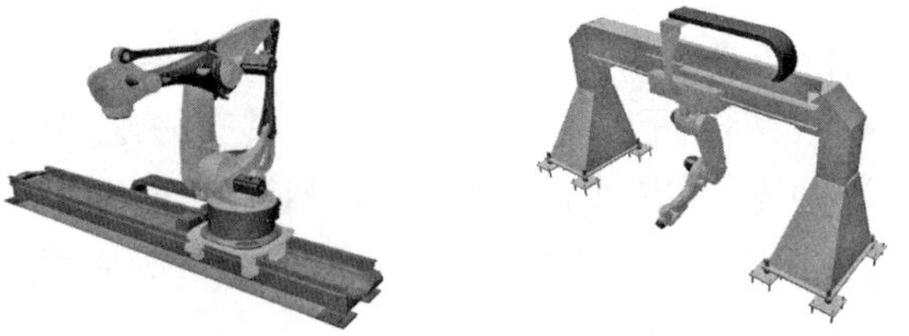

(a) 地面安装 (b) 龙门架安装

图1-1-34 滑移平台的安装方式

搬运机器人的辅助装置有金属检测机、重量复检机、自动剔除机、倒袋机、整形机、传送带等装置。金属检测机应用在生产流水线中检测产品是否混入金属等异物。重量复检机可以检测出前道工序是否漏装、多装，以及对合格品、欠重品、超重品进行统计。自动剔除机是安装在金属检测机和重量复检机之后，主要用于剔除含金属异物及重量不合格等产品。倒袋机是将前道工序输送过来的袋装产品进行倒袋、转位等操作。整形机主要用于袋装产品的整形，将袋中的积聚产品均匀分散。传送带是自动化生产线上必不可少的一个环节，针对不同的厂源条件可选择不同的形式，如图1-1-35所示。

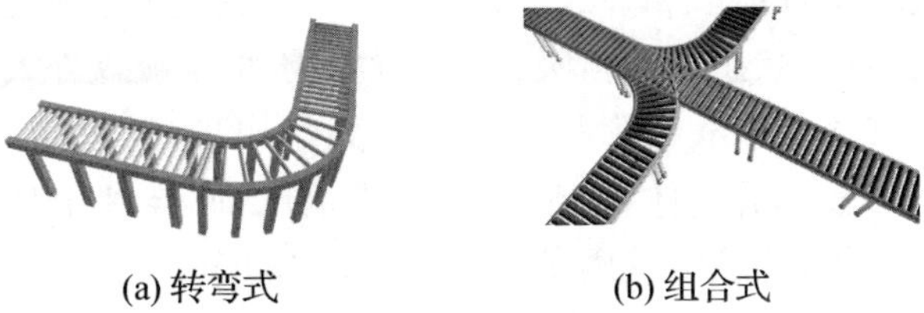

(a) 转弯式 (b) 组合式

图1-1-35 传送带

关节式搬运机器人的自由度为4～6轴，图1-1-36所示是库卡码垛机器人典型的结构，其中图 1 - 1 - 36(a) 所示是 4 轴的 KR 40 PA 机器人，图 1 - 1 - 36(b) 所示是 5 轴的 KR 120 R3200 PA 机器人，图 1 - 1 - 36(c) 所示是 6 轴的 KR 1300 titan PA 机器人。搬运机器人本体在机械结构上与其他关节式工业机器人本体类似，为了改善受力情况，通常设计成连杆结构，连杆依附于轴，形成平行四边形机构，起到支撑整体和稳固末端的作用。6 轴搬运机器人本体部分具有腰部回转、大臂和小臂弯曲、手腕旋转、手腕弯曲和法兰旋转 6 个独立的转动关节，多数情况下 5 轴搬运机器人略去了手腕旋转这一关节，而 4 轴搬运机器人则略去了手腕旋转和手腕弯曲这 2 个关节。用于码垛的关节式搬运机器人多为 4 轴，这是由于码垛主要在物流线末端进行工作，4 轴机器人足以满足日常码垛要求。

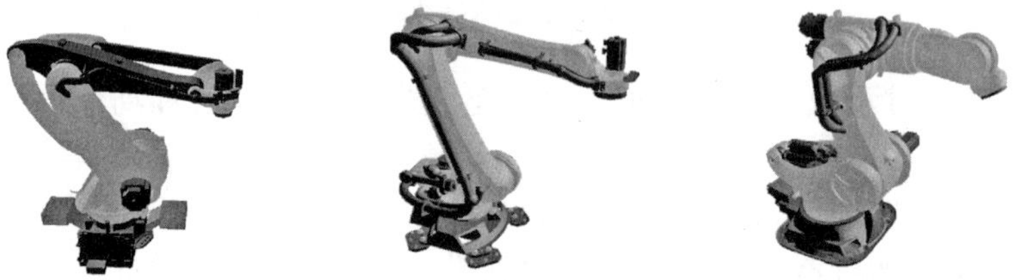

(a) 4轴　　(b) 5轴　　(c) 6轴

图 1 - 1 - 36　库卡关节式搬运机器人

搬运机器人末端执行器是夹持工件进行移动的一种夹具，过去一种执行器只能抓取一种或者一类在形状、大小和重量上相似的工件，具有一定局限性。随着科学技术的发展，末端执行器也在一定范围内具有可调性，也可配置传感器，以确保其具有足够的夹持力，保证一定的夹持精度。常见的搬运末端执行器有吸附式、夹钳式、夹板式、抓取式等几种。

图 1 - 1 - 37　气吸附式末端执行器

(1) 吸附式末端执行器

吸附式末端执行器依据吸力不同可分为气吸附和磁吸附。

① 气吸附

气吸附式末端执行器主要是利用吸盘内压力和大气压之间的压力差进行工作，其外形结构如图 1 - 1 - 37 所示。

依据压力差分为真空吸盘吸附、气流负压气吸附、挤压排气负压气吸附等。真空吸盘吸附是通过连接真空发生装置和气体发生装置实现抓取和释放工件。工作时，真空发生装置将吸盘与工件之间的空气吸走，使其达到真空状态，此时，吸盘内的大气压小于吸盘外大气压，工件在外部压力的作用下被抓取。气流负压气吸附是利用流体力学原理，通过压力较大的压缩空气高速流动带走吸盘内压力较小的气体，使吸盘内形成负压，同样利用吸盘内外压力差，完成取件动作。切断压缩空气，消除吸盘内负压，完成放件动作。挤压排气负压气吸附是利用橡胶吸盘的变形和拉杆移动改变吸盘内外部压力，完成工件吸取和释放动作。

吸盘种类繁多，一般分为普通型和特殊型两种。普通型包括平面吸盘、超平吸盘、椭圆吸盘、波纹管吸盘和圆形吸盘。特殊型吸盘是为了满足在特殊应用场合而设计使用的，其结构形状因吸附对象的不同而不同，通常可分为专用型吸盘和异型吸盘。除了吸盘结构外，影响吸附能力的因素还有吸盘的材料。目前，吸盘材料多为丁腈橡胶（NBR）、天然橡胶（NR）和半透明硅胶（SIT5）等。气吸附搬运末端执行器被广泛应用于汽车覆盖件、玻璃板件、金属板材的切割及上下料等场合，适合抓取表面相对光滑、平整、坚硬及微小材料，具有高效、无污染、定位精度高等优点。当搬运表面不是很平整的纸箱、木材等物料，可采用海绵吸盘，如图 1－1－38 所示。工作时允许有一定的气体泄漏现象，其吸附面较大，吸力也比普通吸盘大得多。

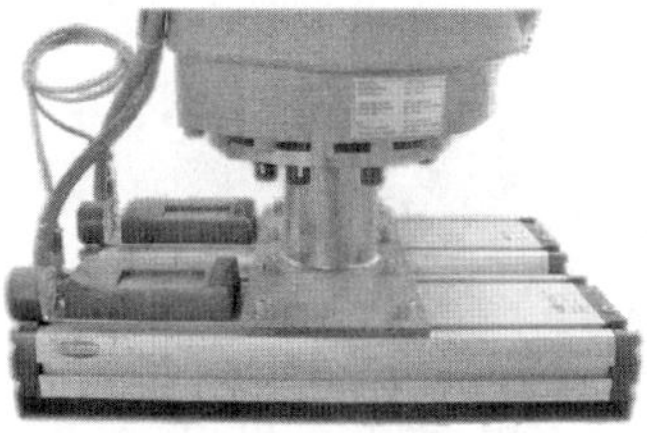

图 1－1－38　海绵吸盘

② 磁吸附

磁吸附是利用磁力进行吸取工件，常见的磁力吸盘分为永磁吸盘、电磁吸盘、电永磁吸盘等。永磁吸盘是利用磁力线通路的连续性及磁场叠加性而工作，永磁吸盘的磁路为多个磁系，通过磁系之间的相互运动来控制工作磁极面上的磁场强度大小，来实现工件的吸附和释放动作。电磁吸盘是利用内部激磁线圈通直流电后产生磁力，而吸附导磁性工件。电永磁吸盘是利用永磁磁铁产生磁力，利用激磁线圈对吸力大小进行控制，起到开关作用，电永磁吸盘结合永磁吸盘和电磁吸盘的优点，应用前景十分广泛。

磁吸盘的分类方式多种多样，根据形状可分为矩形磁吸盘、圆形磁吸盘。按吸力大小分为普通磁吸盘和强力磁吸盘等。磁吸附只能吸附对磁产生感应的物体，故对于要求不能有剩磁的工件无法使用，且磁力受高温影响较大，故在高温下工作亦不能选择磁吸附，所以在使用过程中有一定局限性。常适合要求抓取精度不高且在常温下工作的工件。

（2）夹钳式末端执行器

夹钳式末端执行器通常做成与人手相似的手爪形状，是现代工业机器人广泛应用的一种形式，通过手爪的开启闭合实现对工件的夹取，由手爪、驱动机构、传动机构、连接和支承元件组成。多用于负载重、高温、表面质量不高等吸附式无法进行工作的场合。

手爪是直接与工件接触的部件，其形状将直接影响抓取工件的效果，常见的形状有 V 型爪和平面型爪，在多数情况下需两个手爪配合使用就可完成一般工件的夹取，如图 1－1－39 所示。V 型爪常用于圆柱形工件，其夹持稳固可靠，误差相对较小。平面型爪多数用于夹持方形工件、厚板形和短小棒料，或者至少有两个平行面的工件。

(a) V型爪　　(b) 平面型爪

图 1－1－39　夹钳式末端执行器

（3）夹板式末端执行器

夹板式末端执行器是码垛过程中最常用的一类手爪，常见的有单板式和双板式，如图 1－1－40 所示。主要用于整箱或规则盒码垛，夹板式末端执行器夹持力度比吸附式末端执行器大，并且两侧板光滑不会损伤码垛产品外观质量，单板式与双板式的侧板一般都会有可旋转爪钩，需单独机构控制，工作状态下爪钩与侧板成 90°，起到撑托物件，防止在高速运动中物料脱落的作用。

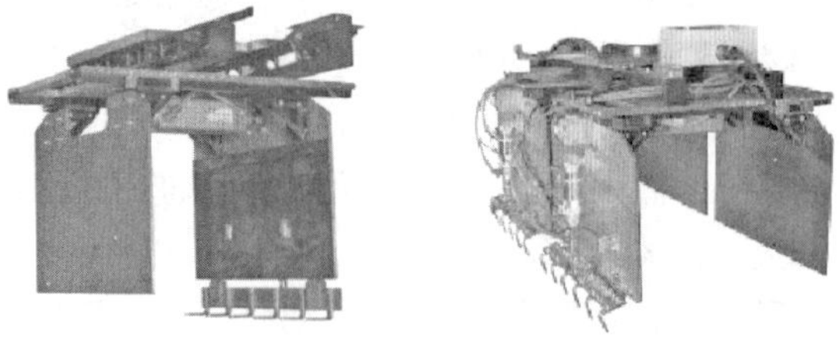

(a) 单板式　　(b) 双板式

图 1-1-40　夹板式末端执行器

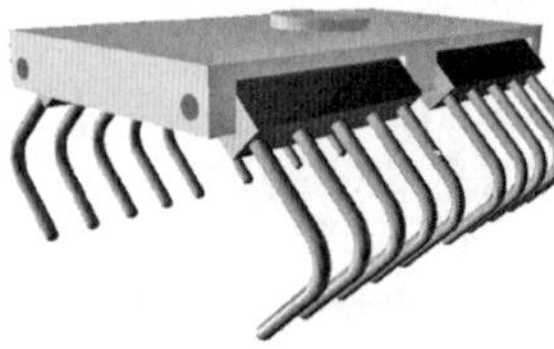

图 1-1-41　抓取式末端执行器

(4) 抓取式末端执行器

抓取式末端执行器可适应不同形状及不同内含物的包装袋，如大米、水泥、化肥、沙砾、塑料等物料袋，如图1-1-41所示。

根据手爪开启、闭合状态，末端执行器又可分为回转型和移动型两种形式。回转型末端执行器是通过斜楔、滑槽、连杆、齿轮螺杆或蜗轮蜗杆等机构组合形成，可适时改变传动比，以实现对夹持工件不同力的需求。移动型末端执行器通常通过平面移动或直线往复移动来实现开启、闭合，多用于夹持具有平行面的工件，设计结构相对复杂，不如回转型手爪应用广泛。

综上所述，搬运机器人为了完成一项搬运工作，除了需要机器人和搬运系统外，还需要一些辅助的附属装置及周边设备。机器人由搬运机器人操作机及完成搬运路线控制的控制系统和示教器组成。而搬运系统中末端执行器主要有吸附式、夹钳式、夹板式和抓取式等形式。

2. 焊接机器人应用单元

焊接有电阻焊、电弧焊和激光焊三种形式，电阻焊又分为点焊、线焊、凸焊和对焊几种。机器人焊接应用主要包括在汽车行业中使用的点焊、弧焊和激光焊接，是机器人的第二大应用领域，约占机器人应用整体的 29%。虽然点焊机器人比弧焊机器人更受欢迎，但是弧焊机器人近年来发展势头十分迅猛。许多加工车间都逐步引入焊接机器人，用来实现自动化焊接作业。

【扫一扫】认识焊接机器人

1) 焊接机器人的特点

焊接机器人的通用性强，工作稳定，操作简便，功能丰富，在工业领域得到了广泛的应用。为了完成一项焊接任务，操作者通过对机器人进行示教，机器人就能精确地再现示教的每一步操作。如果机器人的工作任务有所变化，无须改变任何硬件，只需要再次示教机器人，就可以完成任务，其主要优点如下：

(1) 稳定和提高焊接质量，保证其均匀性

如果采用人工焊接，为了保证焊接质量，对焊工的操作技术有一定的要求。为了使焊接作业机器人化，需要改变加工方法和加工工序，以提高供给的零件、夹具、搬运工具等精度，这些都关系到产品的精度和焊接质量的提高，因此，机器人化的焊接可以得到稳定的高质量的产品。此外，焊接电流、焊接电压、焊接速度和焊接干伸长度等焊接参数对焊接

结果起决定性作用,采用机器人焊接时,每条焊缝的焊接参数都是恒定的,焊接质量相当稳定,而人工焊接时,焊接速度和干伸长度都是变化的,很难保证质量的均匀性。

(2) 提高劳动生产率,1天可24小时连续生产

机器人的作业效率不再随操作者的变动而变动,机器人没有疲劳,可以连续生产,而且机器人的生产节拍是固定的,可以明确地安排生产计划,最终提高生产效率。

(3) 改善工人劳动条件,可在有毒、有害环境下工作

焊接生产中,存在大量的烟尘、弧光、金属飞溅等情况,焊接的工作环境十分恶劣,对人体造成极大危害,引入机器人进行自动焊接已经刻不容缓。机器人焊接时,工人只需装卸工件,远离了焊接弧光、飞溅和烟雾等。对于点焊来说,工人不再搬运沉重的手工焊钳,把工人从强大的体力劳动中解脱出来。另外,焊接机器人还能在空间站建设、核电站维修、深水焊接等极限条件下完成人工难以进行的焊接作业。

(4) 缩短产品改型换代的准备周期,减少相应的设备投资

焊接机器人不仅可以实现小批量产品的自动化焊接,而且完全适应产品多样化的要求,具有很强的柔性加工能力,可以在同一条生产线上混合生产若干种产品,为焊接柔性生产线提供技术基础。同时,对于生产量的变动和型号的变更等,可以通过修改程序,迅速更替生产线,这是专用自动化生产线不能比拟的,因此可以发挥投资的长期效果。

2) 焊接机器人的应用

焊接机器人其实就是在焊接生产领域替代焊工,从事焊接任务的工业机器人。在这些机器人中,除了部分为某种焊接方式而专门设计外,绝大多数的焊接机器人是通用的工业机器人上装上某种焊接工具构成。为了灵活调整焊接姿态,可以采用多轴垂直串联关节型机器人,绝大部分有6根轴,其中1～3轴可将末端执行器送到指定的位置,而4～6轴解决末端执行器不同姿态的要求。目前焊接机器人应用中比较普遍的主要有点焊机器人、弧焊机器人和激光焊接机器人,如图1-1-42所示。

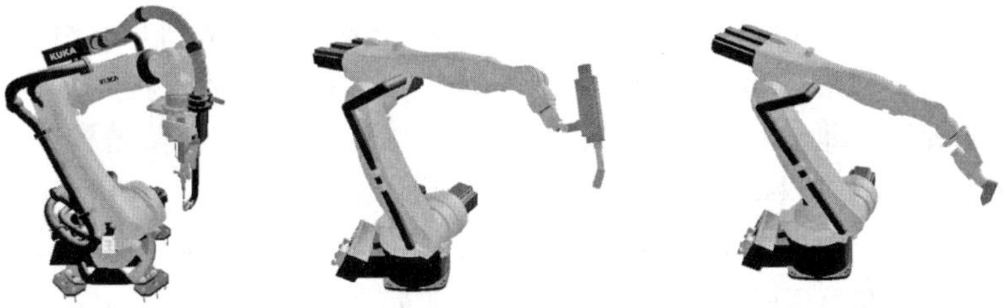

(a) 点焊机器人　(b) 弧焊机器人　(c) 激光焊接机器人

图1-1-42　焊接机器人

(1) 机器人点焊

工业机器人首先应用于汽车的点焊作业,最初在福特公司、通用汽车公司的汽车车体焊接,1967年后,日本也将工业机器人大量引入到汽车行业。

点焊是指用尖端适当成型的电极将重叠的原材料夹住,将大电流(6 000～15 000 A)及加压力(2 000～5 000 kN)集中在比较小的部分,局部加热,同时用电极加压的电阻焊接,其原理如图1-1-43所示。由于接触面的电阻最高,所以发热集中,将工件熔化,同

时在加压力的作用下形成焊点。电极加压力、通电时间和焊接电流是点焊的三大要素，其中可以用焊钳产生电极加压力，通过控制箱和变压器来控制焊接电流和通电时间。

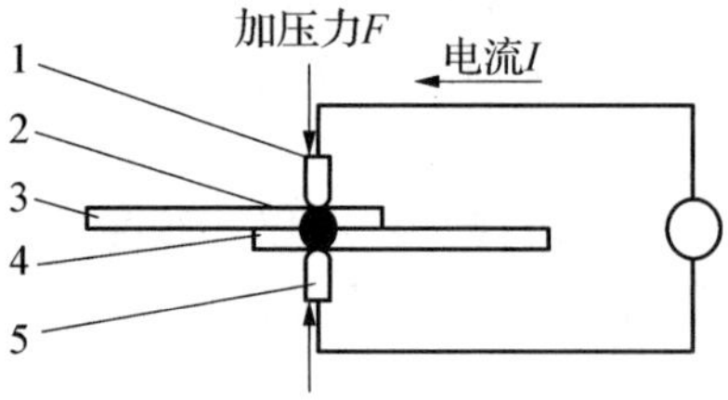

1、5—电极　2—焊点　3、4—工件

图 1-1-43　点焊原理图

点焊的过程比较简单，只需点位控制，对于焊钳在点与点之间的移动轨迹没有严格要求，对机器人的绝对精度和重复定位精度的控制要求比较低。一般来说，装配一台汽车车体大约需完成 3 000～5 000 个焊点，而其中约 60%的焊点是由机器人完成的。最初，点焊机器人只用于增强焊作业，即在已拼接好的工件上增加焊点。后来，为保证拼接精度，又让机器人完成定位焊作业。这样，点焊机器人的作业性能要求更加全面，具体如下：

① 安装面积小，工作空间大。

② 快速完成小节距的多点定位。

③ 重复定位精度高，以确保焊接质量。

④ 允许的最大负载高，以便携带内装变压器的焊钳。

⑤ 内存容量大，示教简单，节省工时。

⑥ 点焊速度与生产线速度相匹配，且安全可靠性好。

(2) 机器人弧焊

弧焊主要有熔化极气体保护焊和非熔化极气体保护焊两种。由于弧焊时工件局部加热熔化和冷却产生变形，焊缝轨迹也随之会发生变化，所以弧焊的过程要比点焊复杂。为了适应焊缝轨迹的变化，机器人需要调整焊枪的位置和姿态，以实现对焊缝的实时跟踪。由于弧焊过程伴有强烈的弧光和烟尘，熔滴过渡不稳定，焊丝容易引起短路，存在大电流强磁场等复杂环境因素，机器人检测和识别焊缝所需要的特征信号并不像其他加工制造过程那么简单。因此，焊接机器人的应用并不是一开始就用于弧焊作业，而是伴随焊接传感器的开发与应用，使机器人弧焊作业的焊缝跟踪与控制问题得到有效解决。

为了适应复杂的弧焊作业，对弧焊机器人的性能有着特殊的要求。在弧焊过程中，焊枪应跟踪工件的焊道运动，并不断填充金属，形成焊缝，因此，在运动过程中速度的稳定性和轨迹精度是两项重要指标。一般情况下，焊接速度约为 5～50 mm/s，轨迹精度约为 ±0.2～±0.5 mm。由于焊枪的姿态对焊缝质量也有一定影响，所以在跟踪焊道的同时，焊枪姿态的可调范围尽量大，其他一些基本性能要求如下：

① 能够通过示教器，设定电流、电压、速度等焊接参数。

② 具有焊接起始点检测、焊缝跟踪等焊接传感器的接口功能。

③ 具有检测焊接是否异常的功能。

④ 具有摆动的功能。

⑤ 具有坡口填充的功能。

(3) 机器人激光焊接

激光焊接机器人的末端执行器是激光加工头，可以选用高精度机器人来实现更柔性的激光加工。现代金属加工对焊接强度和外观效果等质量的要求越来越高。在传统的焊接中，由于产生大量热量，工件扭曲变形等问题在所难免，后续需要花费大量时间和费用来校正工件的变形。通过全自动激光焊接技术，热输入量达到最小，热影响区大大缩小，从而提高了产品的焊接质量，减少了后续再加工时间，降低了焊接成本。另外，由于焊接速度快，焊缝深宽比大，焊接效率和焊接稳定性得到了显著提高。近年来，激光技术飞速发展，涌现出可与机器人柔性耦合的，采用光纤传输的高功率工业型激光器，促进了机器人技术与激光技术的结合，而汽车产业的发展需求带动了激光加工机器人产业的形成与发展。目前，在国内外汽车产业中，激光焊接和激光切割机器人已经成为最先进的制造技术，获得了广泛应用。

激光焊接是一种无接触的焊接方式，其能量密度高，输入热量小，焊接速度快。激光焊接机器人比弧焊机器人要求更高的焊缝跟踪精度，除此以外，激光焊接机器人的基本性能要求如下：

① 机械臂刚性好，工作范围大。

② 允许的工具负载较大，约 30～50 kg，以便携带激光加工头。

③ 轨迹精度高，允许的加工误差在 0.1 mm 以内。

④ 能与激光器进行高速通信。

⑤ 具备良好的振动抑制和控制修正功能。

3）焊接机器人的系统组成

焊接机器人应用单元不仅仅是安装了焊接工具的单台机器人，而是一个完整的柔性焊接系统，包含了各种焊接附属装置及周边设备。其中点焊机器人、弧焊机器人和激光焊接机器人的系统组成有所不同，下面分别介绍。

（1）点焊机器人的系统组成

点焊机器人主要由操作机、控制系统、示教器和点焊焊接系统等组成，如图 1－1－44 所示。焊工可以通过示教器和操作面板，设定运动速度、点焊参数等，对点焊机器人的运动位置和动作顺序进行示教。点焊机器人按照示教程序规定的动作、顺序和参数自动点焊。

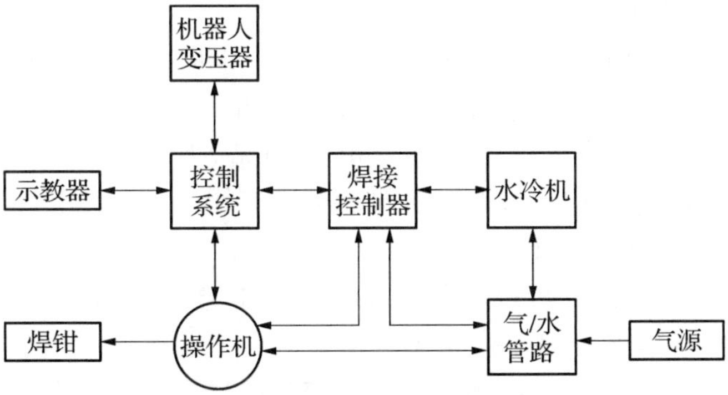

图 1－1－44　点焊机器人系统组成

点焊机器人的操作机通常是垂直串联关节型 6 自由度工业机器人，驱动方式多采用电气驱动。控制系统由本体控制和焊接控制组成。其中，机器人的本体控制实现点焊机器人本体的运动控制，而焊接控制部分对点焊控制器进行控制，发出焊接开始命令，自动控制和调整电流、电压、时间等焊接参数，控制焊钳的行程大小和夹紧、松开动作。

点焊焊接系统主要由点焊控制器、焊钳、阻焊变压器及水、电、气等辅助部分组成。点焊控制器与机器人控制柜、示教器进行通信，根据预定的焊接监控程序，输入焊接参数、控制焊接程序，诊断焊接系统故障。

点焊机器人的焊钳品种繁多，按照外形结构分 X 型焊钳和 C 型焊钳，如图 1 - 1 - 45、图 1 - 1 - 46 所示。

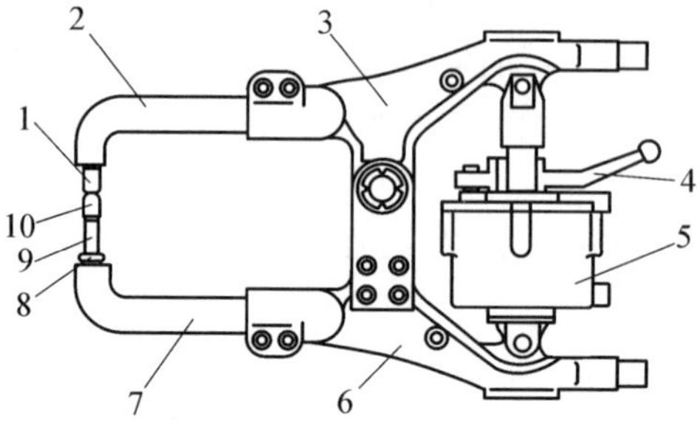

1—动电极帽　2—动电极臂　3—动钳体　4—限位架　5—气缸
6—静钳体　7—静电极臂　8—静电极座　9—静电极接杆　10—静电极帽

图 1 - 1 - 45　X 型焊钳结构

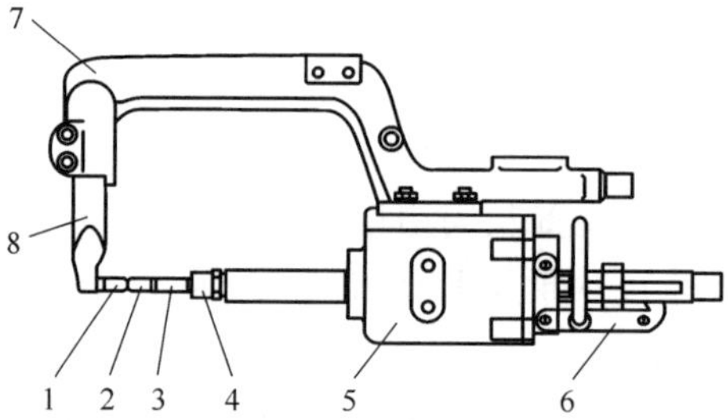

1—静电极帽　2—动电极帽　3—动电极接杆　4—动电极座
5—气缸　6—限位架　7—钳体　8—静电极臂

图 1 - 1 - 46　C 型焊钳结构

X 型焊钳则主要用于点焊水平及接近水平位置的焊点，电极的运动轨迹为圆弧线。C 型焊钳则主要用于点焊垂直及接近垂直位置的焊点，电极的运动轨迹为直线。C 型焊钳喉深一般不超过 350 mm，因为喉深过大，焊钳的重心偏置严重，引起机器人静态过载或动态过载，所以当焊点距离制件边缘超过 350 mm 的情况下应选择 X 型焊钳，而当焊点距离制件边缘小于 350 mm 的情况下可选择 X 型或 C 型焊钳。

（2）弧焊机器人的系统组成

弧焊机器人的组成与点焊机器人基本相同，主要由操作机、控制系统、示教器、弧焊系统和安全设备等组成，如图 1 - 1 - 47 所示。

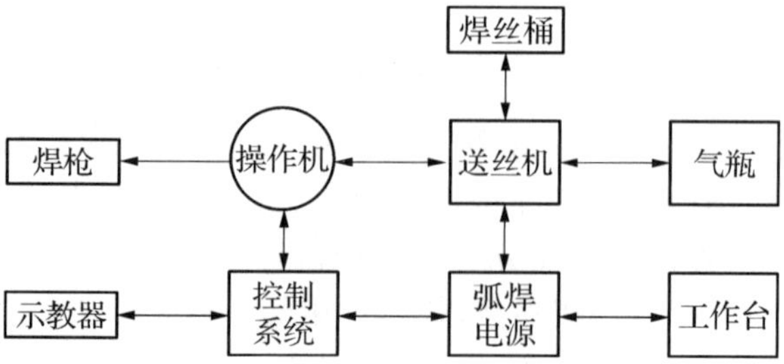

图 1 - 1 - 47　弧焊机器人系统组成

弧焊机器人操作机的结构与点焊机器人基本相似，主要区别在于末端执行器，弧焊机器人的末端执行器是焊枪，由于焊枪一般比焊钳轻，可选用额定负载较小的弧焊机器人。为了保证焊枪的任意空间位置和姿态，选用6自由度垂直串联型关节机器人。

弧焊机器人控制系统在控制原理、功能及组成上和通用工业机器人基本相同。常用两级控制结构，上级控制器具有存储单元，可存储和管理编写的弧焊程序，变换坐标、生成轨迹。下级控制器由若干处理器组成，每个处理器负责一个关节的动作控制及状态检测。

弧焊系统是完成弧焊作业的核心装备，主要由弧焊电源、送丝机、焊枪和气瓶等组成，如图1-1-48所示。

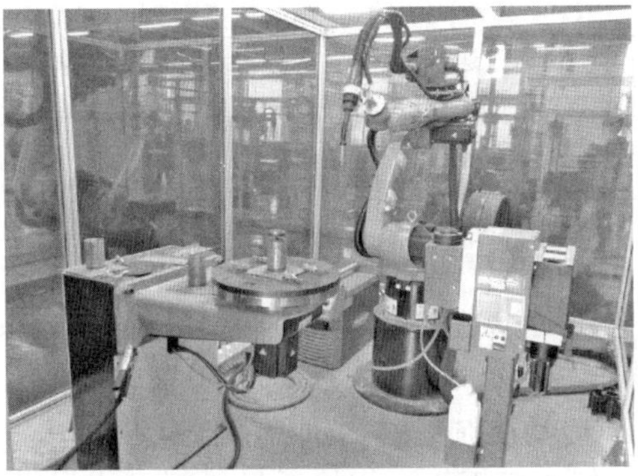

图1-1-48　弧焊系统

出于安全考虑，气瓶一般放置在工作区域外，而送丝机一般安装在机器人的小臂上，这样焊枪到送丝机之间的软管较短，送丝的稳定性好。弧焊机器人多采用气体保护的焊接方式，如CO_2气体保护焊、熔化极惰性气体保护焊MIG、熔化极活性气体保护焊MAG、非熔化极惰性气体保护焊TIG，一般称为氩弧焊。通常的晶闸管式、逆变式、波形控制式、脉冲或非脉冲式等焊接电源都可以装到机器人上作电弧焊。由于机器人控制柜采用数字控制，而焊接电源多为模拟控制，所以需要在焊接电源与控制柜之间加一个接口，实现模数转换。

安全设备是弧焊机器人应用单元安全运行的重要保障，主要包括机器人系统工作空间干涉自断电保护、动作超限位自断电保护、超速自断电保护、驱动系统过热自断电保护和人工急停断电保护等，为了防止弧光伤害眼睛，防护门一般采用深色有机玻璃制成。在机器人的末端焊枪上还装有各类触觉或接近觉传感器，可以使机器人在过分接近工件或发生碰撞时停止工作，有效保证设备与人身安全。

(3) 激光焊接机器人的系统组成

激光焊接机器人是一个柔性的加工系统，这就要求激光器具有高度的柔性，可选用光纤激光器、半导体激光器和固体激光器等激光器，通过光纤传输至激光加工头。激光加工头安装在机器人手腕法兰上，是机器人的末端执行器，它在机器人控制系统的控制下产生运动，用于完成平面及空间曲线轨迹的激光焊接。激光焊接机器人的系统组成如图1-1-49所示。

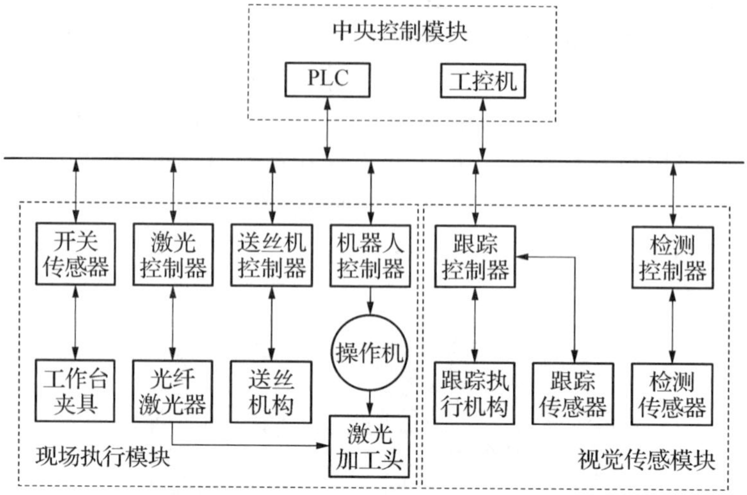

图 1－1－49　激光焊接机器人系统组成

激光器的功率较大，可以通过光纤耦合和传输系统、激光光束变换光学系统传输至激光加工头。机器人的本体采用 6 自由度垂直串联的关节机器人，通过示教器完成程序编写，在控制器的控制下实现运动控制。材料进给系统包括高压气体、送丝机、送粉器等几部分组成。此外，还需要焊缝跟踪系统和焊接质量检测系统实现焊缝质量的控制，包括视觉传感器、图像处理单元、伺服控制单元、运动执行机构、缺陷识别系统及专用电缆等。

焊工可以在机器人示教器上在线示教，也可以在 PC 上离线编程。机器人控制系统可以设置激光加工参数，控制激光加工头的运动轨迹。材料进给系统将金属丝、金属粉末、高压气体等材料与激光同步输入至激光加工头，高功率激光与进给材料同步作用，完成激光加工任务。在加工的过程中视觉传感模块对焊缝进行跟踪和检测，并且将信号反馈至机器人控制系统，实时控制焊缝质量。

综上所述，焊接机器人主要由机器人和焊接设备两部分组成。机器人由操作机、控制系统和示教器组成。而焊接设备主要由焊接电源及其控制系统、材料进给系统、末端执行器等部分组成，其中点焊不需要材料进给，对于智能焊接机器人还需要视觉传感系统。

4）焊接机器人的周边设备

为了完成一项焊接工程，除了焊接机器人外，还需要一些周边设备。目前，常见的焊接机器人辅助装置有变位机、滑移平台、清枪装置和工具快换装置等。

（1）变位机

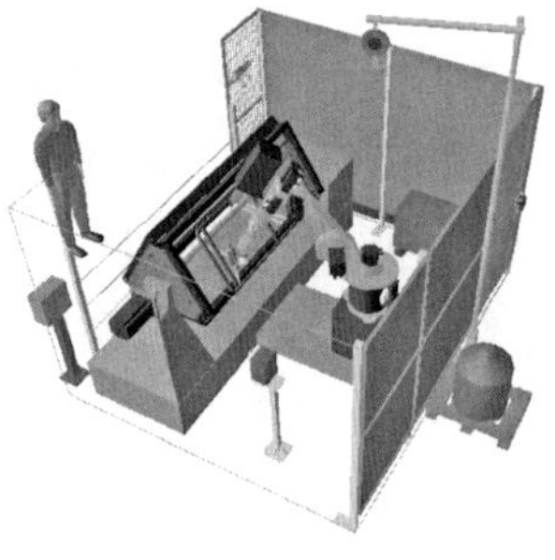

图 1－1－50　焊接机器人外部轴扩展

当焊接复杂工件时，机器人的末端执行器无法以合适的姿态到达焊接位置，变位机的使用可以有效解决该问题。变位机通常有 1～3 个自由度，被焊工件安装在变位机的工作台上，通过移动或转动外部轴，使工件上的待焊部位进入机器人的作业空间，如图 1－1－50 所示。

变位机的采用增强了焊接生产线的柔性，根据实际焊接需要，变位机可以有多种形式供用户选用，如卧式回转式、立式回转式和倾翻回转式，如图 1－1－51 所示。需要根据工件的结构特点和焊接工艺来选用变位机。变位机的工作台上还要安装夹具，被焊工件在夹具中进行定位和夹紧。

(a) 卧式回转式　　(b) 立式回转式　　(c) 倾翻回转式

图 1－1－51　焊接变位机的结构形式

(2) 滑移平台

当焊接大型结构件时，为了保证焊接质量，可以将机器人本体安装在可移动的滑移平台上，以扩大机器人本体的作业空间，确保工件的待焊部位和机器人都处于最佳焊接位置和姿态，滑移平台有地面式、天花板式和侧壁式等几种结构形式，如图 1－1－52 所示。滑移平台的运动可以看作是关节机器人的外部轴。

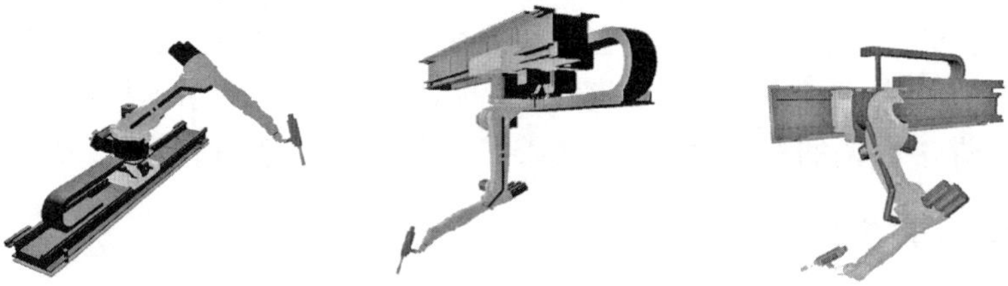

(a) 地面式　　(b) 天花板式　　(c) 侧壁式

图 1－1－52　滑移平台的结构形式

(3) 清枪装置

机器人在焊接过程中焊钳电极头容易氧化磨损，焊枪喷嘴内外会残留焊渣，焊丝干伸长度会有变化，这些因素都会影响到产品的焊接质量及其稳定性。可以通过焊钳电极修磨机和焊枪自动清枪站等清枪装置来解决该问题，如图 1－1－53 所示。

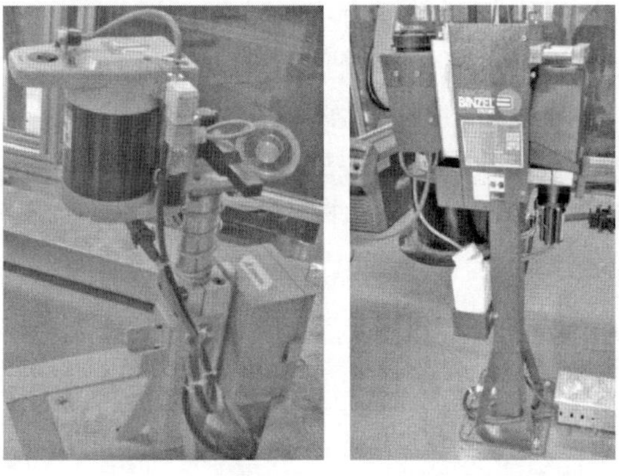

(a) 焊钳电极修磨机　　(b) 焊枪自动清枪站

图 1－1－53　焊接机器人清枪装置

① 焊钳电极修磨机

在点焊机器人应用单元中通常配备焊钳电极修磨机，对工作面氧化磨损的电极头进行自动修磨，代替焊工进入生产线人工修磨，不仅增强了生产安全性，而且提高了生产线节拍。可以通过机器人控制系统对电极修磨机进行控制，电极修磨程序可以编写成子程序的形式，供其他作业程序调用。电极修磨完成后，需根据修磨量对焊钳的工作行程进行位置补偿。

② 焊枪自动清枪站

焊枪自动清枪站主要由焊枪清洗机、喷硅油/防飞溅装置和焊丝剪断装置组成，如图 1－1－54 所示。

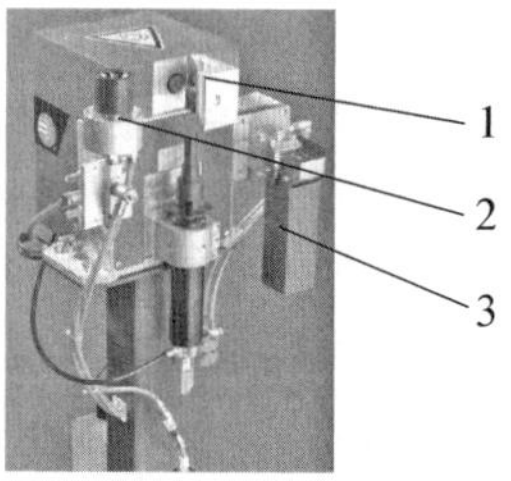

1—焊枪清洗机　2—喷硅油/防飞溅装置　3—焊丝剪断装置

图 1－1－54 焊枪自动清枪站

焊枪清洗机的主要功能是清除喷嘴内表面的残渣，保证弧焊时保护气体能顺畅通过。喷硅油/防飞溅装置可以喷出防溅液，减少焊渣附着，降低维护频率。焊丝剪断装置主要用于起弧前剪去多余焊丝，保证一致的焊丝干伸长度，提高起弧性能。焊枪自动清枪站的控制与焊钳电极修磨机类似。

(4) 工具快换装置

为了提高机器人利用率，一台焊接机器人不仅完成焊接任务，有时还要完成抓物、搬运、打磨、卸料等多个任务。可以通过工具快换装置，自动更换机器人手腕法兰上的工具，并连通相应的介质，完成相应的工作任务。工具快换装置的使用不仅缩短了机器人的空闲时间，提高了焊接设备的稳定性，而且改善了产品的焊接质量，提高了生产效率。

3. 装配机器人应用单元

装配机器人主要从事零部件的安装、拆卸以及修复等工作，约占机器人应用整体的 10%。由于近年来机器人传感器技术的飞速发展，导致机器人应用越来越多样化，直接导致机器人装配应用比例的下滑。

【扫一扫】
认识装配机器人

1) 装配机器人的特点

装配机器人是工业生产中用于装配生产线上对零件或部件进行装配的一类工业机器人。在自动化装配生产线上得到了广泛应用，其主要优点如下：

(1) 改善工人的劳动条件，摆脱有毒有害的装配环境。

(2) 生产效率大幅提高，解放了单一繁重的体力劳动。

(3) 装配工作稳定，可靠性好，适应性强，柔顺性好。

(4) 重复定位精度极高，有效保证了装配精度。

(5) 动作迅速，加速性能好，加快了工作节拍。

2) 装配机器人的分类

从结构形式上看，可将装配机器人分为直角式装配机器人、水平串联关节式装配机器人、垂直串联关节式装配机器人和并联关节式装配机器人等几种形式，如图 1－1－55 所示。

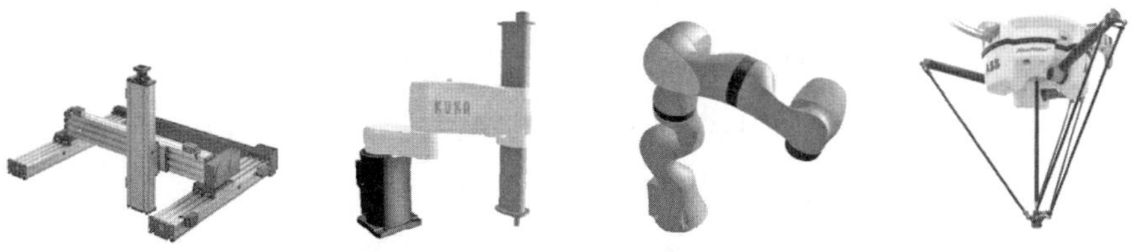

(a) 直角式　(b) 水平串联关节式　(c) 垂直串联关节式　(d) 并联关节式

图1-1-55　装配机器人分类

(1) 直角式装配机器人

直角式装配机器人的结构类似数控铣床，整体结构模块化设计，具有操作简单，编程方便，快速精准等特点，可用于零部件传送、简单的旋拧和插入等装配作业，如装配节能灯、液晶屏等电子类产品。

(2) 水平串联式装配机器人

水平串联式装配机器人又称为平面关节型装配机器人或SCARA机器人，是目前装配生产线上应用数量最多的一类装配机器人，多采用交流伺服电机驱动，具有响应速度快，重复定位精度高，柔性好等优点，可用于机械、电子和轻工业等有关产品的柔性化装配。

(3) 垂直串联式装配机器人

为了保证装配工作的灵活性，垂直串联式装配机器人多设计成6～7个自由度，其结构紧凑，占地空间小，相对工作空间大，编程自由，易实现自动化生产，可在其作用范围内以任意姿态到达空间任意位置，可应用于齿轮、轴承等机械装配。

(4) 并联式装配机器人

并联式装配机器人又称Delta机器人，其外形像蜘蛛或拳头，其结构小巧紧凑，重量较轻、装配速度较高，安装非常方便，可以安装在任意斜面上。采用并联机构设计，动作灵敏，响应速度快，有效减少非累积定位误差。在IT、电子装配等领域得到了广泛应用。目前，并联式装配机器人手腕有1轴和3轴两种形式可供选择，组成的机器人自由度分别为4轴和6轴。

由于装配机器人的装配动作是一种约束运动类操作，而搬运机器人的移动物料动作是开放性的运动轨迹，所以装配机器人精度要高于搬运机器人。另外，装配机器人工作时要和作业对象直接接触，并进行相应动作，而弧焊机器人在工作时没有和作业对象直接接触，所以装配机器人的精度也高于弧焊机器人。此外，装配机器人也可以方便快捷地更换不同的末端执行器，以适应不同装配任务的变化。配备视觉传感器、触觉传感器和力传感器，保证装配任务的精准性。装配机器人可以和零件供给器、输送装置等辅助设备集成，实现柔性化生产。

3）装配机器人的系统组成

装配机器人应用单元主要由操作机、控制系统、示教器、装配系统、传感系统和安全保护装置组成，而装配系统由手爪、气体发生装置、真空发生装置或电动装置等几部分组成，如图1-1-56所示。

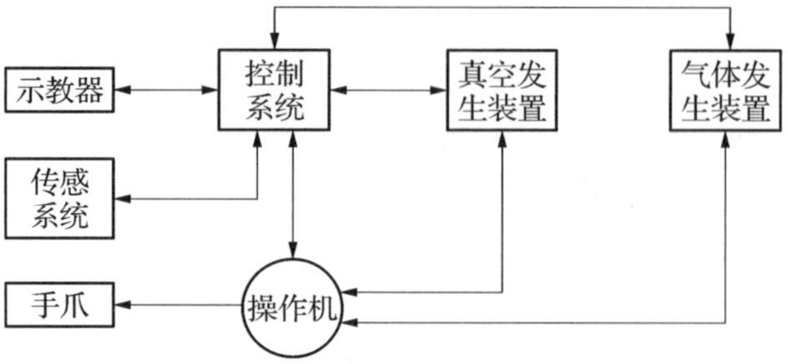

图 1－1－56　装配机器人系统组成

操作者在装配机器人的示教器上示教运动位置和装配动作，设定装配参数，机器人就能再现装配动作，完成自动装配任务。目前，装配生产线多以 Delta 机器人和 SCARA 机器人为主，在小巧、精密、快速装配上具有绝对优势。随着社会需求的增大和科技的进步，装配机器人行业也得到了迅猛发展。追求高质量、高效率的生产工艺和多品种、少批量的生产方式推动了装配机器人发展，各机器人生产厂家也不断推出新品，以适应自动化和柔性化的装配生产，图 1－1－57 所示为工业机器人四大家族 ABB、FANUC、YASKAWA、KUKA 所生产的主流装配机器人。

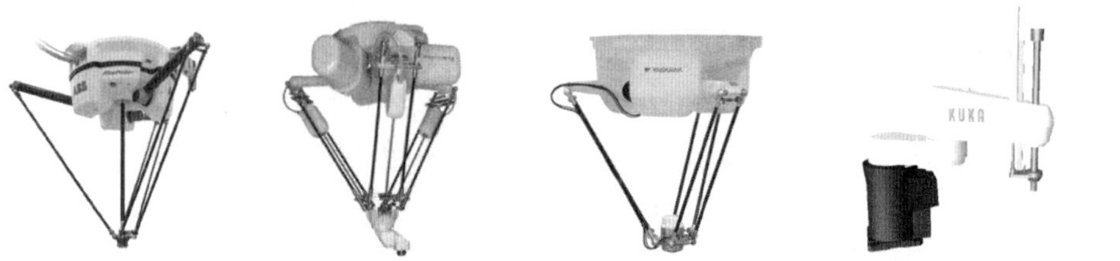

(a) ABB IRB 360　(b) FANUC M-3iA　(c) YASKAWA MPP3S　(d) KUKA KR 10 SCARA R600 Z300

图 1－1－57　工业机器人四大家族生产的装配机器人

装配机器人的末端执行器是夹持工件移动的一种夹具，类似于搬运机器人的末端执行器，常见的有吸附式、夹钳式、专用式和组合式等几种结构。

（1）吸附式

吸附式装配机器人末端执行器的原理和特点类似于搬运机器人吸附式末端执行器，应用在电视机、鼠标等轻小物品的装配场合。

（2）夹钳式

夹钳式装配机器人末端执行器在装配过程中较为常见，多采用气动或伺服电机驱动，配备传感器，可以对外部的信号做出准确反应，实现闭环控制末端执行器的夹紧与松开，具有小巧灵活、响应速度快、动作灵敏、输出力矩大而稳定等优点。

（3）专用式

专用式装配机器人末端执行器也采用气动或伺服电机驱动，它是针对特定的装配场合而专门设计的末端执行器，部分带有磁性，如螺栓、螺钉的装配。

（4）组合式

组合式装配机器人末端执行器是通过组合，吸取各单组执行器的优势，其灵活性较大。在装配过程中可以相互配合，节约装配时间、提高生产效率。

在装配螺钉、螺栓、轴、销、轴承、齿轮等工作时，为了实现柔性化生产，通常需要各种传感系统，主要有视觉传感系统和触觉传感系统。

① 视觉传感系统

装配机器人配备视觉传感系统后的可根据需要，选择合适的装配件，进行粗定位和位置补偿，完成零件尺寸测量，形状、颜色及条形码的识别，视觉传感系统的原理如图1-1-58所示。

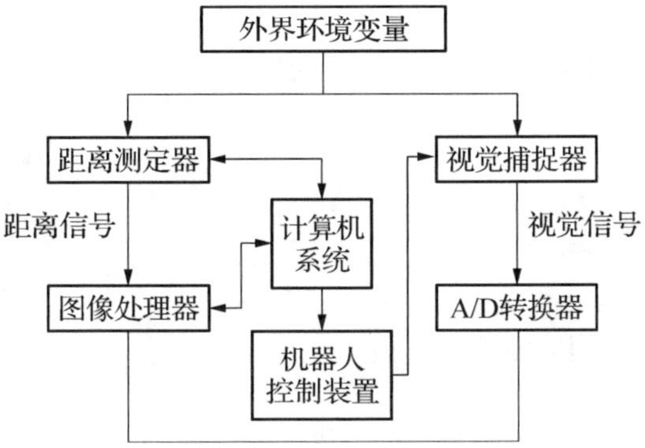

图1-1-58　视觉传感系统原理

② 触觉传感系统

装配机器人的触觉传感系统可以实时检测装配工件间的配合情况，工业机器人的触觉传感器可分为接触觉、接近觉、力觉、压觉和滑觉传感器等五种，常见的有接触觉、接近觉和力觉传感器。

● 接触觉传感器

接触觉传感器一般安装在装配机器人末端执行器的指端，只有与装配件相互接触时才起作用，其结构形式有点式、棒式、平板式、环式、缓冲器式等几种形式。接触觉传感器用于探测物体位置、路径和安全保护，分散安装在末端执行器的指端。

● 接近觉传感器

接近觉传感器是一种非接触式传感器，同样安装在装配机器人末端执行器的指端，与装配件接触前起作用，可以测出末端执行器与装配件之间的距离、相对角度等参数。

● 力觉传感器

装配机器人的力觉传感器不仅可以安装在末端执行器上，用于和环境作用过程中的力测量，还可以安装在机器人本体上，用于运动控制和夹持物体的夹持力测量。常见的装配机器人力觉传感器有关节力传感器、腕力传感器和指力传感器等三类。其中，关节力传感器结构简单，主要测量关节之间的受力情况。指力传感器受到末端执行器尺寸和重量的限制，其测量范围也相对较窄。而腕力传感器可以获得末端执行器多方向的受力，测量的信息量较大，其结构相对复杂。

综上所述，装配机器人主要包括工业机器人、装配系统及传感系统，工业机器人由装配机器人的操作机、控制装配过程的控制系统及示教器组成。装配系统中末端执行器主要有吸附式、夹钳式、专用式和组合式。传感系统主要有视觉传感系统和触觉传感系统等。

4) 装配机器人的周边设备

装配机器人应用单元集成了计算机技术、微电子技术、网络技术和传感技术等多种技术，与生产系统连接，组成装配生产线。为了完成一项装配任务，除了需要装配机器人和装配设备外，一些辅助周边设备也必不可少，常见的有给料器、卸料器、托盘和输送装置等。

(1) 给料器

给料器常用于输送螺钉等小零件，其外形如图 1-1-59 (a)所示，用振动或回转机构将零件排齐，如图 1-1-59 (b)所示，摆动毛刷，将杂乱无章的螺钉放置到导料槽中，并将螺钉逐个送到指定位置，如图 1-1-59 (c)所示。

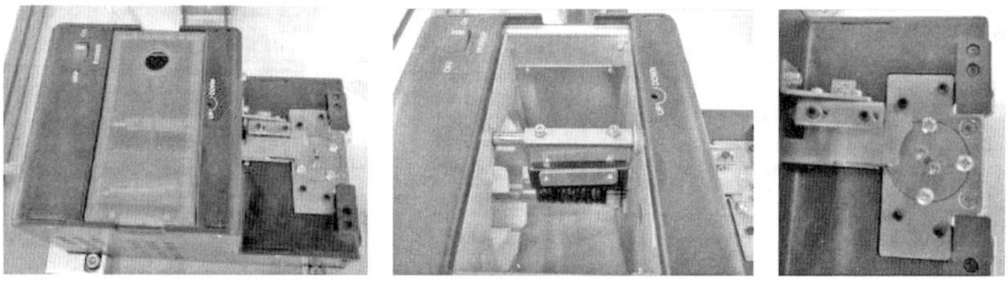

(a) 外形　　(b) 内部结构　　(c) 整理好的螺钉

图 1-1-59　给料器

(2) 卸料器

卸料器常用于拆卸螺钉等小零件，如图 1-1-60 所示，装配机器人将螺钉拆卸后，由于磁性的作用，螺钉还留在了末端执行器上，将螺钉移至卸料器夹爪中，夹紧螺钉，如图 1-1-60(a)所示，移动末端执行器后，再松开卸料器的夹爪，将螺钉掉落至容器中，如图 1-1-60(b)所示。

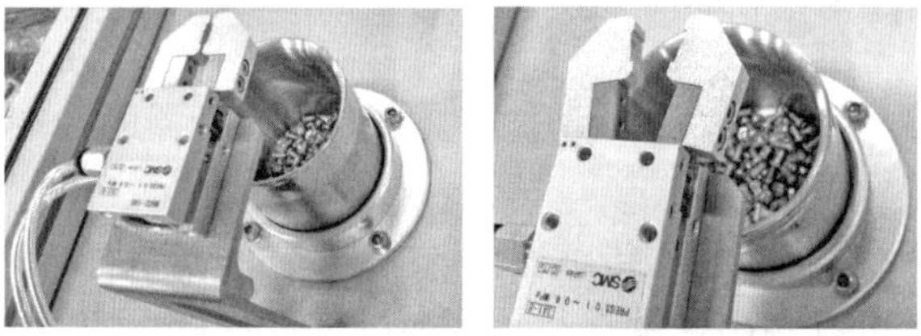

(a) 夹紧螺钉　　(b) 松开螺钉

图 1-1-60　卸料器

(3) 托盘

托盘的外形结构如图 1-1-61 所示，它主要用于装配结束后大型装配件或易损装配件按照一定要求送到指定位置。由于托盘容量有限，在实际生产装配中，为了满足生产需求，可以编写程序，自动更换托盘。

图1-1-61　托盘

图1-1-62　传送带

(4) 输送装置

输送装置用于将装配件输送至指定作业点，其中传送带是最常用的输送装置，如图1-1-62所示。装配件随传送带一起运动，借助限位开关或位置传感器，实现传送带和托盘同步运行，确保装配作业的有序进行。

4. 涂装机器人应用单元

涂装就是指对金属和非金属表面覆盖保护层或装饰层，保护物体不被光、雨、露等介质侵蚀，提高物体的光泽度和平滑性，此外被涂装后的物体有的还具有防火、保温、隐身、导电、杀菌、发光及反光等特殊功能。其工艺可以归纳为前处理、喷涂、干燥或固化、三废处理。其中喷涂工艺是指通过喷枪或碟式雾化器，借助于压力或离心力，分散成均匀而微细的雾滴，覆盖在被涂物表面。喷涂的基本方式有空气喷涂、无空气喷涂和静电喷涂，其衍生方式有自动喷涂、热喷涂、大流量低压力雾化喷涂、多组喷涂等。机器人涂装除了喷涂或喷漆外，还包含点胶等工作，只有4%的工业机器人从事涂装的应用。

【扫一扫】

认识涂装机器人

1) 涂装机器人的特点

与传统的机械涂装相比，采用机器人进行涂装作业，使涂层更加均匀，通用性更强，工作效率更高，重复精度更好，在车辆工程、机械制造、信息家电等领域得到广泛应用，其主要优点如下：

(1) 重复精度高，成品的一致性好，保证了高质量的涂装产品。

(2) 通用性更强，可以完成多品种、小批量的柔性涂装任务。

(3) 提高了涂料的利用率，降低了涂装过程中有害挥发性有机物的排放量。

(4) 改善了操作者的工作环境，将工人从有毒有害、易燃易爆的工作环境中完全解放出来。

(5) 喷枪数量比高速旋杯经典涂装站要少，系统故障发生率大大降低，节约了维护成本。

(6) 提高了喷枪的运动速度，缩短了生产节拍，工作效率大大提高。

另外，由于涂装时会产生易燃易爆的有害挥发性有机物，涂装机器人必须有较高的防爆能力。在涂装时，高速旋杯喷枪的轴线与工件表面的法线始终保持同轴，喷枪端面与工件表面间还要保持一定的距离，这就要求手腕动作灵活，其关节长度尽量短。此外，为了完成往复蛇状的喷涂轨迹，涂装机器人必须有足够大的工作空间。为了降低通风要求，喷房的尺寸尽量小，这就要求涂装机器人的结构要紧凑。为了适应不同的工作任务，涂装机器人可以安装在地面、天花板、侧壁和斜面。为了组成自动化涂装生产线，涂装机器人能够与转台、滑台、输送链等辅助设备容易集成。为了便于操作，喷幅气压、雾化气压、静电量以及流量等涂装参数的设定最好能在示教器上完成。为了方便换色和混色，获得高质量和高精度喷涂产品，要求涂装机器人配备供漆系统。

2）涂装机器人的分类

与普通工业机器人类似，多数涂装机器人采用 5～6 轴垂直串联关节式机器人，其末端执行器是自动喷枪。按照手腕结构形式的不同，将涂装机器人分为球型手腕涂装机器人和非球型手腕涂装机器人。

（1）球型手腕涂装机器人

球型手腕涂装机器人与通用工业机器人手腕结构类似，手腕 3 个关节的轴线相交于 1 点，通常被称为工业机器人的腕心。球型手腕的结构有效保证了机器人运动学逆问题中具有解析解，在离线编程时便于控制机器人的涂装轨迹，但手腕的中间关节不能实现 360°整周回转，限制了机器人的涂装空间。球型手腕涂装机器人的结构紧凑，其工作半径一般在 1.2 米以内，在涂装小型工件中得到了广泛应用，图 1－1－63 所示为 ABB 公司生产的 IRB 52 球型手腕涂装机器人。

图 1－1－63　ABB IRB 52 球型手腕涂装机器人

图 1－1－64　FANUC P-250iB 非球型手腕涂装机器人

（2）非球型手腕涂装机器人

非球型手腕涂装机器人手腕的 3 个关节的轴线相交于 2 点。这种涂装机器人每个腕关节都能 360°整周回转，动作更加灵活，工作空间更大，可以在狭小空间内进行涂装作业，同时还可以涂装复杂的工件表面。图 1－1－64 所示为 FANUC 公司生产的 P－250iB 非球型手腕涂装机器人。非球型手腕的最大缺点是在机器人运动学逆问题中没有解析解，导致了在机器人离线编程时难以控制涂装轨迹，因此非涂装机器人很少采用这种手腕结构。按照手腕相邻轴线的不同位置关系，将非球型手腕分成正交非球型手腕和斜交非球型手腕两种类型。正交非球型手腕的相邻轴线相互垂直，而斜交非球型手腕相邻轴线的角度不为 90°。

在涂装作业时，高速旋杯喷枪安装在手腕法兰上，同时需要接入气路、液路、电路等管线，如果将这些管线安装在手臂外部，涂装作业时带来安全隐患，同时也会影响产品质量，因此，可以将非球形手腕设计成空心结构，将各种管线从机器人手腕内部穿越，与高速旋杯喷枪相连，使机器人变得简洁美观，同时也减少了维护成本。如果采用正交非球形手腕的结构，由于空心手腕的通道相互垂直，穿过的管线弯折较大，气体和液体容易堵塞，管线容易折断，而空心斜交非球形手腕可以有效改善这一缺陷。

3）涂装机器人的系统组成

典型的涂装机器人应用单元主要由操作机、机器人控制系统、示教器、喷房、防爆吹扫系统、供漆系统、喷枪等几部分组成，如图1-1-65所示。

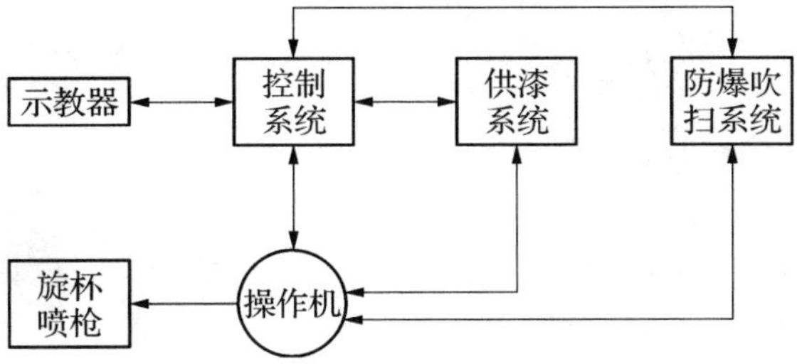

图1-1-65　涂装机器人系统组成

（1）涂装机器人的操作机

由于涂装机器人的工作特点，其轻巧快速的手腕结构与一般工业机器人存在显著差别，巧妙的中空手臂、手腕结构，可以使工作管线从机器人内部穿越，以免发生干涉，减少管道黏着薄雾、灰尘，降低维护成本，完全适用于内部狭小的作业空间及复杂工件表面的涂装。另外，涂装机器人的手臂较长，工作范围较大，能够在涂装时灵活避开障碍物。喷漆工艺系统一般安装在机器人手臂上，这样可以节约涂料及清洗液，缩短换色和清洗时间，提高涂装的生产效率。

（2）涂装机器人的控制系统

涂装机器人的控制系统主要完成本体的运动和涂装工艺的控制。本体的运动控制与一般工业机器人基本相同。涂装工艺控制的主要任务是控制供漆系统，调整涂装的雾化气压、喷幅气压、静电气压和流量等参数，控制换色阀及涂料混合器，完成清洗、换色和混色等一系列任务，发出开关指令，控制涂料控制盘和高速旋杯喷枪，进行喷涂动作。

（3）涂装机器人的供漆系统

供漆系统主要由气源、涂料控制盘、流量调节器、涂料混合器、换色阀、齿轮泵、供漆供气管路和监控管线等几部分组成。当机器人控制系统发出涂装工艺控制指令，涂料控制盘接收该指令，控制流量调节器、齿轮泵和喷枪，完成流量调节、空气雾化和空气成型等任务，还要控制涂料混合器、换色阀等元件，进行自动清洗和换色，完成高质量和高效率的涂装任务。

（4）涂装机器人的喷枪

涂装机器人的喷枪根据不同的涂装工艺而存在一些差异。常见的涂装工艺有空气涂装、高压无气涂装和静电涂装等几种。其中空气涂装和高压无气涂装是传统的涂装工艺，而静电涂装中的旋杯式静电涂装工艺具有质量高、效率高、节能环保等优点，在汽车车身涂装等工业领域中得到了广泛应用。

① 空气涂装用喷枪

空气涂装就是利用压缩空气的气流经过喷枪的喷嘴孔，形成负压，在负压的作用下，涂料从吸管吸入后从喷嘴喷出，在压缩空气的作用下，形成均匀雾化的涂料，其原理如图1-1-66所示。空气涂装一般用于汽车、信息家电的外壳及家具的涂装，图1-1-67所示为日本明治生产的FA100自动空气喷枪。

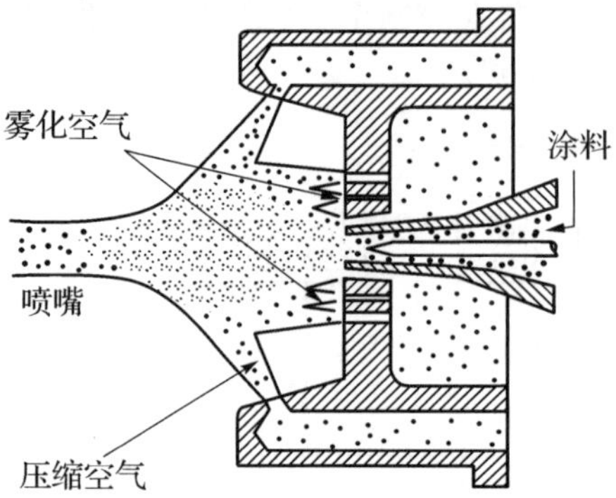

图1-1-66　空气涂装原理

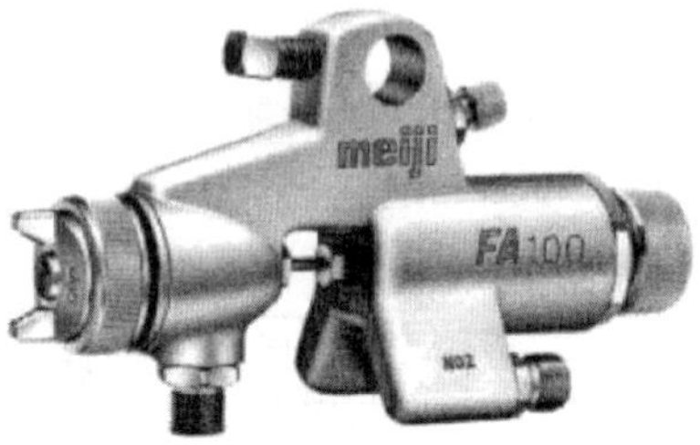

图1-1-67　明治FA100自动空气喷枪

② 高压无气涂装用喷枪

高压无气涂装是利用增压泵，将涂料压力增至6～30 MPa，经过细小的洞口喷出扇形雾状的涂料，其原理如图1-1-68所示。高压无气涂装的涂料传递效率高，表面质量和工作效率明显比空气涂装好，是一种较先进的涂装工艺。图1-1-69所示为美国固瑞克(Graco)公司生产的AL系列自动无气喷枪。

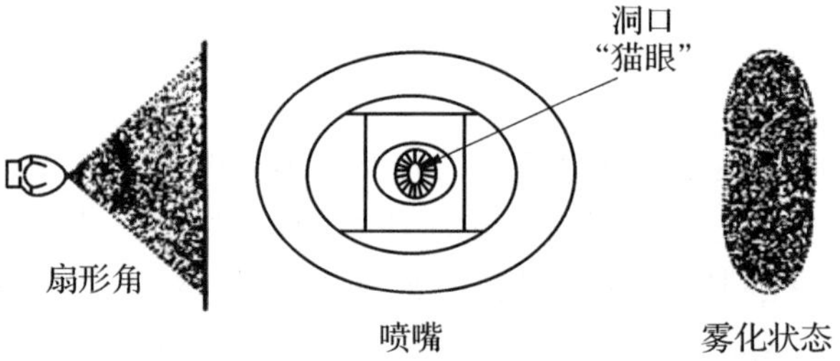

图1-1-68　高压无气涂装原理

图1-1-69　固瑞克AL系列自动无气喷枪

③ 静电涂装用喷枪

静电涂装是以接地的被涂工件为阳极，以雾化涂料为阴极，涂料接上电源负高压后，雾化颗粒状的涂料上就会带有电荷，在静电的作用下吸附在被涂工件的表面，其原理如图1-1-70所示。静电涂装工艺特别适合于金属表面或导电性良好的球面、圆柱面及复杂曲面的涂装。图1-1-71所示为美国固瑞克生产的ProBell自动高速旋杯式静电喷枪。涂装作业时，旋杯以30 000～60 000 r/min的转速运动，在由高速旋转产生的离心力作用下，涂料在旋杯的内表面形成薄膜，在强大的加速度作用下，薄膜向旋杯的边缘移动，在强磁场和离心力的作用下，薄膜被加工成带电的细小雾滴，向极性相反的被涂工件运动，覆盖在工件的表面上，形成光滑平整的涂层。

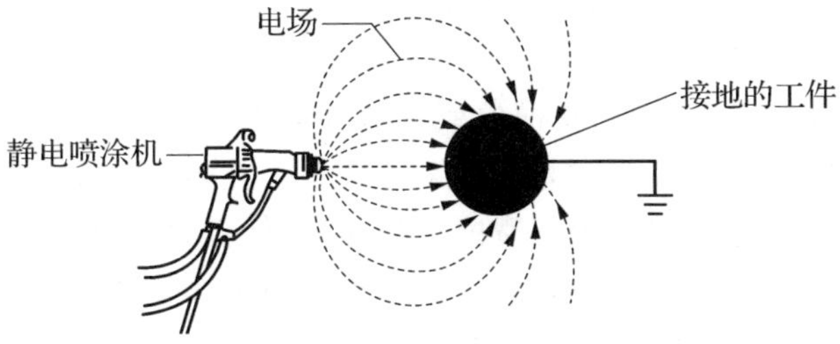

图 1-1-70 静电涂装原理

图 1-1-71 固瑞克 ProBell 自动静电喷枪

(5) 涂装机器人的喷房

喷房又称为密闭涂装室,它的作用是在涂装的过程中,提供一个理想状态工作空间,恒温和恒湿的无尘环境内保持恒定的供风,有害挥发性有机物含量控制在一定的范围内,从而保证高质量的涂层。通常喷房由工作室、废气舱、排气管及排气扇等几部分组成。

(6) 涂装机器人的防爆吹扫系统

易燃易爆的涂膜在密闭的喷房中温度过高,遇到机器人的某个部件产生的火花,都会引起火灾,甚至爆炸,所以,防爆吹扫系统是涂装机器人不可或缺的重要组成部分,主要由涂装机器人操作机内部的吹扫传感器、控制柜内的吹扫控制单元和危险区域之外的吹扫单元组成。吹扫单元通过软管向操作机内部通入高压气体,阻止易燃易爆气体进入操作机里面。吹扫控制单元实时监控操作机的内压和喷房气压,一旦出现异常情况,立即停止工作,并报错。

综上所述,涂装机器人应用单元包括工业机器人和自动涂装设备,其中工业机器人由防爆机器人本体、控制本体运动及涂装工艺的控制系统和示教器组成,自动涂装设备主要由供漆系统、喷枪、喷房和防爆吹扫系统组成。

4) 涂装机器人的周边设备

为了完成一项涂装任务,除了需要涂装机器人和自动涂装设备外,一些辅助周边设备也必不可少,常见的有机器人行走单元、工件输送单元、空气过滤系统、喷枪清理装置、涂装生产线控制盘和输调漆系统等。

(1) 机器人行走单元

涂装机器人的行走单元与焊接机器人应用单元中的滑移平台结构相似,但防爆性能要求更高。主要完成涂装机器人上下和左右的滑移,不仅可以增大涂装机器人的工作空间,还可以跟踪随输送链一起运动的被涂工件,实时调整机器人位置。

(2) 工件输送单元

涂装机器人的工件输送单元包括直线运动的伺服穿梭机、输送链和作旋转运动的伺服转台,输送链与装配机器人应用单元中的传送带结构相似,但考虑到工件需要喷涂,输送链与被涂工件间的接触面较小。伺服转台与焊接机器人应用单元中的变位机结构相似,但防爆性能要求更高。

(3) 空气过滤系统

空气过滤系统由多个空气过滤器组成,其作用是净化涂装作业的空气,保证车间正压力的同时,使涂装所使用的压缩空气保持清洁,尽量不让粉尘混入漆层,保证工件表面的涂装质量。喷房内的空气需要通过3次过滤，达到高纯净度的空气要求。

(4) 喷枪清理装置

涂装机器人是一种利用率非常高的设备，当需要换色或者清理喷枪气路中的异物时，需要将喷枪清洗干净，依次完成空气自动冲洗、自动清洗、自动溶剂冲洗和自动通风排气等4个子任务。采用自动喷枪清理装置能够彻底清洗喷枪，完成换色任务，快速清除飞溅在喷枪内外表面的涂料残渣，然后对喷枪进行干燥处理。这一系列动作都是通过程序自动完成，大大减少了清理喷枪的时间，节约了压缩空气和溶剂，提高了清洗效率。

(5) 涂装生产线控制盘

如果在生产线上有多台涂装机器人应用单元协同工作，就要用控制盘对整条生产线进行全盘监控。通过管理界面，能够实时显示被涂工件的颜色和类型，涂装设备的工作状况，系统故障等信息。还可以通过生产线控制盘设置雾化气压、静电气压和流量等涂装工艺参数，统计出涂装产品的产量、消耗的涂料及溶剂、工作中出现的故障发生数等生产数据。

(6) 输调漆系统

输调漆系统能够保证涂装生产线中多个涂装机器人应用单元的协同作业，通常包括输送系统、调漆系统、溶剂回收系统、油漆温度控制系统、液压泵系统、辅助输调漆设备及管网等，其中输送系统是为各涂装机器人提供油漆和溶剂，调漆系统则完成油漆和溶剂的混合。

5. 机加工机器人应用单元

利用机器人进行机械加工的应用量并不高，只占了整个工业机器人应用领域的2%，原因可能是市面上有许多自动化设备也能胜任机械加工的任务。机加工机器人能够完成数控铣削、打磨、修边、钻孔、攻丝、去毛刺和雕刻等机械加工。

【扫一扫】

认识机加工机器人

1) 机加工机器人的特点

机加工机器人的末端执行器是具有铣削、钻削、雕刻等加工功能的主轴系统，其功能类似于数控机床，通常借助于离线编程软件，完成机械加工的任务。机加工机器人与普通工业机器人相比，具有以下特点：

(1) 末端执行器一般为高速电主轴，转速高，抗振性要求高。

(2) 加工路径复杂，难以手工示教，一般需要离线编程。

(3) 改善了工人劳动条件，解放了工人繁重的体力劳动，实现“无人”或“少人”生产加工。

(4) 生产效率高，降低了生产成本，提高了生产效益。

(5) 定位准确，保证批量一致性。

(6) 柔性高、适应性强，可实现不规则的复杂曲面加工。

机器人在执行任务时可能会因为存在手部不能到达的作业死区而不能完成任务。因此，在机器人实际机械加工前，常常借助于离线编程软件中的路径优化与干涉检查功能，使走刀路径满足加工要求，防止末端执行器与工件发生干涉和碰撞。

此外，传统机器人手臂细长且为悬臂梁结构，这就大大降低了机器人的整体刚性，难以承受垂直于手臂的载荷，被加工材料受到一定的限制，一般只能加工木材、铝合金等软质材料。此外，由于多自由度机器人关节本身的精度影响了整个机加工机器人的精度，有高精度加工要求时机器人显得力不从心。因此，机器人自身的刚度和精度是机加工机器人面临的最大问题。

2）机加工机器人常用的离线编程软件

机器人编程可分为示教在线编程和离线编程。示教编程一般用于入门级应用，如搬运、点焊等作业，当机械加工具有复杂曲面的工件时，示教编程难以胜任，这是因为示教在线编程过程繁琐、效率低下，加工精度完全靠示教者的目测决定，难以完成具有复杂刀路轨迹的曲面加工。

与示教编程相比，离线编程有如下优势：

（1）减少了机器人的停机时间，当对下一个任务进行编程时，机器人仍可在生产线上进行工作，生产效率大大提高。

（2）离线编程的工作环境相对安全，大大减少了技术工人接触危险区域的时间。

（3）适用范围广，可以对各类机器人进行离线编程，优化编程容易实现。

（4）可以胜任空间复杂曲面加工任务，且生成的机器人程序修改方便。

机器人离线编程软件可以分为通用型离线编程软件和专用型离线编程软件两大类，表1-1-3所示为常用的几款离线编程软件。

表1-1-3　常用的机器人离线编程软件

序号	软件名称	类型	开发商
1	RobotArt	通用型	中国北京华航唯实
2	川思特	通用型	中国南京中科川思特
3	Robotmaster	通用型	加拿大 Jabez 科技（被美国海宝收购）
4	RobotWorks	通用型	以色列 Compucraft
5	Robotmove	通用型	意大利 QD
6	ROBCAD	通用型	德国 Siemens
7	DELMIA	通用型	法国 Dassault
8	SprutCAM	通用型	俄罗斯 SPRUT
9	PowerMILL	通用型	英国 Delcam
10	KUKA.Sim Pro	专用型	德国 KUKA（被中国美的集团收购）
11	RobotStudio	专用型	瑞士 ABB
12	RoboGuide	专用型	日本 FANUC

通用型离线编程软件一般都由第三方软件公司负责开发和维护，不单独依赖某一品牌机器人。可以支持多款机器人的仿真、轨迹编程和后置输出。这类软件的显著优点是通用性强，但对某一品牌的机器人支持力度不如专用型离线编程软件的支持力度高。

专用型离线编程软件一般由机器人本体厂家自行或者委托第三方软件公司开发维

护。这类软件只支持本品牌的机器人仿真、编程和后置处理。由于开发人员可以获取机器人底层数据通信接口,软件功能更加实用和强大,与机器人本体兼容性也更好。

通用型离线编程软件适合于个人学习及高校教学,而企业中正在使用某品牌机器人,则优先选用与该品牌配备的专用型离线编程软件。下面简单介绍几款具有代表性的软件。

(1) RobotArt

RobotArt 来自首都北京,是目前国内离线编程软件中具有代表性的产品。根据几何三维数字模型的拓扑信息,生成机器人运动轨迹,然后进行仿真加工和路径优化,后置处理生成机器人代码。同时还可以检测碰撞和渲染场景,模拟的动画效果逼真,生成速度快。广泛应用于数控加工、打磨、去毛刺、焊接和激光切割等领域。

RobotArt 教育版针对教学实际情况,增加了模拟示教器、自由装配等功能,帮助初学者在虚拟环境中快速认识机器人,快速学会机器人示教器基本操作,大大缩短学习周期,降低学习成本。

RobotArt 支持多种格式的三维 CAD 模型,可导入扩展名为 step、igs、stl、x_t、prt(UG)、prt(ProE)、CATPart、sldpart 等格式。支持 ABB、KUKA、FANUC、YASKAWA、STAUBLI、KEBA 系列、新时达、广数等多种品牌工业机器人的离线编程。但不支持整个生产线仿真,对国外小品牌机器人也不支持。在航空航天等高端应用中积累了宝贵经验,能够自动识别和捕捉 CAD 模型的点、线、面,生成加工轨迹,而且根据 CAD 模型的变化,自动更改加工轨迹。支持碰撞干涉检测,轨迹优化方便。支持数控加工、去毛刺、切割、焊接和涂装等多种工艺包。可以将整个工作站仿真动画发布到云端。

(2) Robotmaster

Robotmaster 是一款通用型机器人离线编程仿真软件,在市面上应用较广,由加拿大软件公司 Jabez 科技(已被美国海宝收购)开发研制,由上海傲卡自动化作为中国区代理,Robotmaster 的软件功能完善,性价比高,支持 KUKA、ABB、FANUC、MOTOMAN、史陶比尔、珂玛、三菱、DENSO、松下等市场上绝大多数品牌的机器人。

由于 Robotmaster 在 Mastercam 中无缝集成了机器人编程、仿真和代码生成功能,Robotmaster 可以直接把 Mastercam 的机床刀路直接用到机器人上,使用方便,能够快速完成从机床编程到机器人离线编程的转换。它的使用过程与 RobotArt 类似,导入工件三维模型,生成刀具路径轨迹,选择机器人型号和工具,利用优化功能,进行运动学规划和碰撞检测,避开机器人奇点位置和超限区,然后进行仿真验证。同时,Robotmaster 还可以支持直线导轨系统、旋转系统等复合外部轴运动,但不支持多台机器人同时模拟仿真。广泛应用于激光切割、水刀切割、等离子切割、石材雕刻、木雕、铣削、焊接、激光熔覆、去毛刺、打磨、抛光、喷涂等。

(3) SprutCAM

SprutCAM 是 SPRUT 公司的旗舰产品,SPRUT 公司成立于 1987 年,总部位于俄罗斯,中国的授权代理商是昆山鸿鹏信息科技有限公司。该软件于 1997 年推向市场,有机器人离线编程模块和多轴数控离线编程模块,在国防航天、木工制品、医疗器材、铭文雕刻、模具、乐器、首饰加工、通信器材、汽车、自行车、机车零件、精密机械电子零部件等领域得到了广泛应用,可以进行数控铣削、车铣复合加工、锯切、线切割、焊接、激光熔覆、刀片割铣、叶片加工、3D打印、打磨、雕刻、喷涂、去毛刺等加工。

SprutCAM的机器人模块是通用型机器人离线编程软件，在机器人模型库中包含了市面主流的机器人品牌：ABB、FANUC、YASKAWA、KUKA、COMAU、STAUBLI、NACHI、MOTOMAN、Toshiba、Mitsubishi、Kawasaki等。还可以根据用户需求，定制所需的机器人模型及后置处理器。用SprutCAM的机器人模块进行离线编程的过程与其他软件类似。首先选择机器人模型，设定工件，然后生成刀具路径，优化路径及模拟仿真，接着转换为机器人语言，最后进行实际加工。通过SprutCAM离线编程可极大地提高生产效率，无需停机编程，替代传统的手工示教，而且比手工示教速度更快，精度更好。SprutCAM提供了多种灵活的加工方式，自动生成运动轨迹并且能优化运动路径，可以自动检测碰撞，加工过程全景仿真模拟，支持多台机器人协同加工，支持各种机器人安装方式，支持机器人带直线轴和旋转外部轴的联动。

(4) PowerMILL

PowerMILL是英国Delcam PLC公司出品的功能强大、加工策略丰富的数控加工编程软件。PowerMILL中的机器人加工模块Robot Interface是通用型机器人离线编程软件，支持包括ABB、FANUC、KUKA、MOTOMAN、STAUBLI在内的众多知名品牌的机器人，可以实现大型零件的加工，完成石雕、木雕、泡沫和树脂模型加工、修边、倒角、等离子切割、激光切割、点焊、弧焊、涂装、激光喷镀、涡轮叶片和喷气式叶片修复、复杂3D工件的无损测量等。能够让多达8轴的机器人编程和5轴CNC编程一样简单，能适应矿山、复合材料、核工业等恶劣环境，支持机器人的自由度可以为3～8轴，关节可以设置成移动副或转动副，灵活性好，在一个单独的应用程序中进行全机器人编程和仿真，可以手动调整刀轴位置和姿态，避开奇异点，精确的3D仿真能准确显示机器人的动作轨迹。

(5) KUKA.Sim Pro

KUKA.Sim Pro是一款KUKA公司生产的专用型离线编程仿真软件，可以实时连接虚拟的KUKA机器人控制系统KUKA.OfficeLite。通过KUKA.Sim Pro软件，可以优化机器人及其周边设备的使用情况，提高生产效率。在虚拟环境中采用了先进的图形方式编程，完全可以应用到实际生产。

KUKA.Sim Pro提供了丰富的设备三维模型，而且大多数的组件还支持尺寸参数的修改，同时也支持CATIA V5、JT、STEP等三维模型的导入。在投入生产前，可以调取所需设备模型，设计机器人应用单元的空间布局，验证和优化设计方案。编写机器人动作程序后，还可以通过可达性检查和碰撞识别来确保机器人程序和工作单元布局图的实现。还可以利用机器人仿真功能在规划设计阶段准确估算生产节拍时间，为实际生产提供参考。KUKA.Sim Pro具有很高的CAD性能，可以生成并导出AVI格式的HD高清视频和3D-PDF动画文件。还可结合VR-Viewer和HTC Vive等VR硬件进行虚拟现实。还可以通过Mobile Viewer应用程序，在智能手机或平板电脑上查看动画文件，运行仿真结果。

在离线编程时，可以直接采用KUKA机器人语言(KRL)来编写程序，无需后置处理。此外，现场创建的程序也可以读入到KUKA.OfficeLite中，检查现场程序是否可行，同时还支持工件测量工具。此外还提供了许多智能组件，例如：集成I/O信号、光栅等传感器，由夹持器、卡钳、机床等独立几何体组成的运动系统，用信号控制组件的I/O逻辑映射。

（6）RobotStudio

RobotStudio 是瑞士 ABB 公司配套的机器人编程软件，由于它是专用型离线编程软件，其应用受到了一定的限制。RobotStudio 功能强大，将机器人的示教功能完美地放到了电脑中，是一款非常出色的教学和培训软件。可以很方便地导入各种主流 CAD 三维数据，包括 IGES、STEP、CATIA、VRML、VDAFS 和 ACIS 等。依据这些精确的数据可以编制出精度更高的机器人程序，从而加工出高质量的产品。根据待加工零件的 CAD 模型，能快速自动生成跟踪加工曲线所需要的机器人位置和路径。模拟示教器中的程序编辑器，在 Windows 环境中离线编制或维护机器人程序，大大缩短编程时间，完善程序结构。

RobotStudio 还提供了虚拟示教台，其核心技术是 Virtual Robot，几乎所有在实际示教台上进行的工作都能在虚拟示教台上完成，仿真加工的机器人程序无需任何转换就可直接下载到机器人系统中进行实际加工。另外，为了验证程序的结构与逻辑，RobotStudio 还提供了事件表，将 I/O 连接到仿真事件，在程序的执行期间，可直接观察工作单元的 I/O 状态，进行调试程序。

RobotStudio 中的仿真监视器是一种用于机器人运动优化的可视化工具，能够自动检测出来接近奇异点的机器人动作，用红色线条显示可改进之处，对 TCP 速度、加速度、奇异点或轴线等进行优化，缩短工作节拍。还可以通过 Autoreach 工具进行可到达性分析，使用时可以移动机器人或工件，直到所有位置都能到达，完成机器人应用单元平面布置的验证与优化。

RobotStudio 还可以利用碰撞检测功能，自动监测并显示程序执行时选定对象是否会发生碰撞，从而避免实际设备碰撞造成的严重后果。此外，RobotStudio 还提供了二次开发的 VBA 功能，用来定制用户界面，开发用户所需要的外接插件和宏。

以上简单介绍了常用的 6 款主流机器人离线编程软件。总体上看，机器人离线编程对工业机器人的应用和编程效率的提高有着重要意义。离线编程可以大幅度节省制造时间，节约制造成本，实现计算机的实时仿真，为机器人编程和调试提供了灵活而又安全的编程环境。

3）机加工机器人的系统组成

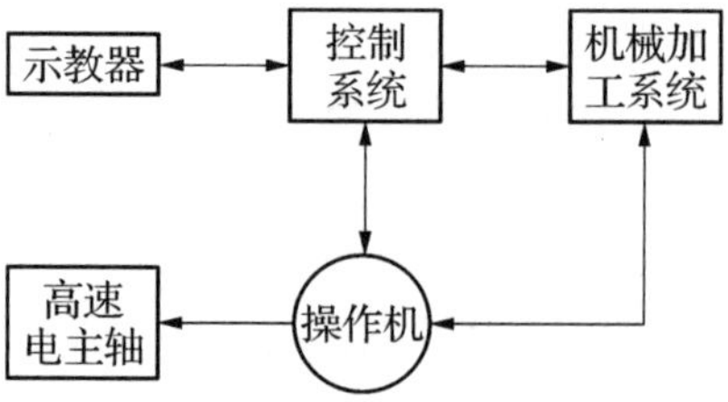

图 1－1－72　机加工机器人系统组成

机器人与 CNC 机床比较，结构完全不一样，但关节型机器人和传统的 CNC 机床一样，具有多轴功能。因为机器人的控制器、编程软件和 CNC 机床的数控系统不一样，因而导致机器人与 CNC 机床的用途不一样。只要实现机器人的控制器和编程软件具有数控机床数控系统的相同功能，机器人就完全相同于 CNC 机床所具备的多轴驱动功能，使机器人有可能成为数控机床。

机加工机器人主要由操作机、控制系统、示教器、高速电主轴和机械加工系统等几部分组成，如图 1－1－72 所示。

机加工机器人的末端执行器需要安装刀具，对工件进行机械加工。为了提高加工精度，缩短传动链引起的加工误差，常常将刀具安装在电主轴上。电主轴是最近几年在数控机床领域出现的将机床主轴与主轴电机融为一体的新技术。其原理图及三维图如图1-1-73所示。

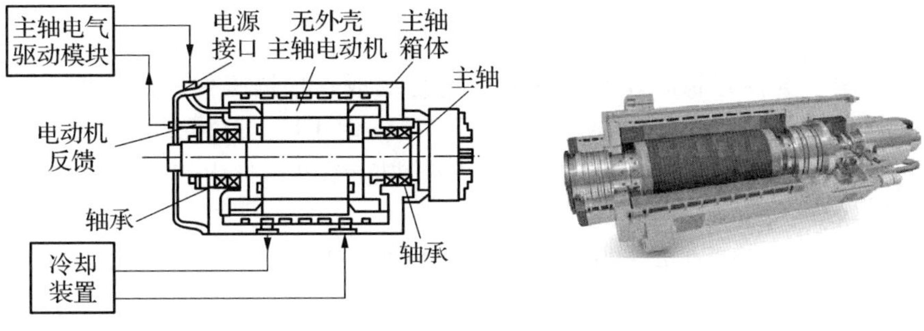

(a) 结构原理图　　(b) 三维剖视图

图1-1-73　电主轴

高速数控机床主传动系统取消了带传动和齿轮传动，机床主轴由内装式电动机直接驱动，从而把机床主传动链的长度缩短为零，实现了机床的“零传动”。这种主轴电动机与机床主轴“合二为一”的传动结构形式，使主轴部件从机床的传动系统和整体结构中相对独立出来，做成了“主轴单元”，俗称“电主轴”。而高速电主轴，是指转速到了一定值的主轴，这类主轴的技术含量高，价格相对昂贵。由于高速旋转产生大量热量，需要有冷却装置进行冷却，常见的有水冷、风冷和油冷等几种冷却方式。

电主轴通常采用主轴内藏式设计，其结构紧凑，整体重量轻，振动和噪声小，工作平稳，具有惯性小、响应特性好、切削速度快、切削力小、振动量低、切削效率高、加工精度高等一系列优点，在机器人机械加工中得到了广泛应用。

4) 机加工机器人的周边设备

机加工机器人应用单元完成一项机械加工工作，除了需要机器人和自动加工设备以外，还需要一些辅助周边设备。常见的机加工机器人辅助装置有装夹工件的夹具、变位机和线性滑轨等，图1-1-74所示为KUKA机加工机器人应用单元中的一些辅助装置。

图1-1-74　KUKA机加工机器人应用单元

(1) 装夹工件的夹具

夹具用来安装工件，可以保证加工质量，提高生产效率，降低生产成本，扩大机器人加工工艺范围，减轻工人的劳动强度，保证安全生产。

按夹具使用范围划分为通用夹具、专用夹具、通用可调整夹具及成组夹具、组合夹具和随行夹具等几种形式。

① 通用夹具

通用夹具有三爪卡盘、四爪卡盘、平口钳、分度头和回转工作台等，一般由专业厂生产，常作为附件提供给用户。

② 专用夹具

专用夹具是为某一工件的特定工序专门设计的夹具，多用于批量生产中。

③ 通用可调整夹具及成组夹具

通用可调整夹具及成组夹具的部分元件可以更换，部分装置可以调整，以适应不同零件的加工。

④ 组合夹具

组合夹具由一套预先制造好的标准元件组合而成。根据工件的工艺要求，将不同的组合夹具元件像搭积木一样，组装成各种专用夹具。使用后，元件可拆开、洗净后存放，待需要时重新组装。组合夹具特别适用于新产品试制和单件小批生产。

⑤ 随行夹具

随行夹具是在自动线或柔性制造系统中使用的夹具。

(2) 变位机

机加工机器人的变位机与焊接机器人应用单元中的变位机结构类似，实现工件在加工过程中的变位和旋转动作，如图 1－1－75 所示。

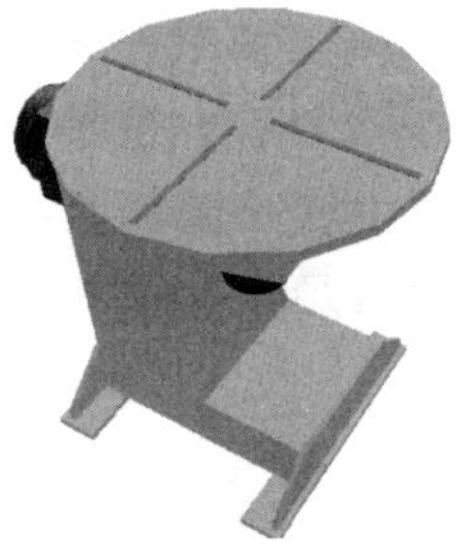

图 1－1－75　机加工机器人的变位机

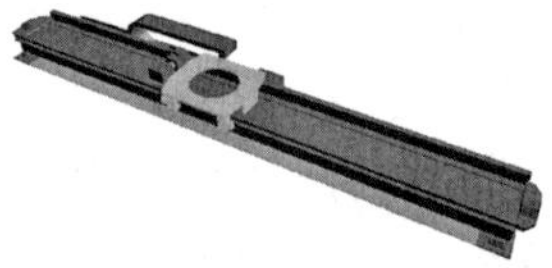

图 1－1－76　机加工机器人的线性滑轨

(3) 线性滑轨

机加工机器人的线性滑轨与焊接机器人应用单元中的滑移平台结构相似，如图 1－1－76所示。使用线性滑轨相当于给机器人增加了一个附加轴，从而明显扩大了机器人的工作空间。KUKA 机器人可以用机器人本身的控制系统 KR C4 中的外部轴功能来控制线性滑轨的运动。因此，可以将线性滑轨无缝整合到应用单元中。此外，在一个线性滑轨上，还可以使用多台机器人，协作完成加工任务，实现全自动运行。

除了搬运机器人、焊接机器人、装配机器人、涂装机器人和机加工机器人等常见的五大应用单元外，工业机器人还在冲压、铸造、建筑等领域得到应用，其结构基本相似，这里不再赘述。

任务清单 1－1－2　认识典型工业机器人应用单元

班级____________姓名____________学号____________组别____________组长____________
组员____

<table>
<tr><td>任务描述</td><td>1. 通过查阅资料，描述典型工业机器人应用单元的系统组成及功能。
2. 通过查阅资料，了解典型工业机器人应用单元的分类及特点。</td></tr>
<tr><td>对接“1＋X”</td><td>本任务对接《工业机器人操作与运维职业技能等级标准》(2021 年 2.0 版)的内容有：
<table>
<tr><th>等级</th><th>工作领域</th><th>工作任务</th><th>职业技能要求</th></tr>
<tr><td rowspan="3">初级</td><td rowspan="3">2. 工业机器人安装</td><td rowspan="2">2.2　技术文件识读及准备工作</td><td>2.2.1　能识读机械装配图，选择机械零部件并识别安装位置。</td></tr>
<tr><td>2.2.4　能根据工业机器人典型工作站工艺指导文件完成装配。</td></tr>
<tr><td>2.3　工业机器人安装</td><td>2.3.6　能根据机械装配图及工艺卡，使用正确工具安装工业机器人末端执行器(夹具、焊枪、喷枪等)。</td></tr>
<tr><td rowspan="2">中级</td><td rowspan="2">1. 工业机器人系统安装</td><td rowspan="2">1.2　工业机器人应用系统安装(搬运码垛)</td><td>1.2.1　能根据机械图纸和工艺要求，安装工业机器人应用系统。</td></tr>
<tr><td>1.2.4　依据技术文件要求，能选用和安装光电、磁性开关、视觉相机等常用传感器。</td></tr>
<tr><td rowspan="2">高级</td><td rowspan="2">1. 工业机器人系统安装与调试</td><td rowspan="2">1.1　工业机器人应用系统安装(焊接、打磨抛光)</td><td>1.1.2　能安装变位机和变位机夹具。</td></tr>
<tr><td>1.1.4　能安装工业机器人周边砂带打磨抛光附属设备。</td></tr>
</table></td></tr>
<tr><td>任务目标</td><td>1. 知识目标
了解典型工业机器人应用单元的分类及特点。
2. 能力目标
能描述典型工业机器人应用单元的系统组成及功能。
3. 素质目标
运用已获得知识、技能和经验独立分析和解决问题。
4. 思政育人目标
具有科学精神，能够描述典型工业机器人应用单元的系统组成及功能，培养学生爱岗敬业、严谨细致和精益求精的工作作风。</td></tr>
<tr><td>任务要求</td><td>通过查阅资料、小组讨论，制作典型工业机器人应用单元的汇报 PPT，展示小组学习成果。</td></tr>
</table>

<table>
<tr><td>任务思考</td><td>1. 工业机器人可以应用在哪些场合？

2. 举例说明工业机器人完成一项具体工作需要哪些硬件和软件。</td></tr>
<tr><td>任务实施</td><td>1. 描述一个典型工业机器人应用单元的系统组成及功能。

2. 分析该典型工业机器人应用单元与其他应用单元的异同点。</td></tr>
<tr><td>任务总结</td><td>1. 知识与技能方面的收获与体会。

2. 职业素养方面的收获与体会。

3. 其他方面的收获与体会。</td></tr>
<tr><td>任务评价</td><td><table>
<tr><td>序号</td><td>考核指标</td><td>所占分值</td><td>备注</td><td>得分</td></tr>
<tr><td>1</td><td>任务完成情况</td><td>30</td><td>是否在规定时间内完成任务</td><td></td></tr>
<tr><td>2</td><td>任务实施质量</td><td>30</td><td>参与态度及任务成果的质量</td><td></td></tr>
<tr><td>3</td><td>任务总结质量</td><td>40</td><td>知识、技能、职业素养及其他方面的收获与体会</td><td></td></tr>
</table>
指导教师：　　　　　　日期：　　　年　月　日</td></tr>
<tr><td>任务拓展</td><td>查阅和搜集资料，描述工业机器人除了搬运、焊接、装配、涂装和机加工外，还有哪些应用单元，这些应用单元有哪些特点。</td></tr>
</table>

子任务3 检查工业机器人

知识链接

工业机器人的系统复杂，操作危险性大，进入机器人运动所及区域可能导致严重的伤害，因此在操作过程中必须注意安全。此外，机器人应该配置一些安全装置，保证操作者的人身安全与设备运行安全。

1. 工业机器人的安全操作规程

在示教和手动操作机器人时必须时刻注意安全，遵守下列安全操作规程：

(1) 不要戴手套操作示教器。

(2) 为了能有效控制机器人，在手动移动机器人时应采用较低的倍率速度。

(3) 在按下示教器上的按键或3D鼠标前，要考虑机器人运动趋势。

(4) 在手动模式下，当不用移动机器人及运行程序时，必须及时松开确认开关。

(5) 在自动模式下，任何人员都不允许进入机器人运动所及的区域。

(6) 机器人周围区域必须清洁，没有油、水及杂质等。

(7) 机器人停机时，夹具上不应置物，必须空机。

另外，如果机器人投入生产，在运行时也要注意以下几点：

(1) 在开机运行前，必须知道机器人所编写程序的全部任务。

(2) 必须知道影响机器人运动的所有开关、传感器和控制信号的位置与状态。

(3) 必须知道机器人控制器与外围设备上急停按钮的位置，绝对不允许短接急停开关，时刻准备在紧急情况下按急停按钮。

(4) 不要误认为机器人停止不动时程序就已经完成，很有可能机器人在等待让它继续运动的输入信号。

(5) 在得到停电通知时，要预先关断机器人的主电源及气源。

(6) 突然停电后，要在来电之前关闭机器人的主电源开关，并及时取下夹具上的工件。

(7) 气路系统中的压力较高，检修气路时必须切断气源。

2. 工业机器人的安全装置

工业机器人配有安全设备，以保证操作者的人身安全和设备运行安全。主要设备有隔离性防护装置、紧急停止装置、确认装置、防碰撞装置、轴范围限制装置及安全的运行方式等。

1) 隔离性防护装置

隔离性防护装置有防护门、防护栅栏等，通常配有门触点，防止在自动模式下，防护门意外打开而造成事故。

2) 紧急停止装置

在KUKA smartPAD上装有急停按钮，当出现紧急情况时按下该装置，机器人的基轴、手轴及外部轴以安全停止 1 的方式停机。当紧急情况解除后，如果要继续运行，则必须按照指示方向，旋转急停装置，松开按钮，将其解锁。

KUKA smartPAD 支持热拔插，当拔出示教器后，为了能在紧急情况下，停止运行机器人，必须安装外部急停装置，并且接入可能引发机器人运动带来危险的所有回路。

3）确认装置

KUKA smartPAD 上装有 3 个确认开关，是手动运行时的使能开关。确认开关具有未按下、中位和完全按下 3 个位置。只有当其中 1 个确认开关保持在中间位置时，才能在手动方式下运行机器人，松开或者完全按下确认开关都会停止运行机器人。

如果确认开关松开功能出现故障，为了停止运行机器人，可以完全按下确认开关或者按下急停按钮，也可以松开启动键。

4）防碰撞装置

机器人防碰撞保护装置就是机器人防碰撞传感器，是一种机器人过载保护装置。当机器人发生碰撞时，检测到力矩异常，防碰撞传感器发送信号给机器人的控制系统，控制机器人立即停止运行。

5）轴范围限制装置

为了保护机器人的机械臂、电机及连接管线等硬件，同时为了考虑操作者的人身安全，机器人各轴的运动范围需要限制，KUKA 机器人提供了硬限位装置和软限位设置的双重保护。其中硬限位装置包括固定止挡和硬限位块，分别安装在相邻轴上。考虑到 A4 和 A6 轴的运动特点和机械结构，没有配置硬限位装置，但所有轴都设置了软限位，在硬限位块与固定止挡接触前就停止该轴运动，有效保护硬限位块不受撞击。

6）安全的运行方式

KUKA 机器人的运行方式有手动慢速运行方式 T1、手动快速运行方式 T2、自动运行方式 AUT 和外部自动运行方式 EXT，其特性如表 1-1-4 所示。在自动运行前必须在手动运行方式下测试机器人，以确保机器人的安全生产。

表 1-1-4 KUKA 机器人运行方式的特性

名称	代号	安全防护门	运行速度	确认开关	手动示教
手动慢速	T1	打开	≤250 mm/s	按下运行	允许
手动快速	T2	标准中可打开 培训站必须关闭	编程速度	按下运行	KR C4 禁止 KR C2 允许
自动	AUT	必须关闭	编程速度	无需按下	禁止
外部自动	EXT	必须关闭	编程速度	无需按下	禁止

（1）手动慢速运行方式 T1

该运行方式为安全模式，安全防护门可以打开，按使能键才能移动机器人，最高速度为 250 mm/s，用于示教、编程、测试、检验等调试工作。对于新建的程序，或者经过修改的程序，在自动运行前必须在 T1 运行方式下进行测试。一般情况下，不允许其他人员在用防护门隔离的区域内停留，如确有需要，则所有人员必须时刻注意机器人的运动趋势。操作人员必须选择合适的操作位置，注意危险区域，运动机器人前要提醒其他人员。

（2）手动快速运行方式 T2

当工业机器人进行涂胶、弧焊等调试时，如果速度低于 250 mm/s，可能达不到工艺要求，可以在手动快速运行方式 T2 下，以编程速度调试程序，也需要按使能键才能运行程序。在标准系统中，安全防护门可以打开，出于安全考虑，调试人员的操作位置必须在危险区域之外，不允许其他人员在防护门隔离的区域内停留。考虑到培训学员的安全，用于 P1 编程的培训站也必须关闭安全门，才能运行程序。在 KR C4 控制系统下，T2 运行方式不能手动移动机器人进行示教，但在 KR C2 控制系统下，可以手动移动机器人，因此要特别小心，以防机器人高速移动撞伤人员和设备。此外，T2 运行方式也可以用于调试初期，安全门还没有建好的场合。

（3）自动运行方式 AUT

自动运行方式 AUT 用于不带上级控制系统的工业机器人生产，必须配备功能正常的安全防护装置，所有人员必须都在防护门隔离的区域之外。无需按下使能键，但必须关上安全门，才能让工业机器人以编程设定的速度执行程序。在 AUT 运行方式下无法手动移动机器人进行示教。

（4）外部自动运行方式 EXT

外部自动运行方式 EXT 用于带 PLC 等上级控制系统的工业机器人生产。设置完成后，可将示教器拔出，通过外部按钮控制程序的执行与停止，同时，外部必须安装急停装置，保证在紧急情况下停止机器人工作，其余注意事项同自动运行方式 AUT。

3. 机器人机械维护的安全注意事项

【扫一扫】

安全注意事项

相比一般的工业机器人编程操作，机械维护的危险性更大些，因此，在机械维护前必须了解工业机器人的内部结构等必备知识，在拆装与维护的过程中时刻绷紧安全之弦，不可麻痹大意，必须注意以下几个安全事项。

1）装备

为防止机器人零部件坠落砸伤脚，拆装工业机器人前应穿安全鞋。为了不让机器人零部件的锋利锐边不划伤手，应戴上手套。此外，为了保护头部，还应戴上头盔。为了防止螺钉蹦出伤及眼睛，还应戴上护目镜。在登高作业时，当高度大于 2 m 时，还应系上安全吊绳。

2）机器人姿态

机器人的姿态要利于工作，尽量不用梯子，可以将机器人的姿态调低，同时加强防护，注意机器人部件滑落伤人。姿态也不能过低，防止操作者突然站立而撞头，如图 1－1－77所示。

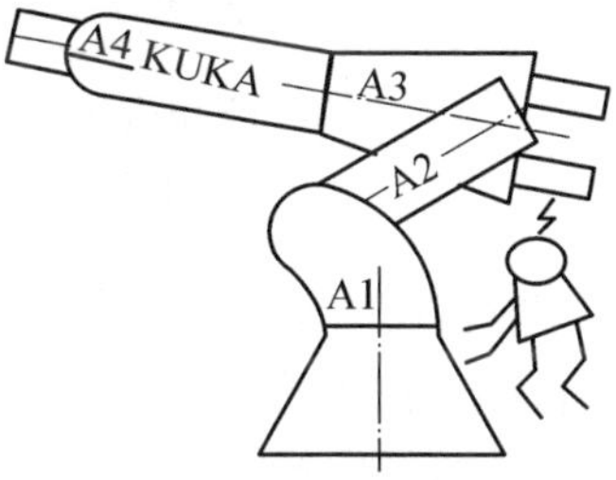

图 1－1－77　操作者突然站立而撞头

3）吊装注意事项

注意吊装重心位置，吊带系扣符合规范，避免在起吊过程中因机器人零部件重心不落在吊带上，发生翻转、侧翻等事件。

4）防止因电机刹车失灵而压伤操作者

如果 A3 轴或 A2 轴电机失灵，机器人的小臂或大臂在重力的作用下，向下旋转，操作者如果躲闪不及，会造成事故的发生。特别指出，如果将平衡装置拆除后，A2 轴可能因电机刹车刹不住而伤人。

5）禁止站立在机器人上工作

因机器人的表面是曲面，一般禁止站立在机器人表面上进行拆装工作，否则操作人员在拆装时会站立不稳，但允许短时间站上去观察。

6）多人工作时的注意事项

如果工作现场有多人，操作人员在运动机器人前应大声提醒他人，其他人也应注意机器人的运动方向。

7）单独工作时，在呼叫范围内有可施救者

当单独拆装与维护机器人时，如果被机器人压住，应大声呼救，让施救者使用电机释放器将被压者解救出来，电机释放器的外形图如图 1－1－78 所示。该装置又称为自由旋转装置，其手柄端是一字起，另一端为 12 mm 套筒扳手。

(a) 整体图　　(b) 尾部一字起

图 1－1－78　电机释放器

施救者首先按下急停按钮，切断机器人电源，锁住电源开关，防止他人重启机器人控制系统。然后利用电机释放器的一字起，拆下电机上的防护盖，用电机释放器另外一端的套筒扳手插入该电机，手动转动电机，使机器人运动轴向被压者的反方向运动，救出被压者。释放电机的操作步骤如图 1－1－79 所示。

(a) 松开电机防护盖　　(b) 取下电机防护盖　　(c) 手动转动电机

图 1－1－79　释放电机的操作步骤

值得注意的是，电机上贴有黄色背景闪电图案的三角形标记，提醒操作者电机在运行期间有电，在手动转动电机前必须切断控制器电源。另外，还贴有黄色背景热气图案的三角形标记，提醒操作者电机在运行期间的工作温度较高，达到 80 ℃左右，不能用手直接接触，应佩戴防护手套。

电机与对应轴的转向关系标签不是 KUKA 公司的标配，如有必要，需额外购买，张贴在电机上方，如图 1－1－80 所示，图中展示了 A2 轴与电机的转向相反，套筒扳手的规格为 12 mm。若未购买该标签，或者标签已污损或丢失，导致方向无法判别，可以参考周围同规格的机器人，观察电机与相应轴的运动方向。也可以在切断控制系统电源前，查看电机与轴的传动比数据，该数据记录在“WIN\\R1\\Mada\\ $mechines”文件中，翻至第 6 页，部分内容如下：

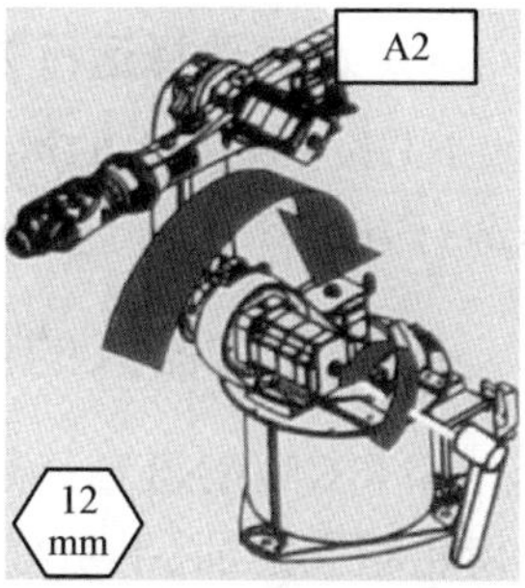

图 1－1－80　电机与对应轴的

```
$RAT_MOT_AX[1]= {N - 132088, D 667}
$RAT_MOT_AX[2]= {N - 208, D 1}
$RAT_MOT_AX[3]= {N - 225, D 1}
$RAT_MOT_AX[4]= {N - 13413, D 145}
$RAT_MOT_AX[5]= {N - 629, D 6}
$RAT_MOT_AX[6]= {N - 2420037, D 25460}
...
```

从以上数据可以得出 A1～A6 轴电机与轴的传动比分别是－132 088∶667、－208∶1、－225∶1、－13 413∶145、－629∶6 和－2 420 037∶25 460，负号表示运动方向相反。

当使用电机释放器移动机器人的运动轴后，由于电机的刹车片可能会损坏，需要重新更换该轴电机。

8）必须安装急停装置

在 KUKA smartPAD 上装有急停按钮，当出现紧急情况时必须按下该装置，机器人各运动轴以 STOP1 的方式停机。如果要继续运行，按指示方向，顺时针旋转急停装置，松开按钮，将其解锁。KUKA smartPAD 支持热拔插，当拔出示教器后，为了能在紧急情况下，停止运行机器人，必须安装外部急停装置，并且将所有可能引发机器人运动带来危险的回路接入其中。

9）X11 短插的谨慎使用

在外部安全回路未搭建好时，要想移动机器人，对于 KR C4 控制系统可以采用“投入运行模式”。但对于 KR C2 控制系统，只能使用 X11 短插，如图 1－1－81 所示，将外部安全回路短接。这是一种非正规的电气部件，使用者必须签上自己的名字，并且不外借，还需要随身携带。

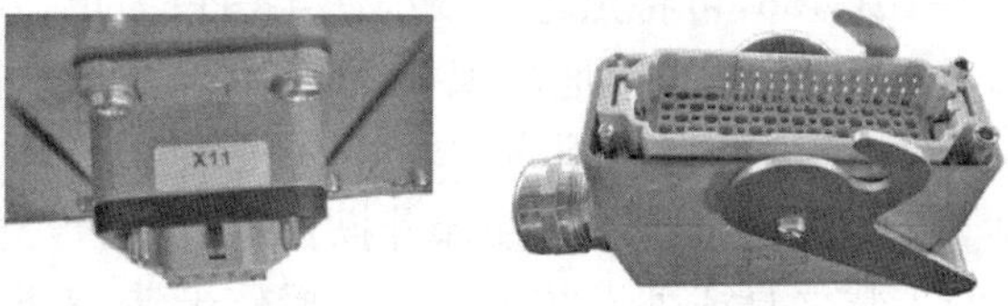

(a) 插座　　(b) 插头

图 1－1－81　X11 短插

10）正确选择运行方式

KUKA 机器人的运行方式有 T1、T2、AUT 和 EXT。在维护机器人时，应在手动慢速运行方式 T1 下调整机器人姿态、标定机器人零点、检查机器人负载参数等操作。

4. 工业机器人的保养项目

【扫一扫】
工业机器人的保养项目

库卡 QUANTEC 系列机器人的保养项目如图 1－1－82 所示，主要包括更换 A1～A6 轴齿轮箱润滑油、平衡缸两支承端轴承的润滑、平衡缸的油气保养、为 A1 轴齿轮箱中空部分的线缆涂抹防腐油脂、地脚螺栓的重新拧紧。

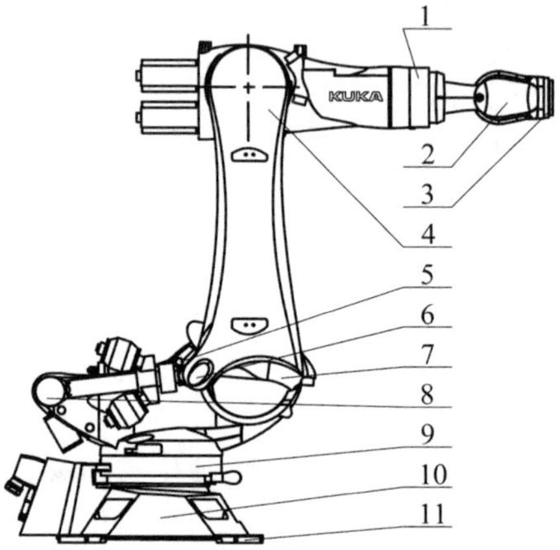

1、2、3—更换手轴齿轮箱油　4、7、9—更换基轴齿轮箱油　5—平衡缸的油气保养
6、8—平衡缸支承端轴承润滑　10—涂抹线缆防腐油脂　11—地脚螺栓的重新拧紧

图 1－1－82 机器人的保养项目

机器人的基轴是 A1～A3 轴，手轴是 A4～A6 轴，基轴与手轴的齿轮箱润滑油的更换周期一般为 20 000 小时，如果不经常使用机器人，最迟 5 年也需要更换，其油品为 Optigear Synthetic RO 150，订货号为 00-146-324。

气液平衡缸两端支承的轴承润滑的保养周期为 5 000 小时，如果不经常使用机器人，最迟 1 年也需要重新注入润滑脂，其油品为 SKF LGEP 2，订货号为 00-119-990。一般将新油注入至黑色的旧油溢出为止。气液平衡缸的油气保养周期为 5 000 小时，液压油品为 Hyspin ZZ 46，订货号为 83-236-202，气体采用高纯氮气。

供能管线包从底座穿过 A1 轴齿轮箱中空部分，该段线缆成 90°布置，随 A1 轴的转动而发生扭曲变形，因此需要涂抹防腐油脂，以减少磨损，保养周期为 10 000 小时，油脂为凡士林 RB1，订货号为 00-101-456，可将黑色的线缆涂至白色为止。当新购置的机器人使用 100 小时，约 4～5 天后，需要重新拧紧地脚螺栓 M24/8.8，其拧紧扭矩为 640 N·m。

在保养机器人的过程中，需要注意以下事项：

(1) 保养时必须调整保养部位至适于方便保养操作的位置。

(2) 如有机器人上的工装夹具或外设装置与保养操作干涉，需拆除后进行保养。

(3) 对可运行机器人进行保养操作时，急停按钮必须按下，确保机器人停止运动。

(4) 保养过程中如果必须移动机器人，只能在手动慢速运行方式 T1 下运行。

(5) 如果多人共同参与保养工作，在移动机器人之前，应向相关人员大声警示，并注意观察其是否已处于安全范围。

(6) 更换的润滑油和油脂必须符合 KUKA 的使用标准，不能随意更换油品。

(7) 更换齿轮箱润滑油时，条件许可时，可先运行机器人进行暖机，这样才能使更多的旧油排出。机器人长时间工作后，齿轮箱表面及油温均较高，如在机器人停止运行后立即更换齿轮箱油，应佩戴防护手套，避免烫伤。

(8) 设备投入使用后应遵循规定的保养周期，当灰尘浓度高、温度和湿度异常等恶劣环境下工作时，应缩短保养周期。在运行中如果油温超过 60 ℃，也应缩短保养周期，具体事项可以咨询机器人生产厂家，F 型铸造机器人有专门的保养周期。汽车企业的机器人保养周期一般为 2 年。

(9) 在无漏油的情况下，只允许注入与排出油量相等的新油。

(10) 在无漏油的情况下，若排出油量小于总油量的 70%，则用排出油量相等的新油冲洗齿轮箱，以排出可能存在的油结块或杂质。如果 1 次清洗后排出的油质较差，应重复清洗，直到排出清油为止，然后再加入最后排出油量相等的油。清洗齿轮箱的方法是在整个运动区间内，以手动慢速运行方式 T1 移动机器人所更换齿轮箱油的这根轴。

5. 日常点检工业机器人

【扫一扫】
日常点检机器人

日常点检分通电前和通电后的点检机器人。

1) 通电前点检工业机器人

(1) 检查机器人的齿轮箱

检查机器人各轴的齿轮箱是否有漏油现象，如果有漏油现象，应仔细观察漏油位置，做好记录。如果因密封圈老化引起的漏油现象，应及时更换密封圈。然后还要检查齿轮的游隙是否过大，如果过大，将会影响机器人的运动位置精度。

(2) 检查连接电缆

连接电缆包括动力电缆和通讯电缆。主要检查电缆是否因受力变形而破损，防止漏电现象。

(3) 检查紧固螺栓

主要检查螺栓是否清洁，避免接触水、酸碱溶液等腐蚀性液体。另外，还要检查紧固螺栓是否有松动现象。由于机器人在工作时，对螺栓会产生冲击或者振动，导致紧固螺栓的预紧力逐渐减小。因此当发生松动时，就要拧紧螺栓。

(4) 检查制动装置

机器人在关机的时候，由于制动装置可以保证机械臂不会发生自由旋转。这就像汽车的手刹一样。停车时，在手刹制动力的作用下，有效抵制风力的作用，防止汽车自行滑动。机器人的制动装置在电机内，每根轴都有电机，因此能有效保证每根轴在关机时静止不动。

当电机的制动装置发生了故障后，会产生严重后果。例如：A3 轴或者 A2 轴的电机制动装置失灵，必将会导致小臂或者大臂在重力的作用下，向下旋转，操作者如果躲闪不及，会造成事故的发生。因此，检查电机的制动装置很重要。

(5) 检查限位装置

限位装置在机器人工作时起到保护作用，让机器人各轴的运动范围受限，保护各轴的运动部件不发生碰撞。限位保护可以采用软件限位和硬件限位实现。通常，软件限位范围比硬件限位范围更小，也就是说，当发生硬件限位作用前，让软件限位先作用，这样有效保护硬件限位装置。但是如果软件限位装置设置不合理，或者未起作用，导致机器人的硬件限位装置发生碰撞受损。在这种情况下，应及时更换受损的硬件限位装置，就是机器人上白色尼龙件。

(6) 检查平衡装置

平衡装置不是所有的工业机器人都有。在库卡机器人中，额定负载超过 90 千克的机器人才需要平衡装置。当机器人大臂在垂直状态下，就是 A2 轴的角度为 $-90°$ 时候，检查气液平衡缸的压力值。如果压力值下降超过 5 bar，则需要气液平衡缸的油气保养。

2) 通电后点检工业机器人

当通电前的各项点检都正常，就可以通电点检机器人的其他项目。

(1) 检查机器人的急停装置

可以按下示教器上的急停按钮，或者外部急停按钮，观察示教器上的信息。

(2) 检查机器人各轴运动是否平滑稳定

检查各轴运动时是否有异常噪声和振动。如果发现有异常情况，应认真分析故障原因，只有当排除故障后才能运行机器人。

(3) 检查机器人当前的各轴位置

检查机器人当前的各轴位置是否与控制系统显示的位置基本一致。如果有明显的差别，应检查机器人的零点位置。

任务清单 1－1－3　检查工业机器人

班级____________姓名____________学号____________组别____________组长____________
组员____

任务描述	1. 通过查阅资料和教师讲解，掌握工业机器人机械维护的安全注意事项。 2. 通过查阅资料，了解工业机器人的保养项目。 3. 通过通电前和通电后检查机器人，描述制动装置、限位装置和急停装置的作用。
对接“1＋X”	本任务对接《工业机器人操作与运维职业技能等级标准》(2021 年 2.0 版)的内容有：

等级	工作领域	工作任务	职业技能要求
初级	1. 工业机器人操作安全保护	1.1　通用安全操作执行规范	1.1.1　能识别工业机器人安全风险。
			1.1.2　能遵守通用安全规范实施工业机器人作业。
			1.1.3　能正确穿戴工业机器人安全作业服与装备。
		1.2　标图识读	1.2.1　能识读生产现场安全标识。
			1.2.2　能识读工业机器人安全标识。
			1.2.3　能识别判断工业机器人周边电源、物理等环境安全。
		1.3　通用安全操作要求	1.3.1　能根据工业机器人潜在危险采取避免措施。
			1.3.2　能识别工业机器人本体安全姿态。
			1.3.3　能识别工业机器人开关机的安全状态。
			1.3.4　能识别工业机器人示教操作的安全状态。
	4. 工业机器人系统维护	4.1　工业机器人系统常规检查维护	4.1.1　能做好泄露、异响、干涉、风冷等事项的日常检查以及外围波纹管附件、外围电气附件等易损、易耗件的日常检查，并对相应问题进行处理。
			4.1.2　能做好控制单元电缆和通风单元、机械本体中的电缆、工业机器人的每个部件和螺钉等的检查，并对相应问题进行处理。
中级	4. 工业机器人系统故障诊断及处理	4.1　工业机器人本体故障诊断及处理	4.1.1　能找到工业机器人震动噪声产生原因并处理。
			4.1.2　能找到工业机器人电机过热产生原因并处理。
			4.1.3　能找到工业机器人齿轮箱漏油、渗油产生原因及处理。
			4.1.4　能找到工业机器人关节不能锁定产生原因及处理。

<table>
<tr><td>任务目标</td><td>1. 知识目标
掌握工业机器人机械维护的安全注意事项，了解工业机器人的保养项目。
2. 能力目标
能描述制动装置、限位装置和急停装置的作用。
3. 素质目标
运用已获得知识、技能和经验独立分析和解决问题。
4. 思政育人目标
具有科学精神，能够描述制动装置、限位装置和急停装置的作用，引导学生牢固树立安全生产意识，规范操作，严谨细致，一丝不苟。</td></tr>
<tr><td>任务要求</td><td>通过通电前和通电后检查机器人，描述制动装置、限位装置和急停装置的作用。</td></tr>
<tr><td>任务思考</td><td>1. 当对工业机器人进行机械维护时，需要注意哪些安全事项？

2. 工业机器人有哪些保养项目？</td></tr>
<tr><td>任务实施</td><td>1. 描述工业机器人的制动装置的位置和作用。

2. 描述工业机器人限位装置的作用。

3. 描述工业机器人急停装置的作用。</td></tr>
<tr><td>任务总结</td><td>1. 知识与技能方面的收获与体会。

2. 职业素养方面的收获与体会。

3. 其他方面的收获与体会。</td></tr>
<tr><td>任务评价</td><td>
<table>
<tr><th>序号</th><th>考核指标</th><th>所占分值</th><th>备注</th><th>得分</th></tr>
<tr><td>1</td><td>任务完成情况</td><td>30</td><td>是否在规定间内完成任务</td><td></td></tr>
<tr><td>2</td><td>任务实施质量</td><td>30</td><td>参与态度及任务成果的质量</td><td></td></tr>
<tr><td>3</td><td>任务总结质量</td><td>40</td><td>知识、技能、职业素养及其他方面的收获与体会</td><td></td></tr>
</table>
指导教师：　　　　日期：　　年　月　日</td></tr>
<tr><td>任务拓展</td><td>查阅和搜集资料，描述工业机器人硬件限位和软件限位的异同点。</td></tr>
</table>

任务2　焕然一新——保养齿轮箱

【扫一扫】
课前测试

案例引入

【案例1】

某高压罐体公司采用KR 5 arc型机器人进行罐体焊接工作。公司设备维修保养人员未能根据保养手册要求，测算齿轮箱润滑油保养期限，对该型机器人齿轮箱润滑油进行更换保养，导致机器人运转时，齿轮箱温升异常，出现异响。

【案例2】

某仓储公司采用KR 300 R2500 ultra型机器人进行仓储搬运作业。因仓储量不足，导致其中一条仓储作业线长期闲置。公司维修保养人员麻痹大意，只定期对机器人开机除湿，未对机械部分进行定期保养。近期，公司业务量增加，重新启用该条仓储作业线时，发现机器人中心手运转卡滞，有异响。经检查发现，各轴电机运转正常。各传动机构无锈蚀现象。将A4轴齿轮箱中润滑油排出检查时，发现油量仅为正常油量的一半。最终判断是A4轴齿轮箱润滑油变质结块，导致机器人中心手运转不畅。

子任务1　按期保养齿轮箱

知识链接

1. 工业机器人的运动控制

控制系统是工业机器人的主要组成部分，是决定机器人功能及性能的主要因素，它的机能类似于人类的大脑。工业机器人要与外围设备协调运动，共同完成作业任务，就必须具备一个功能完善、灵敏可靠的控制系统。工业机器人控制系统的主要任务是控制工业机器人在工作空间中运动位置、姿态、轨迹、操作顺序以及动作的时间等。

1）机器人运动学问题

工业机器人的机械臂是操作机的主体，由一系列活动的、相互连接在一起的构件组成，可看成一个开链式多连杆机构，始端连杆就是机器人的底座或足部，运动链的末端为开放端，即法兰，与工具相连，如图1-2-1所示。

对于6自由度垂直串联型的机器人，由6个连杆组成，从足部到法兰依次编号，底座是这个运动机构的机架，称为连杆0，不包含在这6个连杆内，而腰部则称为连杆1，大臂为连杆2……法兰为连杆6。机器人相邻两个连杆组成一个关节，又称为轴(axis)，用A

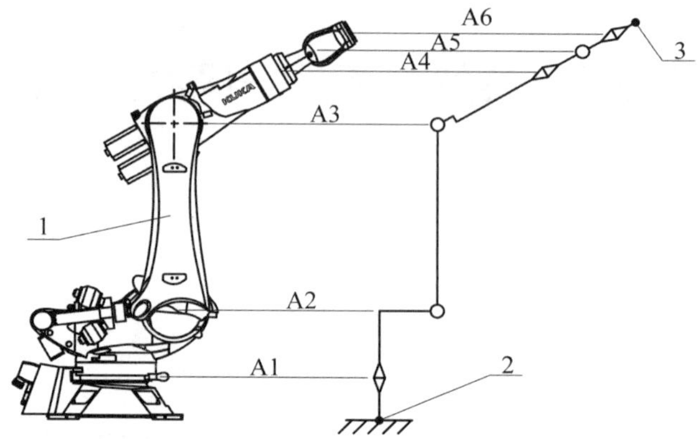

1—机械臂　2—运动链的始端　3—运动链的终端

图 1-2-1　工业机器人的操作机及运动机构模型

后跟数字表示，共有 A1，A2……A6 六根轴，如图 1-2-1 所示。其中 A1 轴表示连杆 1 与连杆 0 的关节，A2 轴表示连杆 2 与连杆 1 的关节……A6 轴表示连杆 6 与连杆 5 的关节。各根轴的运动由伺服电机等驱动装置提供，通常还需要减速器等传动单元实现所需要的速度与转矩。

当操作机器人时，通常要使末端执行器处于合适的位姿，即空间位置和姿态，而这些位姿是机器人各轴的运动合成。机器人运动学模型就是研究各轴角矢量与末端执行器位姿之间的关系，由机器人操作机的机械几何结构确定，为进一步研究工业机器人的运动控制打下基础。在工业机器人运动学中有两类基本问题，即运动学正问题和运动学逆问题。

【扫一扫】

运动学两类基本问题

（1）运动学正问题

对给定的机器人操作机，已知各关节角矢量，求末端执行器相对于参考坐标系的位姿，称之为正向运动学，又称为运动学正解，如图 1-2-2（a）所示。机器人示教时，机器人控制器逐点进行运动学正解运算。

（2）运动学逆问题

对给定的机器人操作机，已知末端执行器在参考坐标系中的初始位姿和目标位姿，求各关节的角矢量，称为逆向运动学，又称为运动学逆解，如图 1-2-2（b）所示。机器人再现时，机器人控制器逐点进行运动学逆解运算，并将矢量分解到操作机各关节。

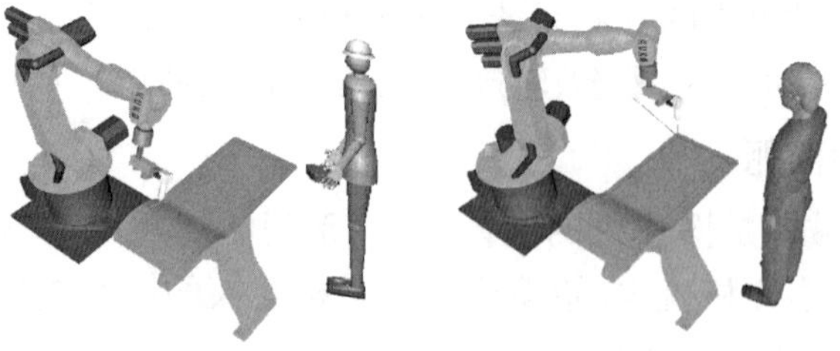

(a) 运动学正问题(示教)　　(b) 运动学逆问题(再现)

图 1-2-2　工业机器人运动学问题

【扫一扫】
工业机器人的奇异点

在运动学逆解时，如果得不到唯一解时，即方程为无解或多解时，就认为机器人位于1个奇异点位置。对于6自由度垂直串联关节型的机器人，具有3个不同位置的奇异点，包括过顶奇异点 α1、延伸奇异点 α2 和手轴奇异点 α5，如图 1-2-3 所示。

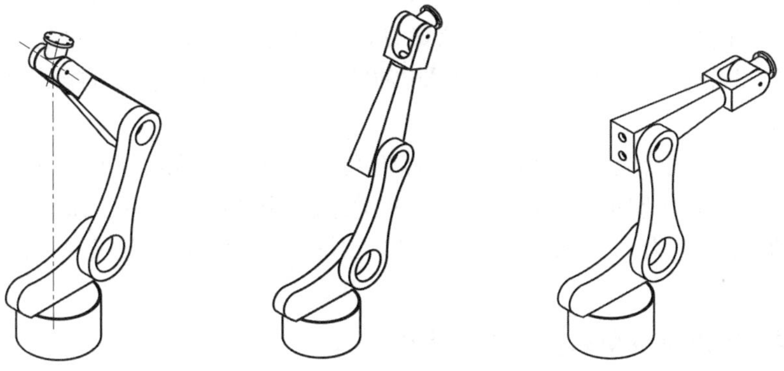

(a) 过顶奇异点α1　(b) 延伸奇异点α2　(c) 手轴奇异点α5

图 1-2-3　工业机器人的奇异点

工业机器人和机器人系统的美国国家标准对奇点的定义为“由2个或多个机器人轴的共线对准引起的不可预测的机器人运动和速度。”因此，3类奇异点可以按由哪个关节共线引发的问题来定义的。

① 过顶奇异点 α1

过顶奇异点又称肩关节奇点，这个位置发生在手腕中心点(即 A5 轴的中点，或者 A4 轴与 A6 轴的交点)与 A1 轴对齐时，如图 1-2-3 (a)所示。在过顶奇异点位置时，即使很小的笛卡尔变化也能导致非常大的轴角度变化。此时，A1 轴的位置不能通过逆向变换确定，且因此可以赋以任意值。如果 A1 轴与 A4 轴对齐，会导致 A1 轴和 A4 轴试图瞬间旋转 180°。如果 A1 轴与 A6 轴对齐，也会导致 A1 轴和 A6 轴试图瞬间旋转 180°。

如果有1条点到点运动语句的目标点恰巧位于过顶奇异点 α1 位置，则 KUKA 机器人控制系统可根据系统变量 $SINGUL_POS[1]的数值让机器人运动。默认情况下为 0，即 A1 轴的角度被确定为 0°。而设置成 1 时，A1 轴的角度从起始点一直到目标点保持不变。

② 延伸奇异点 α2

延伸奇异点又称肘关节奇点，这个位置发生在机器人手腕中心、A2 轴和 A3 轴处于同一平面时，此时 A3 轴为 0°，如图 1-2-3 (b)所示。在延伸奇异点位置，看起来就像机器人“伸得太远”，导致肘关节被锁在某个位置。当机器人处于其工作范围的边缘，通过逆向变换可以得出唯一的轴角度，但较小的笛卡尔速度变化将导致 A2 轴和 A3 轴的转速较大。机器人工作时发生延伸奇异点的不多，因为如果出现这一情况，说明工作范围不够，即机器人选型有误。

如果有1条点到点运动语句的目标点位于该延伸奇异点 α2 位置上，则 KUKA 机器人控制系统可根据系统变量 $SINGUL_POS[2]的数值让机器人运动。默认情况下为 0，即 A2 轴的角度被确定为 0°。而设置成 1 时，A2 轴的角度从起始点一直到目标点保持不变。

③ 手轴奇异点 α5

手轴奇异点又称腕关节奇点，这通常发生在机器人的 2 个腕关节轴 A4 轴和 A6 轴成 1 条直线，此时 A5 轴为 0°，如图 1－2－3 (c)所示。这可能会导致 A4 轴和 A6 轴尝试瞬间旋转 180°。当机器人处于手轴奇异点位置时，A5 轴处于±0.018 12°的范围内。通过逆向运算无法确定 2 个轴的位置。A4 轴和 A6 轴的位置可以有任意多的可能性，但其轴角度总和均相同。

如果有 1 条点到点运动语句的目标点恰巧位于手轴奇异点中，则 KUKA 机器人控制器可根据系统变量 $SINGUL_POS[3]的数值让机器人运动。默认情况下为 0，即 A4 轴的角度被确定为 0°。而设置成 1 时，A4 轴的角度从起始点一直到目标点保持不变。

2) 机器人的点位运动和连续路径运动

实际上，工业机器人很多作业的实质就是控制末端执行器的位姿，实现点位运动或连续路径运动。

(1) 点位(point to point, PTP)运动

点位运动只关心机器人末端执行器运动的起点和目标点位姿，不关心这两点之间的运动轨迹。控制时只要求工业机器人快速、准确地实现相邻各点之间的运动，而对达到目标点的运动轨迹不作任何规定。如图 1－2－4 所示，如果要求末端执行器从 *A* 点运动到 *B* 点，那么机器人可沿 1～3 中的任一路径运动。这种控制方式的主要指标是定位精度和运动所需时间。点位运动的控制简单，容易实现，常被应用在物料搬运、点焊等作业中。

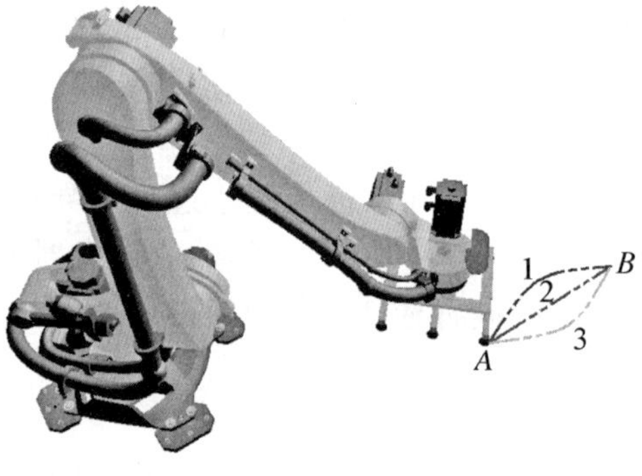

图 1－2－4　工业机器人 PTP 运动和 CP 运动

(2) 连续路径(continuous path, CP)运动

连续路径运动不仅关心末端执行器达到目标点的精度，而且必须保证机器人能沿所期望的轨迹和速度在一定精度范围内重复运动，而且速度可控、轨迹光滑、运动平稳，以完成作业任务。工业机器人各轴连续协调运动，末端执行器形成连续的运动轨迹。如图 1－2－4 所示，如果要求机器人末端执行器从 *A* 点直线移动到 *B* 点，那么机器人只能沿路径 2 运动。这种控制方式的主要技术指标是末端执行器位姿轨迹跟踪精度及平稳性。该运动方式可完成机器人弧焊、涂装、装配、机械加工等作业。

机器人 CP 运动的实现是以 PTP 运动为基础，通过在相邻两点之间采用满足精度要求的直线或圆弧轨迹插补运算即可实现轨迹的连续化。机器人再现时，主控制器（上位机）从存储器中逐点取出各示教点空间位姿坐标值，通过对其进行直线或圆弧插补运算，生成相应路径规划，然后把各插补点的位姿坐标值通过运动学逆解运算，转换成关节角度值，分送给工业机器人各轴的下位机，如图 1－2－5 所示。

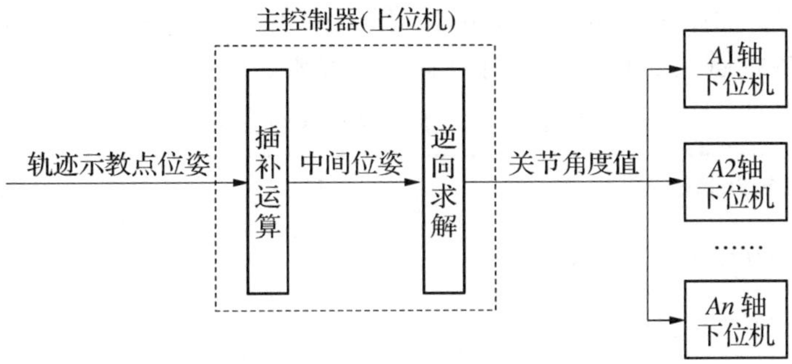

图 1－2－5　工业机器人连续路径运动控制原理

2. 工业机器人的安全控制系统

工业机器人的安全控制系统是将与安全相关的信号以及与安全相关的监控联系起来，实现评估安全信号，触发安全输出端和制动信号，监控 T1 运行方式下的速度，关断驱动器，监控停机方式和制动斜坡。

【扫一扫】

工业机器人的停机方式

在手动移动机器人过程中，突然断电，或者将确认开关按到底，或者松开确认开关，都会使机器人停机，但控制方式有所不同，对机器人机械和电子元件影响也不一样。根据机械电气安全标准 EN 60204—1：2006，将停机划分成 STOP0、STOP1 和 STOP2 三种类别，如图 1－2－6 所示。

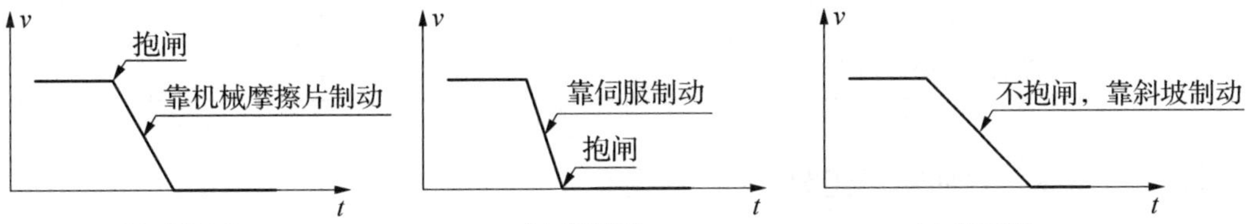

(a) STOP0　(b) STOP1　(c) STOP2

图 1－2－6　三种停机类别示意图

1）STOP0

驱动系统立即关闭，制动器制动。操作机各机械臂及外部轴在额定位置附近制动。在这种方式下停机，电机抱闸，依靠机械摩擦片制动。

2）STOP1

操作机机械臂和附加轴沿轨迹制动。在这种方式下停机，电机也会抱闸，依靠伺服电磁能耗制动，晶闸管全部开放，将电流瞬间消耗于镇流电阻，刹车较急，电阻发热量较大，可能因热量不及时释放而产生过热报警。在 T1 运行方式下，在 680 ms 之内停住机器人，关断驱动装置。在 T2、AUT 或 EXT 运行方式下，驱动装置在 1.5 s 后被关断。

3）STOP2

驱动系统不关闭，制动器不制动，即电机不抱闸，操作机机械臂和附加轴沿轨迹的制动斜坡进行制动。

工业机器人在操作、监控和出现故障信息时，触发相应的触发器，做出停机反应。表 1－2－1 列出了各种触发器在不同运行方式下的停机反应。

表 1－2－1　触发器的停机反应

<table>
<tr><th>触发器</th><th>T1、T2</th><th>AUT、EXT</th></tr>
<tr><td>突然断电或切断主开关电源</td><td colspan="2">STOP0</td></tr>
<tr><td>安全控制系统及其外围设备中的故障</td><td colspan="2">STOP0</td></tr>
<tr><td>控制系统内与安全无关的部件出现的故障</td><td colspan="2">STOP0 或 STOP1</td></tr>
<tr><td>紧急停止按钮被按下</td><td colspan="2">STOP1</td></tr>
<tr><td>关闭驱动装置</td><td colspan="2">STOP1</td></tr>
<tr><td>防护门被意外打开</td><td>—</td><td>STOP1</td></tr>
<tr><td>确认开关按到底或出现故障</td><td>STOP1</td><td>—</td></tr>
<tr><td>松开确认开关</td><td>STOP2</td><td>—</td></tr>
<tr><td>松开程序启动键</td><td>STOP2</td><td>—</td></tr>
<tr><td>按下程序停止键</td><td colspan="2">STOP2</td></tr>
<tr><td>运行期间非法切换运行方式</td><td colspan="2">STOP2</td></tr>
<tr><td>输入端没有“运动许可”</td><td colspan="2">STOP2</td></tr>
</table>

3. 工业机器人的关节坐标系

机械臂是工业机器人操作机的主体，它由一系列活动的、相互连接在一起的构件组成，相邻构件之间组成一个关节，整个机械臂可看成一个开链式多连杆机构。运动链始端连杆就是机器人的底座或足部，末端连杆为开放的法兰，与工具相连。

机器人的关节又称为轴，按照从下到上的顺序，可将机器人各轴从足部到法兰依次编号，用 A 后跟数字表示，对于垂直串联型 6 自由度的关节机器人，共有 A1，A2……A6 六根轴。各轴运动有正负之分，在 KUKA 机器人中，A2、A3 和 A5 轴向下为正，而对于 A1、A4 和 A6 轴，操作者从机器人外朝里看，顺时针为正，如图 1－2－7 所示。

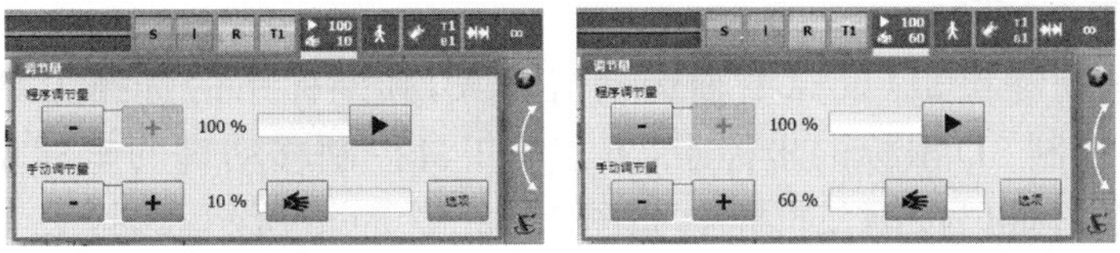

(a) 调节前　　(b) 调节后

图 1-2-17　设置手动倍率

或者直接按示教器右下角的手动倍率按键，调整手动倍率，如果按一下“+”，则将手动倍率由 60%快速调整为 75%，图 1-2-18 (a)所示。如果按一下“-”，则将手动倍率由 60%快速调整为 50%，图 1-2-18 (b)所示。

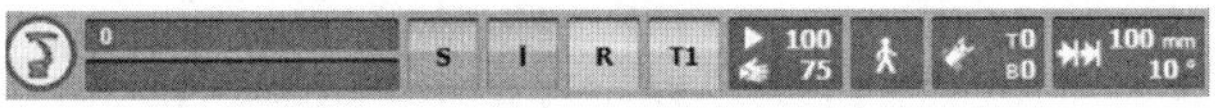

(a) 增大手动倍率

(b) 减小手动倍率

图 1-2-18　快速设置手动倍率

2) 设置步距值

在状态栏中的右侧选择步距设置工具，弹出“增量式手动移动”对话框，如图 1-2-19 (a)所示，选择一次需要移动的距离或角度值，系统提供了“持续的”“100 mm/10°”“10 mm/3°”“1 mm/1°”和“0.1 mm/0.005°”共 5 个选项，系统默认值为“持续的”，右上角状态栏中显示为无穷符号“∞”，即机器人将以设置的速度一直运动。如果要让机器人的运动轴每次移动 10°，则要选择“100 mm/10°”，如图 1-2-19 (b)所示，表示在直角坐标系下每次移动 100 mm，在关节坐标系下每次移动 10°。如果在移动的过程中停止运动，则再次运动时，将从当前的位置开始计算，之前未移动量被忽略。

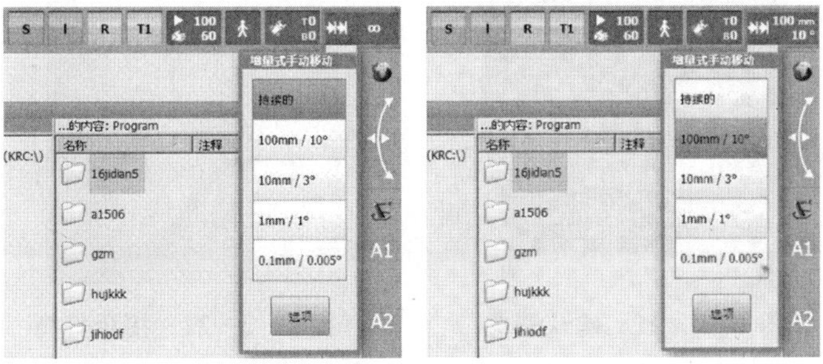

(a) 调整前　　(b) 调整后

图 1-2-19　调整步距值

3）选择关节坐标系

可以通过移动键和3D鼠标单轴运动机器人，其坐标系的选择工具在示教器的右侧，上方的工具控制3D鼠标的坐标系，下方的工具控制移动键的坐标系。点击下方的移动按键坐标系，弹出“按键”对话框，如图1－2－20（a)所示，选择关节坐标系“轴”选项。由于在关节坐标系下用3D鼠标操作非常不直观，容易造成误操作，所以上方的3D鼠标坐标系不要选择“轴”，可以选择默认项世界坐标系，即“全局”选项，如图1－2－20（b)所示。

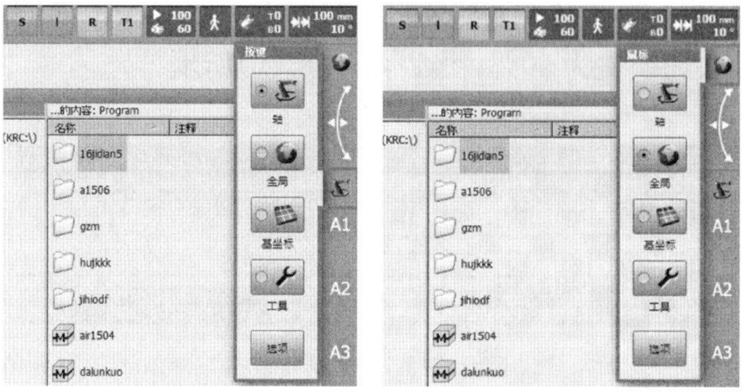

(a) 移动键坐标系　　(b) 3D鼠标坐标系

图1－2－20　选择坐标系

4）按确认开关

轻按示教器背面3个确认开关中的任意一个至中间位置，并且按住不放，如图1－2－21所示。这时，移动键旁边的A1～A6轴指示灯及3D鼠标灯即被点亮，表示确认开关在中间位置，可以手动移动机器人，如图1－2－22所示。注意不能将确认开关按到底，否则会触发急停信号。

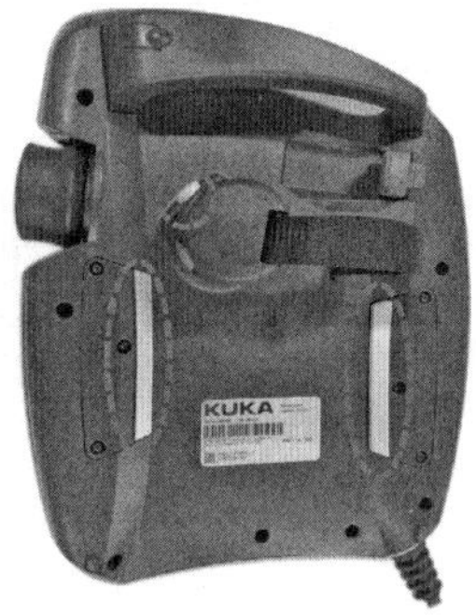

图1－2－21　确认开关

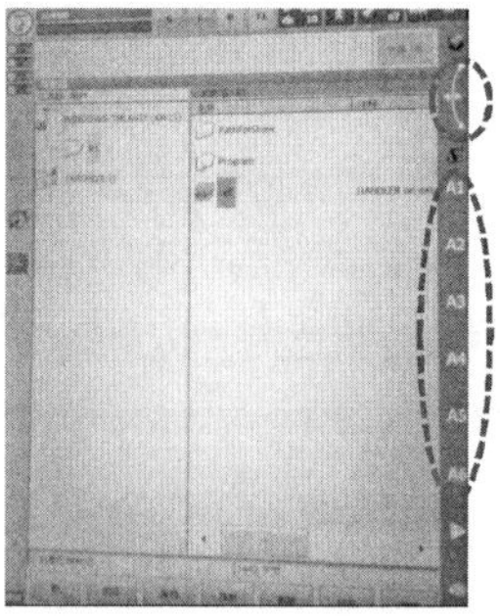

图1－2－22　指示灯亮

5）按移动键

按下A1～A6轴指示灯右侧移动键上的“－”或“＋”，使该轴向负向或正向运动。

6) 显示实际位置

单轴运动机器人时可以观察机器人各轴的实际位置，在主菜单下点击“显示”→“实际位置”，如图 1－2－23 (a)所示。弹出“机器人位置(笛卡尔式)”对话框，如图 1－2－23 (b)所示。在对话框中显示了当前工具坐标系 T0 的坐标原点，即 TCP 点在当前基坐标 B0 中的位置及 T0 在当前基坐标 B0 下的姿态，还显示了机器人的状态(status)和转角方向(turn)，用结构体表示为

{X,Y,Z,A,B,C,S,T}＝{－713.25,162.61,1503.56,56.07,18.36,－86.54,010,100010}

位置的单位为 mm，工具坐标系的姿态单位为 °，机器人的状态和转角方向用二进制数表示，其中 S 为 3 位数，T 为 6 位数。

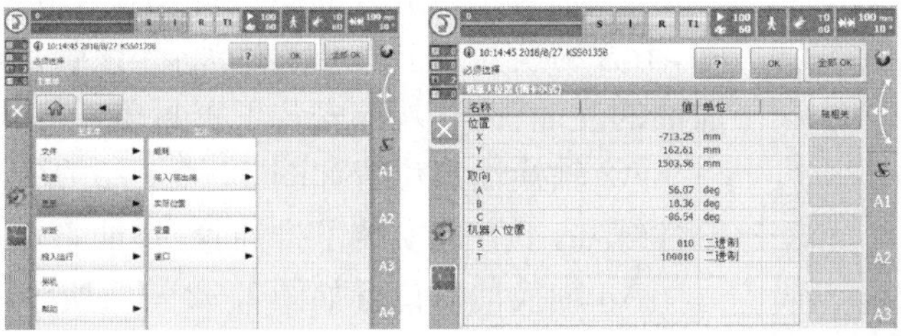

(a) 菜单　　(b) 对话框

图 1－2－23　显示实际位置

点击对话框中右上角“轴相关”按钮，切换至“机器人位置(与轴相关的)”对话框，如图 1－2－24 (a)所示。在对话框中显示了机器人 A1～A6 轴的当前位置，用结构体表示为

{A1,A2,A3,A4,A5,A6}＝{184.99,－122.09,115.97,85.98,30.06,－11.85}

单位为 °，同时也显示了各轴电机角度值。

当采用图 1－2－19 (b)所示的设置，即增量设置成 100 mm/10°，在确认开关中间位置时，按住 A1 轴移动键的负向键“－”不放，当机器人停止运动后，A1 轴向负向移动了 10°，在对话框中显示为 174.99°，如图 1－2－24 (b)所示。

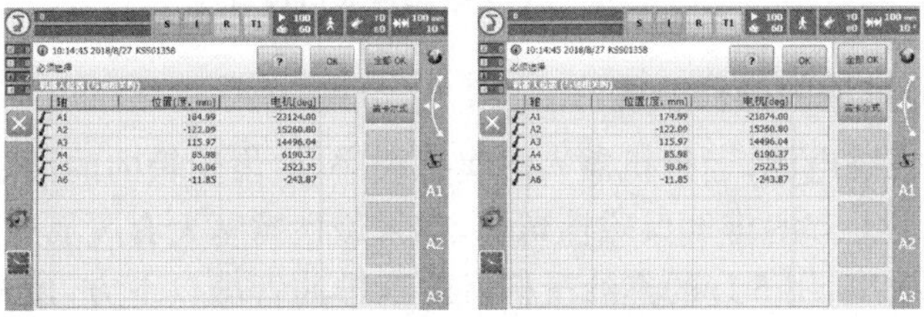

(a) 移动前　　(b) 移动后

图 1－2－24　负向移动 A1 轴 10°

7. 更换基轴齿轮箱油

【扫一扫】
更换基轴齿轮箱油

工业机器人的基轴包含 A1～A3 轴，其齿轮箱到达保养时间后，需要换油。A1 轴换油口位置如图 1－2－25 所示。

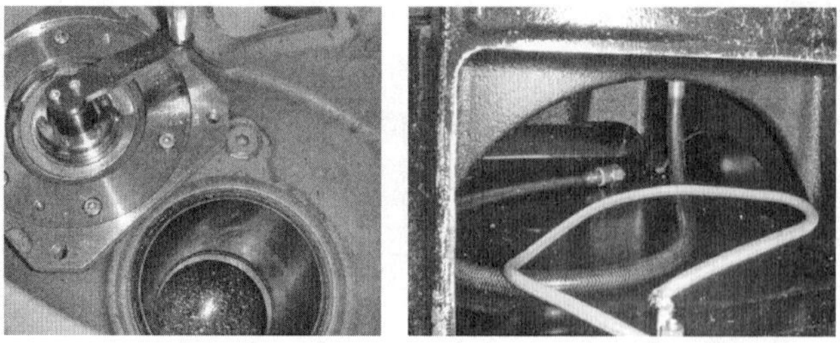

(a) 磁性螺塞　　(b) 排油管

图 1-2-25　A1 轴换油口位置

图 1-2-26　A2 轴换油口位置

A1 轴齿轮箱上方的磁性螺塞位于电机托架与中空轴之间，下方的换油口上安装了排油管，该管也可以用作从下往上加油的注油管，其端部安装了密封盖。

A2 轴换油口位置如图 1-2-26 所示，上方仍然安装了磁性螺塞，下方也安装了排油管，排油管也可以用作注油管。

A3 轴换油口位置如图 1-2-27 所示，由于 A3 轴没有安装油管，可以在下方磁性螺塞的螺孔上安装一根 M16×1.5 的排油管，这样排油会更加顺畅。

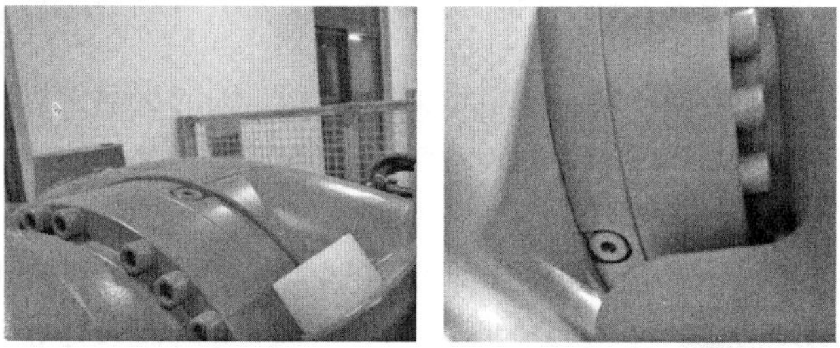

(a) 上方磁性螺塞　　(b) 下方磁性螺塞

图 1-2-27　A3 轴换油口位置

1）基轴齿轮箱排油的操作步骤

（1）接通控制系统电源，运行机器人的暖机程序，使齿轮箱内的油温升高。

（2）旋松并取下上方的排气口磁性螺塞，如果磁性螺塞上有废屑残留，应清除废屑。

（3）将排油管抽出，用 5 L 的集油量杯盛放至排油管出口下方，旋松并取下排油管出油口上的密封盖，将油排出。

（4）记录排出油量，如果因润滑油结块、杂质颗粒吸附油液等原因，排出的油量小于总容量的 70%，需要用新油清洗齿轮箱，然后将旧油存放到专用的容器中。

2）基轴齿轮箱加油的操作步骤

（1）检查磁性螺塞、排油管及密封盖是否损坏，如果损坏，应及时更换。

（2）接通油泵电源，将齿轮箱润滑油从油管中注入与排出油量相等的新油。

（3）断开油泵电源，旋上油管密封盖和排气口磁性螺塞，用力矩扳手，以所需的扭矩拧紧螺塞。

(4) 清理换油过程中溢出的润滑油，等待数分钟，观察是否有漏油现象，如果漏油，应采取必要的措施，直到不漏为止。

8. 更换手轴齿轮箱油

【扫一扫】
更换手轴齿轮箱油

工业机器人的手轴包含 A4～A6 轴，其齿轮箱到达保养时间后，同样也需要换油。由于齿轮之间存在间隙，A5 轴齿轮箱与 A6 轴齿轮箱内部是相通的。

A4 轴换油口位置如图 1－2－28 所示。A4 轴齿轮箱上下方各有一个磁性螺塞，其中下方的磁性螺塞位于 A4 轴零点装置附近，在换油过程中要注意保护零点装置。

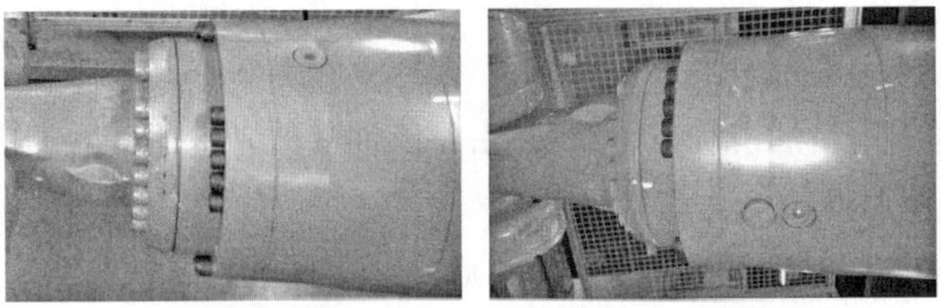

(a) 上方磁性螺塞　　(b) 下方磁性螺塞

图 1－2－28　A4 轴换油口位置

A5 轴换油口位置如图 1－2－29 所示，A5 轴 RV 齿轮箱上的磁性螺塞位于侧面中下方位置，锥齿轮箱上的磁性螺塞位于中上方。

(a) RV齿轮箱磁性螺塞　　(b) 锥齿轮箱磁性螺塞

图 1－2－29　A5 轴换油口位置

A6 轴换油口位置如图 1－2－30 所示，A6 轴直齿轮箱上的磁性螺塞位于 A5 轴零点装置附近，RV 齿轮箱上的磁性螺塞位于 A6 轴零点装置附近，在换油过程中也要注意保护零点装置。

(a) 直齿轮箱磁性螺塞　　(b) RV齿轮箱磁性螺塞

图 1－2－30　A6 轴换油口位置

1）手轴齿轮箱排油的操作步骤

（1）接通控制系统电源，运行机器人的暖机程序，使齿轮箱内的油温升高。

（2）为了方便操作，应降低中心手的位置姿态，而且使 A3 轴小臂轴线平行于水平面，即 A3＝－A2，而且使 A5＝0°。然后，为了顺利排出手轴各齿轮箱的旧油，应将出油口应调整成最低位置，为此，需要调整 A4 轴的角度。当 A4 轴齿轮箱排油时，A4＝0°；当 A5 和 A6 轴 RV 齿轮箱排油时，A4＝90°；当 A6 轴直齿轮箱排油时，A4＝－90°；当锥齿轮箱排油时，A4＝180°。

（3）旋松并取下上方的排气口磁性螺塞，如果磁性螺塞上有废屑残留，应清除废屑。

（4）旋松并取下出油口处的磁性螺塞，安装排油管，用 5L 的集油量杯盛放至排油管出口下方，将油排出。

（5）记录排出油量，如果因润滑油结块、杂质颗粒吸附油液等原因，排出的油量小于总容量的 70％，需要用新油清洗齿轮箱，然后将旧油存放到专用的容器中。

2）手轴齿轮箱加油的操作步骤

（1）检查磁性螺塞是否损坏，如果损坏，应及时更换。

（2）接通油泵电源，将齿轮箱润滑油从上部注入与排出油量相等的新油。

（3）断开油泵电源，旋上磁性螺塞，用力矩扳手，以所需的扭矩拧紧螺塞。

（4）清理换油过程中溢出的润滑油，等待数分钟，观察是否有漏油现象，如果漏油，应采取必要的措施，直到不漏为止。

任务清单 1－2－1　按期保养齿轮箱

班级＿＿＿＿＿＿＿姓名＿＿＿＿＿＿＿学号＿＿＿＿＿＿＿组别＿＿＿＿＿＿＿组长＿＿＿＿＿＿＿
组员＿＿＿＿＿＿＿＿＿＿＿＿＿＿＿＿＿＿＿＿＿＿＿＿＿＿＿＿＿＿＿＿＿＿＿

任务描述	1. 通过查阅资料，描述机器人运动学中的两类基本问题。 2. 通过查阅资料，描述工业机器人的 3 类奇异点。 3. 通过查阅资料，描述工业机器人的运动轴及其作用。 4. 通过调整工业机器人各轴齿轮箱的换油姿态，掌握示教器的按键及使用功能，描述 KUKA 机器人齿轮箱的按期保养流程和注意事项。
对接“1＋X”	本任务对接《工业机器人操作与运维职业技能等级标准》(2021 年 2.0 版)的内容有：

等级	工作领域	工作任务	职业技能要求
初级	1. 工业机器人操作安全保护	1.3　通用安全操作要求	1.3.1　能根据工业机器人潜在危险采取避免措施。
			1.3.2　能识别工业机器人本体安全姿态。
			1.3.3　能识别工业机器人开关机的安全状态。
			1.3.4　能识别工业机器人示教操作的安全状态。
	3. 工业机器人参数设置与操作	3.1　运用示教器完成工业机器人的基本操作	3.1.1　能使用示教器电缆连接工业机器人示教器与控制器，按正确步骤操作工业机器人。
			3.1.2　能正确使用功能键按钮与使能按钮。
			3.1.3　能手动操作工业机器人单轴运动、线性运动。
			3.1.4　能设定工业机器人运动速度，并能切换手动操作运动模式。
		3.3　工业机器人操作	3.3.5　能查看工业机器人信息提示和事件日志。
	4. 工业机器人系统维护	4.1　工业机器人系统常规检查维护	4.1.2　能做好控制单元电缆和通风单元、机械本体中的电缆、工业机器人的每个部件和螺钉等的检查，并对相应问题进行处理。
			4.1.3　能做好电池检查，能更换减速器和齿轮箱的润滑脂。
		4.2　工业机器人本体定期维护	4.2.1　能按步骤更换工业机器人各关节润滑脂。
			4.2.2　能找准工业机器人润滑脂更换时的空间方位角。

<table>
<tr><td>任务目标</td><td>1. 知识目标
了解机器人运动学中的两类基本问题，熟悉工业机器人的 3 类奇异点，熟悉工业机器人的运动轴及其作用。
2. 能力目标
能使用工业机器人示教器，调整工业机器人各轴齿轮箱的换油姿态，描述 KUKA 机器人齿轮箱的按期保养流程和注意事项。
3. 素质目标
运用已获得知识、技能和经验独立分析和解决问题。
4. 思政育人目标
具有科学精神，通过小组讨论，操作工业机器人的示教器调整工业机器人各轴的换油姿态，锻炼学生的团队协作精神，培养学生善于思考、勇于探索的科学精神，通过描述 KUKA 机器人齿轮箱的保养流程和注意事项，培养学生爱岗敬业、严谨细致和精益求精的工作作风。</td></tr>
<tr><td>任务要求</td><td>通过调整工业机器人各轴齿轮箱的换油姿态，掌握示教器的按键及使用功能，描述 KUKA 机器人齿轮箱的按期保养流程和注意事项。</td></tr>
<tr><td>任务思考</td><td>1. 更换齿轮箱润滑油是否需要拆卸齿轮箱？

2. 机器人运动学中的两类基本问题是什么，工业机器人的奇异点在哪类问题中出现？</td></tr>
<tr><td>任务实施</td><td>1. 调整工业机器人各轴齿轮箱的换油姿态，记录各轴的空间位置。

2. 描述 KUKA 机器人齿轮箱的按期保养流程和注意事项。</td></tr>
<tr><td>任务总结</td><td>1. 知识与技能方面的收获与体会。

2. 职业素养方面的收获与体会。

3. 其他方面的收获与体会。</td></tr>
<tr><td>任务评价</td><td>
<table>
<tr><th>序号</th><th>考核指标</th><th>所占分值</th><th>备注</th><th>得分</th></tr>
<tr><td>1</td><td>任务完成情况</td><td>30</td><td>是否在规定时间内完成任务</td><td></td></tr>
<tr><td>2</td><td>任务实施质量</td><td>30</td><td>参与态度及任务成果的质量</td><td></td></tr>
<tr><td>3</td><td>任务总结质量</td><td>40</td><td>知识、技能、职业素养及其他方面的收获与体会</td><td></td></tr>
</table>
指导教师：　　　　日期：　　年　月　日</td></tr>
<tr><td>任务拓展</td><td>查阅和搜集资料，描述 KUKA smartPAD 的 3D 鼠标使用方法和注意事项。</td></tr>
</table>

子任务2　超期保养齿轮箱

知识链接

1. 工业机器人的直角坐标系

【扫一扫】

工业机器人的坐标系

除了关节坐标系外，直角坐标系在工业机器人的操作、编程和投入运行时同样具有重要的意义。在 KR C4 控制系统中定义了世界坐标系 WORLD、机器人根坐标系 ROBROOT、基坐标系 BASE、法兰坐标系 FLANGE 和工具坐标系 TOOL 等 5 种坐标系，如图 1－2－31 所示。这 5 个坐标系都是右手笛卡尔直角坐标系，各坐标轴的空间位置和方向可以用右手确定，如图 1－2－32 (a)所示。将大拇指、食指和中指相互垂直伸直，大拇指指向 X 轴的正向，食指指向 Y 轴的正向，而中指指向 Z 轴的正向。确定了 3 根轴中任意 2 根轴的方向，第 3 根轴的方向也就随之确定下来。

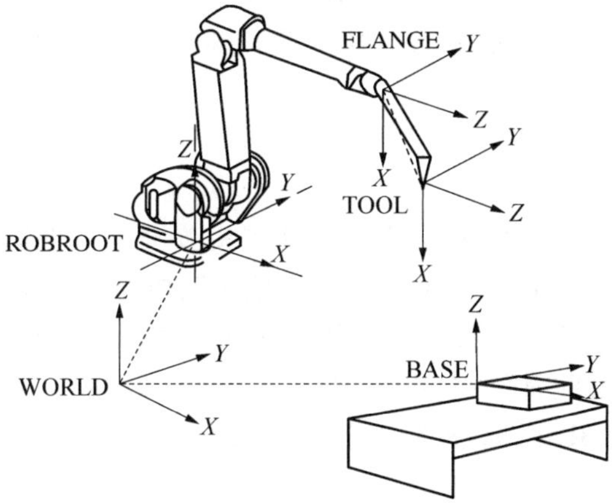

图 1－2－31　工业机器人的直角坐标系

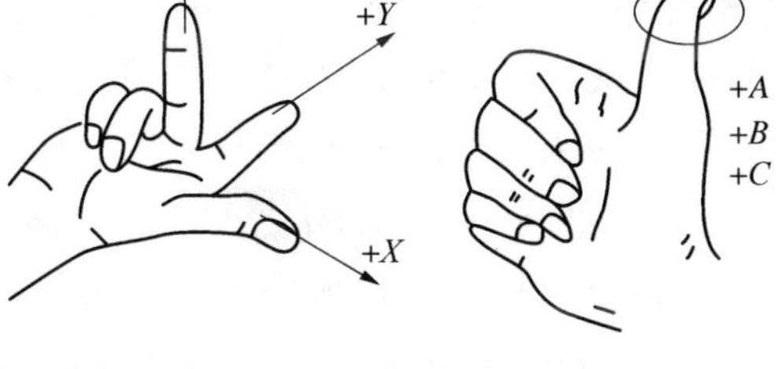

(a) 坐标轴　　(b) 旋转轴

图 1－2－32　右手笛卡尔直角坐标系

右手笛卡尔直角坐标系中通常还有旋转轴，在 KR C4 控制系统中规定了各旋转轴的名称：绕 Z 轴转动的轴为 A 轴，绕 Y 轴转动的轴为 B 轴，绕 X 轴转动的轴为 C 轴。同样也可以利用右手定则来确定直角坐标系中任一旋转轴的正方向，如图 1-2-32 (b)所示。用图示的姿势握住坐标轴，大拇指指向坐标轴的正向，则四指的弯曲方向为该旋转轴的正向。

KUKA 机器人的根坐标系 ROBROOT 和法兰坐标系 FLANGE 固定不变，根坐标系固定在机器人足部，Z 轴与 A1 轴回转中心同轴，正向朝上。法兰坐标系固定在机器人法兰上，原点位于法兰中心，Z 轴与法兰端面垂直，正向朝外。世界坐标系 WORLD、基坐标系 BASE 和工具坐标系 TOOL 可以自由定义。世界坐标系用于 ROBROOT 和 BASE 的原点，对于地面安装的机器人，与根坐标系重合。基坐标系常用于工件或工装，其原点位置和坐标方向是相对于世界坐标系而言，默认基坐标系 BASE0 与世界坐标系重合。工具坐标系用于末端执行器，其原点位置和坐标方向是相对于法兰坐标系而言，默认工具坐标系 TOOL0 与法兰坐标系重合。工具坐标系的原点通常被称为工具中心点(tool center point，TCP)，X 轴的正向被称为工具的作业方向，机器人轨迹编程的实质就是要确定 TCP 在基坐标中的路径。与关节坐标系类似，可以用结构体

$$\{X,Y,Z,A,B,C \cdots\}$$

来表示末端执行器在直角坐标系中的空间位置和姿态。其中，结构体中坐标值的单位为 mm，角度单位用 °来表示。

2. 使用 3D 鼠标

KUKA smartPAD 上的 3D 鼠标虽然可以在关节坐标系下运动，但主要应用于直角坐标系。这是因为在直角坐标系下可以很直观地运动机器人的工具中心点 TCP。

【扫一扫】

使用 3D 鼠标教学演示

在三维空间直角坐标系 $OXYZ$ 中，TCP 不仅可以沿着 3 根坐标轴移动，而且还可以绕着 3 根坐标轴转动，因此常常将 3D 鼠标又称为 6D 鼠标。操作者通过推拉或者转动 KUKA smartPAD 上的 3D 鼠标，控制工业机器人末端执行器的动作，实现直线移动和旋转运动。

在直角坐标系下使用 3D 鼠标同样也要在 T1 运行方式下，选择合适的工具坐标系和基坐标系，配置好 3D 鼠标的各项参数后，将确认开关轻按至中间位置，3D 鼠标指示灯被点亮，操作人员就可以操作 3D 鼠标，按照预定的方向运动机器人。

可以选择在不同坐标系下使用 3D 鼠标运动机器人，如图 1-2-20 (b)所示，其中最常用的坐标系是世界坐标系，世界坐标系又称全局坐标系，即选择地球状图标。为了移动 TCP，需要定义工具坐标系和基坐标系，系统提供了默认的工具坐标系 TOOL0 和基坐标系 BASE0，其中 TOOL0 与法兰坐标系重叠，BASE0 与世界坐标系重叠，为了选择该两个坐标系，点击示教器右上方的坐标系工具，弹出“激活的基坐标/工具”对话框，如图 1-2-33 (a)所示。点击工具选项右侧的下拉按钮，选择最上方工具名为 $NULLFRAME，工具号为[0]的工具 TOOL0。再次点击基坐标工具，弹出“激活的基坐标/工具”对话框，如图 1-2-33 (b)所示。点击基坐标选项右侧的下拉按钮，选择最上方基坐标名为 $NULLFRAME，基坐标号为[0]的基坐标 BASE0。此时，示教器状态

栏右上方的坐标系工具显示为。

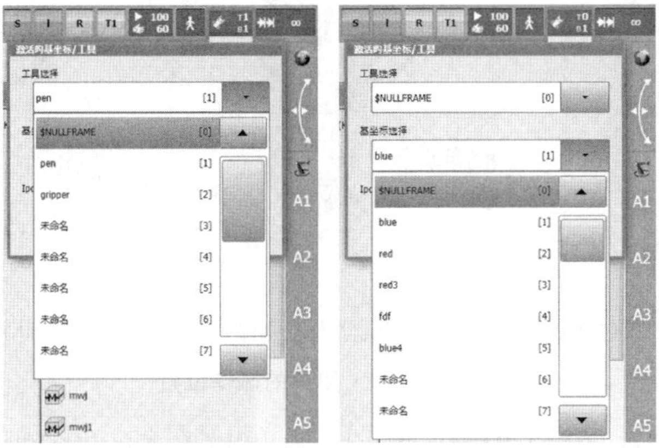

(a) 选择工具　　　　(b) 选择基坐标

图 1－2－33　选择工具和基坐标

对于地面安装的 KUKA 机器人，世界坐标系 WORLD 与根坐标系 ROBROOT 重合，由于工具坐标系采用法兰坐标系，所以工具中心点 TCP 与法兰中心点重合，如图 1－2－34 (a)所示。可以通过推拉 3D 鼠标，控制机器人的 TCP 沿着世界坐标系 WORLD 中的 X、Y 和 Z 坐标轴方向直线移动，如图 1－2－34 (b)所示。例如：要让法兰的中心点沿着世界坐标系的 Y 轴向右水平移动，只要向右拉动 3D 鼠标即可，其余直线移动以此类推。也可以通过转动 3D 鼠标，控制机器人的 TCP 沿着 A、B 和 C 轴方向旋转运动，如图 1－2－34 (c)所示。例如：要让法兰的中心点沿着世界坐标系的 A 轴正向旋转，即绕着世界坐标系的 Z 轴，由上向下看逆时针旋转，只要将 3D 鼠标沿着世界坐标系的 A 轴正向旋转，即绕着铅垂轴，由上向下看逆时针扭转 3D 鼠标，其余旋转运动以此类推。

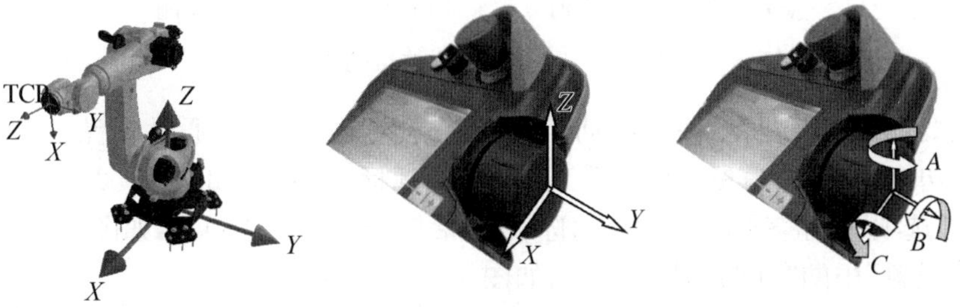

(a) TCP和世界坐标系　　(b) TCP的直线移动　　(c) TCP的旋转运动

图 1－2－34　在世界坐标系下使用 3D 鼠标运动 TCP

一般情况下，用户在机器人的前方操作，如图 1－2－35 (a)所示，但有时为了操作方便，用户需要走到机器人的其他位置使用示教器，例如：在图 1－2－35 (b)中用户在机器人的左侧操作，在使用 3D 鼠标时容易出现偏差，向右拉动 3D 鼠标时，TCP 仍然沿着世界坐标系的 Y 轴正向移动。如果向右拉动 3D 鼠标，让 TCP 沿着 X 轴正向移动，需要设置示教器的操作位置，变换世界坐标系，将世界坐标系绕着 Z 轴，由上向下看顺时针旋转 90°，如图 1－2－35 (c)所示。

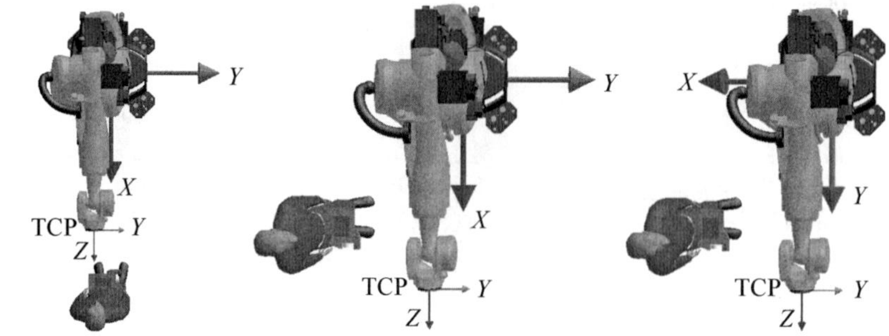

(a) 在机器人前方操作　　(b) 在机器人左侧操作　　(c) 变换世界坐标系

图 1-2-35　用户的操作位置

可以点击示教器右上角的 3D 鼠标指示灯，弹出“KCP 项号”对话框，如图 1-2-36 (a) 所示，将示教器在机器人的 0°位置转动到 90°位置，如图 1-2-36 (b)所示。

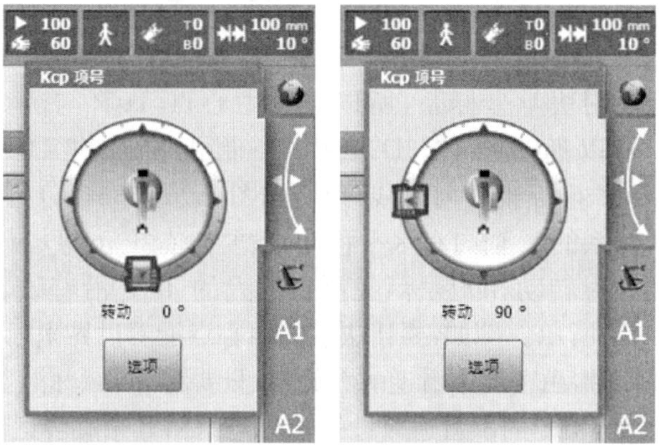

(a) 示教器在机器人前方　　(b) 示教器在机器人的左侧

图 1-2-36　示教器位置的设置

有时只要利用 3D 鼠标作直线移动，不希望作旋转运动，可以通过设置 3D 鼠标的自由度来实现其功能。点击 3D 鼠标坐标系工具，弹出“鼠标”对话框，如图 1-2-20 (b)所示，点击最下方的“选项”按钮，弹出“手动移动选项”对话框的“鼠标”选项卡，如图 1-2-37 (a)所示，将“鼠标设置”中的“6D”改成“XYZ”，如图 1-2-37 (b)所示。

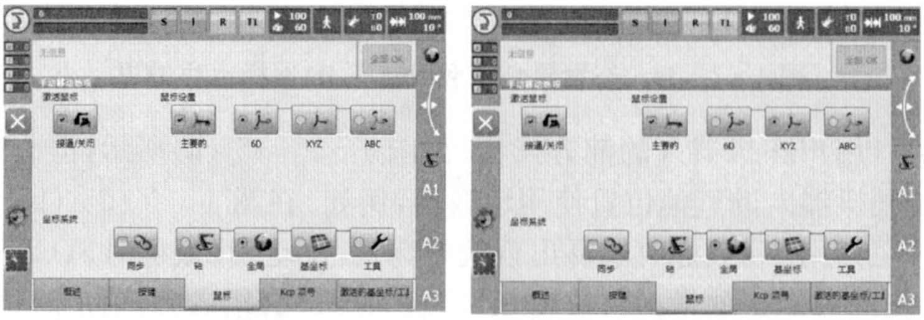

(a) 移动和转动　　(b) 仅移动

图 1-2-37　3D 鼠标自由度的设置

任务清单 1－2－2　超期保养齿轮箱

班级____________姓名____________学号____________组别____________组长____________

组员____

<table>
<tr><td>任务描述</td><td>1. 通过查阅资料，描述工业机器人的坐标系及其作用。
2. 通过查阅资料，描述清洗工业机器人齿轮箱的应用场合。
3. 通过清洗工业机器人各轴齿轮箱，掌握示教器的按键、3D 鼠标的使用方法，描述 KUKA 机器人齿轮箱的超期保养流程和注意事项。</td></tr>
<tr><td>对接“1＋X”</td><td>本任务对接《工业机器人操作与运维职业技能等级标准》(2021 年 2.0 版)的内容有：
<table>
<tr><th>等级</th><th>工作领域</th><th>工作任务</th><th>职业技能要求</th></tr>
<tr><td rowspan="8">初级</td><td rowspan="4">3. 工业机器人参数设置与操作</td><td rowspan="4">3.1　运用示教器完成工业机器人的基本操作</td><td>3.1.1　能使用示教器电缆连接工业机器人示教器与控制器，按正确步骤操作工业机器人。</td></tr>
<tr><td>3.1.2　能正确使用功能键按钮与使能按钮。</td></tr>
<tr><td>3.1.3　能手动操作工业机器人单轴运动、线性运动。</td></tr>
<tr><td>3.1.4　能设定工业机器人运动速度，并能切换手动操作运动模式。</td></tr>
<tr><td rowspan="4">4. 工业机器人系统维护</td><td rowspan="2">4.1　工业机器人系统常规检查维护</td><td>4.1.2　能做好控制单元电缆和通风单元、机械本体中的电缆、工业机器人的每个部件和螺钉等的检查，并对相应问题进行处理。</td></tr>
<tr><td>4.1.3　能做好电池检查，能更换减速器和齿轮箱的润滑脂。</td></tr>
<tr><td rowspan="2">4.2　工业机器人本体定期维护</td><td>4.2.1　能按步骤更换工业机器人各关节润滑脂。</td></tr>
<tr><td>4.2.2　能找准工业机器人润滑脂更换时的空间方位角。</td></tr>
<tr><td>中级</td><td>4. 工业机器人系统故障诊断及处理</td><td>4.1　工业机器人本体故障诊断及处理</td><td>4.1.3　能找到工业机器人齿轮箱漏油、渗油产生原因及处理。</td></tr>
</table></td></tr>
<tr><td>任务目标</td><td>1. 知识目标
熟悉工业机器人的运动轴及其作用，熟悉工业机器人的坐标系及其作用。
2. 能力目标
能使用 KUKA smartPAD，学会手动操作 KUKA 机器人。
3. 素质目标
运用已获得知识、技能和经验独立分析和解决问题。</td></tr>
</table>

<table>
<tr><td></td><td>4. 思政育人目标
具有科学精神，能够描述 KUKA 机器人齿轮箱的保养流程和注意事项，培养学生爱岗敬业、严谨细致和精益求精的工作作风，通过分析清洗齿轮箱的场合，引出齿轮箱定期更换润滑油的重要性，加强劳动教育，培养爱岗敬业的精神。加强工程伦理教育，正确处理旧油。</td></tr>
<tr><td>任务要求</td><td>通过查阅资料、小组讨论，分析清洗工业机器人齿轮箱的应用场合，通过清洗工业机器人各轴齿轮箱，掌握示教器的按键、3D 鼠标的使用方法，描述 KUKA 机器人齿轮箱的超期保养的流程和注意事项。</td></tr>
<tr><td>任务思考</td><td>1. 点位运动和连续路径运动的区别是什么？

2. KUKA 机器人有哪些直角坐标系，一般 3D 鼠标在哪个坐标系下使用？</td></tr>
<tr><td>任务实施</td><td>1. 描述清洗工业机器人齿轮箱的应用场合。

2. 描述 KUKA 机器人齿轮箱的超期保养流程和注意事项。</td></tr>
<tr><td>任务总结</td><td>1. 知识与技能方面的收获与体会。

2. 职业素养方面的收获与体会。

3. 其他方面的收获与体会。</td></tr>
<tr><td>任务评价</td><td>
<table>
<tr><th>序号</th><th>考核指标</th><th>所占分值</th><th>备注</th><th>得分</th></tr>
<tr><td>1</td><td>任务完成情况</td><td>30</td><td>是否在规定时间内完成任务</td><td></td></tr>
<tr><td>2</td><td>任务实施质量</td><td>30</td><td>参与态度及任务成果的质量</td><td></td></tr>
<tr><td>3</td><td>任务总结质量</td><td>40</td><td>知识、技能、职业素养及其他方面的收获与体会</td><td></td></tr>
</table>
指导教师：　　　　　　日期：　　　年　　月　　日
</td></tr>
<tr><td>任务拓展</td><td>查阅和搜集资料，描述工业机器人的直角坐标系与关节坐标系的区别和应用场合。</td></tr>
</table>

任务 3　鼓“气”加“油”——保养平衡缸

【扫一扫】
课前测试

案例引入

【案例 1】

某科幻探险乐园地处北方，因游戏项目需要，户外体验表演设备采用 KR 120 R2500 pro 型机器人作为举升移动模块。入冬后，该设备多次出现运行不平稳现象。寒潮天气下，甚至出现电机异响，举升移动困难的状况。经检查，机器人的电机与传动机构均能正常运行，但是气液平衡缸由于环境温度过低导致压力值下降，在机器人运转时出现异常现象。

【案例 2】

某矿业公司的矿砂筛选线采用 KR 120 R2500 pro 型机器人进行矿砂筛选作业。近期，该机器人满负载作业时出现运转迟滞、电机异响的异常现象。经检查，在气液平衡缸下方地面发现有油液积聚。进一步检查发现气液平衡缸保护皮套有油污，判断是气液平衡缸液压油泄漏故障。

子任务 1　油气保养气液平衡缸

知识链接

1. 库卡机器人产品

库卡机器人性能稳定，覆盖面广，应用于焊接、码垛、装配、雕铣等多种工业生产的场合，用户可根据实际需要选用其产品。

【扫一扫】
库卡机器人产品

1) 库卡机器人产品型号

2013 年之前，库卡机器人(KUKA robot)型号以 KR 开头，后面跟上数字，表示额定负载，如 1996 年生产的 KR 500，表示该机器人额定负载为 500 kg。如果将该产品进行改良，第二代产品的型号后面标注“- 2”，如 KR 500 - 2，表示第二代产品。同样，如果再进行改良，则成为第三代产品，其型号为 KR 500 - 3。从 2014 年开始生产的新产品，KUKA 公司赋予全新的系列。如将 KR 500 归属于 FORTEC 系列，其型号后面加注手臂可及范围(reach)或者称为手臂长度，如 KR 500 R2830，表示手腕中心的可及范围为2 830 mm。

在 2013 年之前，如果可及范围需要加大，如在 KR 500 机器人的小臂与手腕之间加延长臂，这样，需要减少额定负载，如 KR 500 L420 - 3，表示第三代 KR 500 机器人加了延长臂后，额定负载减少到 420 kg。如果臂长还不够，可以继续加长，则额定负载继续减少，如 KR 500 L340－3。从 2014 年开始，如果加长了手臂，将加长后的臂长与减少后的额定负载直接给出，如在 KR 500 R2830 的基础上将臂长加长 250 mm，额定负载相应减少 80 kg，则成为 KR 420 R3080，继续加长手臂，变成 KR 340 R3330。

2）库卡机器人产品系列

根据机器人额定负载的大小，可将 KUKA 机器人分成小机器人（small robot）、低负载机器人（low payload robot）、中负载机器人（middle payload robot）、高负载机器人（high payload robot）、重载机器人（heavy duty robot）几种系列，此外，还有高精度机器人（high accuracy robot）。

小机器人的型号从 KR 3 到 KR 14，低负载机器人的型号从 KR 6 到 KR 22，中负载机器人的型号有 KR 30 和 KR 60，高负载机器人有无名 N.A.系列、2000 系列、COMPACT 系列、QUANTEC 系列及 QUANTEC nano 系列等。其中 QUANTEC 系列机器人负载为 90～300 kg，间隔为 30 kg，其型号为 KR 90、KR 120、KR 150……KR 300。QUANTEC 系列机器人的标准结构有 pro、extra、prime 和 ultra 四个系列，允许的额定负载依次加大。此外，还有一些特殊结构的机器人系列，如冲压连线机器人 press 系列、架装式（或称为下探式）机器人 prime K 和 ultra K 系列、码垛机器人 PA 系列、高精度机器人 HA 系列、小巧紧凑型机器人 nano 系列等。重载机器人有无名 N.A.系列、FORTEC 系列和 titan 系列，其中 FORTEC 系列有 KR 360、KR 500 和 KR 600。titan 系列机器人 KR 1000 的额定负载为 1 000 kg，在码垛工作模式下，额定负载可达到 1.3 吨，是额定负载最高的一款库卡机器人。高精度机器人型号的末尾标有 HA，有 KR 30 HA、KR 60 HA、KR 90 R2900 extra HA、KR 90 R3100 extra HA 和 KR 120 R2700 extra HA 共 5 款，该类机器人除了有较高的重复定位精度外，还可以达到一定的绝对精度，特别适合于雕铣等机械加工。

判断机器人到底属于什么类型，不能只看 KR 后的数字，如 KR 240 R3300 机器人是由重载机器人 KR 360 R2830 加长手臂后转化而来，仍然属于重载机器人。同样，将KR 500 R2830 机器人的手臂加长后，就变为 KR 420 R3080，该款机器人也属于重载机器人。

2. 平衡装置的作用

【扫一扫】
平衡装置的作用

对于关节式机器人各轴的重心不通过其旋转轴，会产生偏重力矩，这个偏重力矩随机器人轴运动的位置、速度及加速度的变化而变化。当机器人的额定负载增大时，对机器人的运动学和动力学特性的影响更大，当库卡机器人的额定负载大于 90 kg 时，需要安装平衡装置。由于 QUANTEC 系列机器人额定负载为 90～300 kg，所以，库卡 QUANTEC 系列机器人都有平衡装置，安装在旋转台与大臂之间。

合理的平衡系统在机器人运行中能够起到以下 3 个作用：

（1）减小各轴的驱动力矩和驱动功率，驱动系统的重量和尺寸可以减小，从而降低了能耗与生产成本。

（2）减小不平衡力矩的波动，有利于控制和改善机器人的动力学特性，提高运行精度。当运行中的机器人以 STOP0 停机时，能够减轻电机刹车片的负担。

（3）减少传动载荷和磨损，提高机器人的使用寿命。

3. 平衡装置的分类

【扫一扫】
平衡装置的分类

工业机器人的平衡装置按其结构不同，大致可分为附加配重式、弹簧式、气缸式、弹簧-凸轮式和气动-液压式等几种。目前，常用的有弹簧式平衡装置和气动—液压式平衡装置。库卡 QUANTEC 系列机器人采用气动-液压式平衡装置，简称气液平衡缸，如图 1-3-1(a)所示，而 2000 系列采用弹簧式平衡装置，简称弹簧平衡缸，如图 1-3-1(b)所示，而早期的无名 N.A.系列采用气缸式平衡装置，简称纯气平衡缸，如图 1-3-1(c)所示。

(a) QUANTEC 系列使用气液平衡缸　(b) 2000系列使用弹簧平衡缸　(c) N.A.系列使用纯气平衡缸

图 1-3-1　库卡机器人使用的平衡装置

4. 平衡装置的结构与工作原理

【扫一扫】
平衡装置的结构与工作原理

1) 气液平衡缸

地面式机器人和天花板式机器人的气液平衡缸结构有所不同，前者活塞杆受拉，而后者活塞杆受压。其中地面式机器人的气液平衡缸结构示意图如图 1-3-2 所示，主要由缸体 10、隔膜式蓄能器 6、活塞 11 及油压表 3 等组成。隔膜式蓄能器的一侧充满高纯氮气 N_2，另一侧与缸体连通，注满液压油，氮气与液压油之间用隔膜隔开。

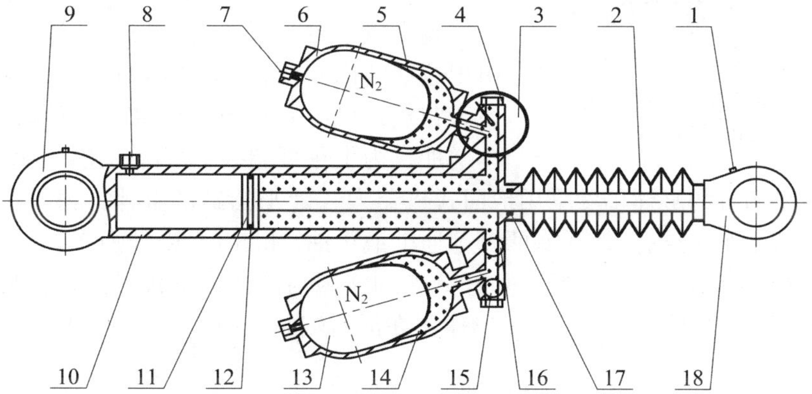

1—轴承注油口　2—防尘皮套　3—油压表　4—出油口　5—隔膜　6—隔膜式蓄能器　7—充气阀　8—单向出气阀　9—A1 轴支承端　10—缸体　11—活塞　12—活塞密封圈　13—氮气　14—液压油　15—安全螺帽　16—进油口　17—活塞杆密封圈　18—A2 轴支承端

图 1-3-2　地面式机器人的气液平衡缸结构示意图

当机器人 A2 轴大臂处于垂直位置，即 A2＝－90°时，活塞杆伸得最短，气液平衡缸的压力最小。当大臂正向或负向运动时，活塞杆就会向外伸长，牵拉大臂。液压油进入蓄能器，挤压隔膜，使隔膜另一侧的氮气压缩，气压升高，蓄能器储存能量。通过液压油的传递，对活塞端面的压力也不断升高。当大臂向－90°位置靠近时，活塞杆向内回缩，液压油流回缸体中，对隔膜的挤压作用减小，使隔膜另一侧的氮气膨胀，释放能量，气压降低，通过液压油的传递，对活塞端面的压力也随之下降。在这一压力变化过程中，气液平衡缸辅助 A2 轴电机，使大臂平稳运行，从而起到减小驱动力矩和驱动功率的作用。

天花板式机器人的气液平衡缸结构示意图如图 1－3－3 所示。

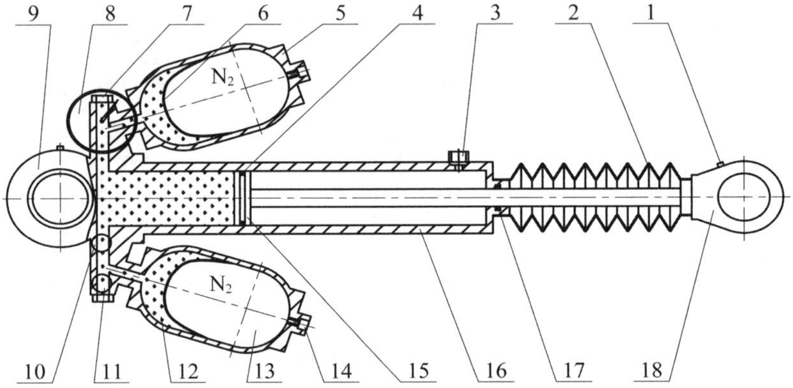

1—轴承注油口　2—防尘皮套　3—单向出气阀　4—活塞密封圈　5—隔膜式蓄能器　6—隔膜
7—出油口　8—油压表　9—A1 轴支承端　10—进油口　11—安全螺帽　12—液压油
13—氮气　14—充气阀　15—活塞　16—缸体　17—活塞杆密封圈　18—A2 轴支承端

图 1－3－3　天花板式机器人气液平衡缸结构示意图

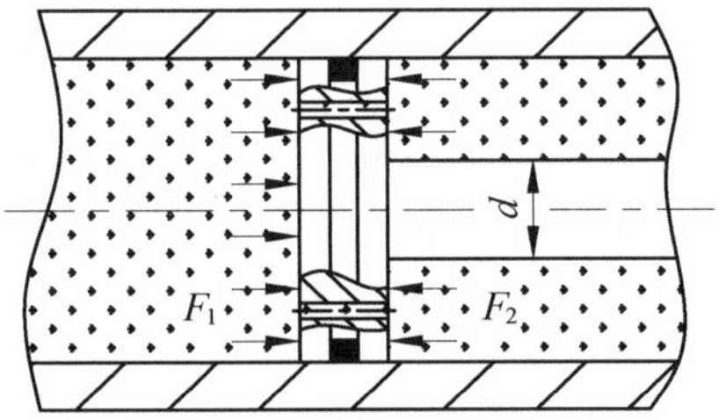

图 1－3－4　天花板式机器人气液平衡缸改进的结构示意图

天花板式机器人的气液平衡缸主要是由缸体 16、隔膜式蓄能器 5、活塞 15 及油压表 8 等部分组成。与地面式机器人的气液平衡缸相比，为了在活塞杆上产生推力，液压油需位于活塞杆对面缸内，因此隔膜式蓄能器的安装位置要靠近 A1 轴支承端处，而单向出气阀则安装在活塞杆一侧靠近 A2 轴支承端处。由于这些结构的变化，使缸体的结构也发生了变化，使天花板式机器人气液平衡缸的设计成本与制造成本增加。为了尽可能减少结构变化，新款的天花板式机器人气液平衡缸的缸体仍然采用地面式机器人气液平衡缸的缸体。为了产生推力，将活塞上钻出若干个小通孔，使活塞两侧都通上液压油，如图 1－3－4 所示。

由于缸内的压强 p 一样，但活塞杆一侧的活塞与液压油的接触面积比另一侧小，即作用在活塞端面上的力 F_2 小于另一侧作用在活塞端面上的力 F_1，活塞杆所受的压力为

$$N = F_1 - F_2 = \frac{\pi p d^2}{4}$$

为了增加活塞杆的压力，可以增加活塞杆的直径 d。此外，为了在活塞杆的另一侧形成密封空间，单向出气阀改成堵头即可。与修改缸体结构相比，修改活塞与活塞杆结构比

较容易，这样大大减少了设计成本与制造成本。由于活塞杆受压，当拆除平衡缸后，活塞杆有向 A2 轴支承端运动的趋势，原来的间隔块将无法阻挡这一运动，需另寻解决方法。可排放液压油，卸除缸内压力后再拆平衡缸。在实际工厂中，还可以自制专用挡块或挡箱，阻止活塞杆运动。

气液平衡缸有以下几个优点：结构紧凑，布局合理，在维护保养的过程中压力容易调整，使用维修方便。平衡性能较好，运动范围内力矩波动小，运动平稳。但压力易受环境温度影响，随着环境温度的降低，气液平衡缸内的压力也会降低。另外，油路中残余的气体对平衡缸的本体与使用性能造成不良影响，加注液压油时应尽量减少油液中的气体。

2）弹簧平衡缸

弹簧平衡缸的结构示意图如图 1－3－5 所示，其结构主要由缸体 6、活塞 2、若干弹簧 4、5 等组成。为避免因弹簧的旋向引起活塞旋转，使 A2 轴支承端与大臂之间卡滞破坏，缸体中应设置多根旋向相反的弹簧，数目一般为 2～3 根。

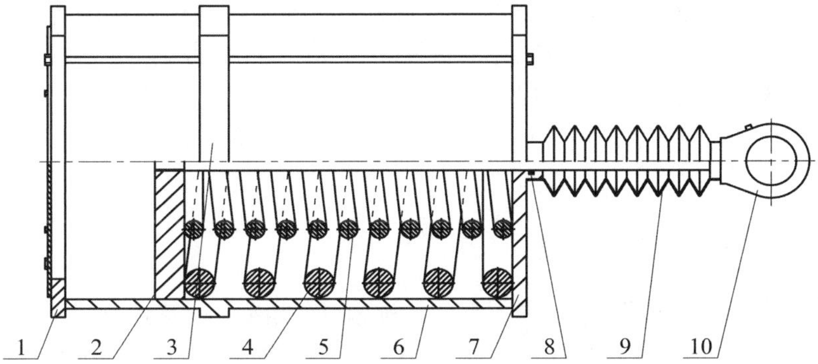

1—后缸盖　2—活塞　3—A1 轴支承端　4—大弹簧　5—小弹簧
6—缸体　7—前缸盖　8—活塞杆密封圈　9—防尘皮套　10—A2 轴支承端

图 1－3－5　弹簧平衡缸结构示意图

当机器人 A2 轴大臂处于垂直位置，即 A2＝－90°时，活塞杆伸得最短，弹簧平衡缸的压力最小。当大臂正向或负向运动时，活塞杆就会向外伸长，牵拉大臂，弹簧被压缩，储存能量，对活塞端面的压力也不断升高。当大臂向－90°位置靠近时，活塞杆向内回缩，弹簧压缩变形量变小，释放能量，对活塞端面的压力也随之下降。在这一压力变化过程中，弹簧平衡缸辅助 A2 轴电机，使大臂平稳运行，从而起到减小驱动力矩和驱动功率的作用。

弹簧平衡缸的优点是结构简单，使用维修方便，压力成线性变化，受环境温度影响小。但弹簧平衡缸的质量较重，报废时必须由具备专业资质的人员释放弹簧缸的压力，否则，如果不释放压力，弹簧在缸内是个安全隐患，当弹簧意外释放压力时，就会容易发生安全事故。

3）纯气平衡缸

纯气平衡缸的结构示意图如图 1－3－6 所示，其结构主要由缸体 6、活塞 5 和压力表 7 等部分组成。

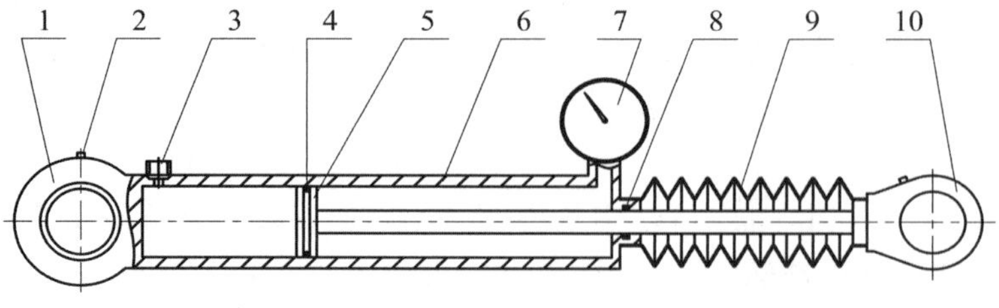

1—A1 轴支承端　2—轴承注油口　3—单向出气阀　4—活塞密封圈　5—活塞
6—缸体　7—压力表　8—活塞杆密封圈　9—防尘皮套　10—A2 轴支承端

图 1-3-6　纯气平衡缸结构示意图

当机器人 A2 轴大臂处于垂直位置，即 A2＝－90°时，活塞杆伸得最短，纯气平衡缸的压力最小。当大臂远离或靠近垂直位置运动时，活塞杆随之前后运动，牵拉大臂。当活塞杆向外伸长时，气体压缩，对活塞端面的压力也不断升高；当活塞杆向内回缩时，气体膨胀，释放能量，对活塞端面的压力也随之下降。在这一压力变化过程中，纯气平衡缸辅助 A2 轴电机，使大臂平稳运行，从而起到减小驱动力矩和驱动功率的作用。

纯气平衡缸的结构简单，维护方便，在库卡早期产品中得到了广泛应用，如 1996～2002 年生产的无名 N.A.系列中的 KR 125、KR 150、KR 200 机器人采用了纯气平衡缸。但纯气平衡缸的气体密封困难，一旦发生漏气现象，漏点不易找出，因此逐步被气液平衡缸替代。

5. 气液平衡缸的保养流程

现以 KUKA QUANTEC 系列机器人为例，介绍气液平衡缸的保养流程。气液平衡缸的保养工作主要有两项：一是润滑平衡缸两支承端的轴承，可用油脂枪向两个轴承注油口中加注润滑脂，其牌号为 SKF LGEP 2。保养周期为运行了 5 000 小时，当不经常使用时为一年。二是检查平衡缸隔膜式蓄能器的充气压力和注油后的油压。由于不同型号的机器人采用的平衡缸规格有所不同，因此气压和油压值也有所不同。其中 KR 120 R2500 pro 机器人的充气压力为 100 bar，注油后的油压为 115 bar。而 KR 180 R2500 extra 机器人的两个压力值稍大，充气压力为 120 bar，注油后的油压应为 141 bar。油压允许误差为－5 bar，液压油牌号为 HySpin ZZ 46，其保养周期为 5 000 小时。

【扫一扫】

气液平衡缸的油气保养

将环境温度为 20 ℃，大臂调整成 A2＝－90°时，检查油压表的指示值。当规定值与当前油压之差超过 5 bar 时，检查平衡缸，分析压力损失的原因，更换损坏的密封件，对平衡缸进行油气保养，其保养流程较为复杂，大概需要放油卸压、检查氮气压力、充氮气和加注液压油等 4 个步骤。

1）放油卸压

当气液平衡缸需要维修和保养时，首先应排放缸内的液压油进行卸压，然后才能检查氮气的压力值。为了防止卸压后，A2 轴电机刹车故障，大臂意外旋转坠落压伤操作者，应该用行车和吊带固定大臂。由于大臂及以上部位重量较大，行车和吊带必须能可靠地承受这一载荷。由于油压较高，放油时应采取合理的措施，防止液压油飞溅。如果不慎将油滴落至地面，应及时处理干净，防止滑倒。

为了能顺利放油卸压，除了移动式行车、吊带和扳手等辅助设备和工具外，还需要

1 根出油管、1 个 1 000 mL 的量杯和若干吸油纸。放油卸压的操作步骤如下：

（1）调整机器人姿态

由于气液平衡缸在工作状态下对机器人的大臂有辅助牵拉作用，在进行放油卸压后，活塞所受压力卸除，该牵拉作用也随之消失。此时，机器人 A2 轴大臂及以上部分仅靠 A2 轴电机刹车制动，为减小 A2 轴电机所受的力矩，应调整机器人姿态，运行大臂至垂直位置，即 A2＝−90°，且在限位区间内使 A3 轴小臂正向贴近大臂，使 A2 轴电机所受力矩达到最小值，减小电机刹车的载荷，如图 1-3-7 所示。

（2）排放液压油

拧开出油口保护盖，将带接头的出油管一端放置于量杯中，另一端拧至出油口，如图 1-3-8 所示。该出油口是个气门芯装置，旋转螺母，将气门芯向下顶松后，即可放油。由于缸内压力较高，出油速度较快，为了防止液压油飞溅，不能将油管的出油口正对量杯底部，应斜对量杯侧壁，如图 1-3-9 所示。

图 1-3-7　平衡缸保养时机器人姿态

图 1-3-8　出油口

图 1-3-9　出油管角度

2) 检查氮气压力

为了能顺利检查氮气压力，除了移动式行车、吊带和扳手等辅助设备和工具外，还需要 1 个带排气阀的压力表，如图 1-3-10 所示，指针式表盘的四周 90°均匀分布了单向进气口、充气口、排气口和充气口把手等 4 个端口。

图 1-3-10　带排气阀的压力表

图 1-3-11　微松进气阀螺栓

检查氮气压力的操作步骤如下：

（1）微松进气阀螺栓

隔膜式蓄能器进气阀的螺栓较紧，直接使用压力表上的把手不易拧开，应先用 M8 的内六角扳手微松该螺栓，逆时针旋转约 1/4 圈，如图 1－3－11 所示。

（2）装表检查压力值

将带排气阀的压力表连接至蓄能器进气阀，关闭排气阀，如图 1－3－12 所示。逆时针转动把手，将进气阀螺栓完全松开，如图 1－3－13 所示。此时蓄能器中氮气进入压力表内，检查氮气压力值，如图 1－3－14 所示。如有必要，可打开排气阀，释放蓄能器中的氮气。

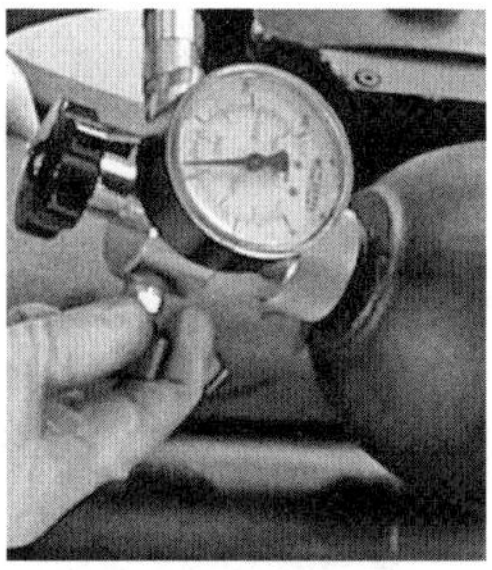

图 1－3－12　关闭排气阀

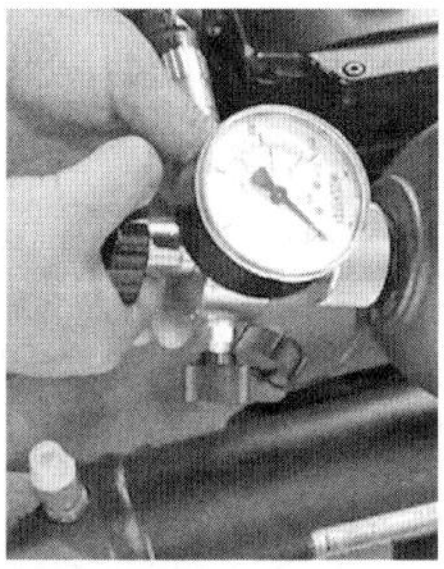

图 1－3－13　打开进气阀

图 1－3－14　检查氮气压力

3）充氮气

为了能顺利充氮力，除了移动式行车、吊带和扳手等辅助设备和工具外，还需要前 2 个步骤中用到的带排气阀的压力表、1 000 mL 的量杯、出油管和吸油纸。此外，还需要 1 瓶 200 bar 的高纯氮气，1 个减压阀和 1 根气管，如图 1－3－15 所示。

图 1－3－15　氮气瓶、减压阀与气管

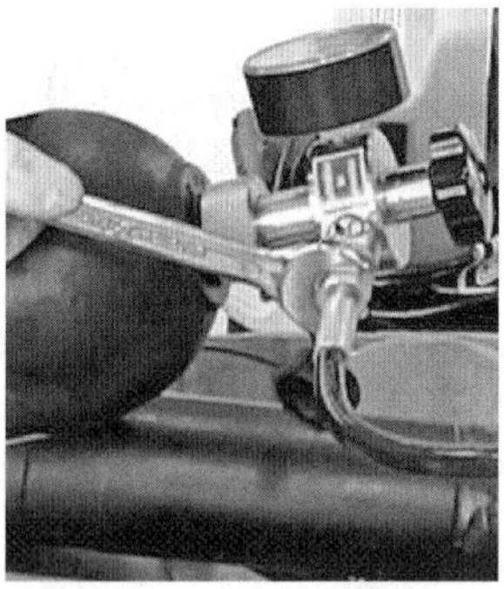

图 1－3－16　锁紧气路

充氮气的操作步骤如下：

（1）接通管路。充气过程中出油管必须拧上后打开气液平衡缸的出油口，使缸体内腔与外界连通，保证充气的过程中隔膜能够充分膨胀。然后，用减压阀、气管将高纯氮气瓶与前述已安装的压力表上的单向进气口相连，并用 17＃、19＃、27＃和 32＃扳手将连接处锁紧，防止漏气，如图 1－3－16 所示。

（2）为了让气管内的空气不进入隔膜式蓄能器，应重新旋紧蓄能器的进气阀螺栓。

（3）打开氮气瓶的阀门，让氮气进入减压阀、气管及 3 个压力表内。读出减压阀进气压力表上的压力值，检查氮气瓶中气体压力，确保该压力要大于蓄能器中的充气压力。

（4）调节减压阀旋钮，读出安装在蓄能器上压力表的指示值，使该压力值大于目标充气压力 10 bar 左右。

（5）打开蓄能器压力表上的排气阀，排出气路中的空气，防止空气进入蓄能器，使隔膜氧化后破损。排尽空气后即可关闭排气阀。

（6）逆时针旋转蓄能器压力表进气口把手，松开进气阀螺栓，将氮气充分进入蓄能器中，等压力表指示值稳定后读出压力值，确保该压力大于目标充气压力 10 bar 左右。

（7）顺时针旋转蓄能器压力表进气口把手，拧紧进气阀螺栓。关上氮气瓶的阀门，打开蓄能器上压力表的排气阀，排出管路气体。

（8）关闭蓄能器压力表的排气阀，重新松开进气阀螺栓，使蓄能器中的氮气进入压力表，读出压力表上的指示值。如果该指示值大于目标充气压力，则重新打开排气阀，使压力降为目标充气压力后立即关闭排气阀。如果压力表上的指示值小于目标充气压力，则需要重新向蓄能器中充气。

（9）顺时针旋转蓄能器压力表进气口把手，拧紧进气阀螺栓。打开蓄能器上压力表的排气阀，使表内的压力降到 60 bar，如图 1－3－17 所示。10 分钟后，观察压力表的指示值有无变化，若压力值变大，说明蓄能器进气阀螺栓无法密封，进气阀漏气。

图 1－3－17　调节表中压力至 60 bar

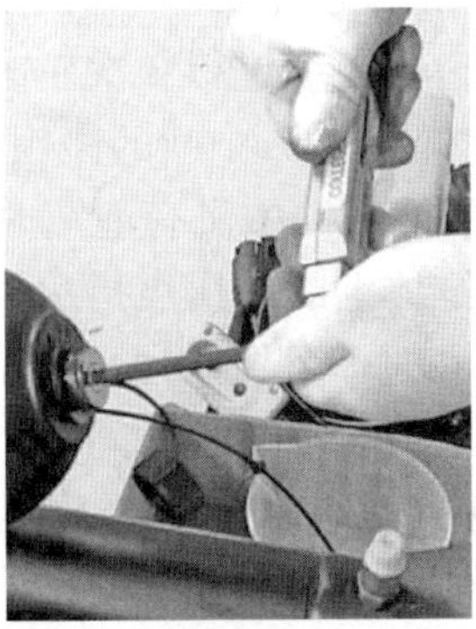

图 1－3－18　拧紧进气阀螺栓

（10）拆除气路后查阅库卡机器人保养手册，得出蓄能器进气口螺栓拧紧扭矩为 20 N·m。使用力矩扳手，以该扭矩值拧紧螺栓，如图 1－3－18 所示。最后旋上蓄能器进气阀保护盖，完成充气工作，准备为平衡缸加注液压油。

4）加注液压油

为了能顺利加注液压油，除了移动式行车、吊带和扳手等辅助设备和工具外，还需要前 3 个步骤中用到的 1 000 mL 的量杯、出油管和吸油纸。此外，还需要 1 台油泵和 1 根进油管，如图 1－3－19 所示。

加注液压油的操作步骤如下：

（1）在平衡缸进油口下方铺上吸油纸，防止液压油滴落至机体及地面上，如图1－3－20所示。

（2）确认缸体上方已经连接了出油管，且出油口处于打开状态。

（3）将进油管的一端连接至精度为3μm的油泵滤芯上，另一端放置于量杯中。油泵通电，向上扳起油泵的卸压阀，开启油泵电源开关，将进油管中的空气排尽。

（4）关闭油泵后快速连接进油管至缸体下方的进油口上，并用扳手拧紧，如图1－3－21所示。

图1－3－19　油泵、进油管及量杯

图1－3－20　铺吸油纸

图1－3－21　连接进油管

（5）开启油泵，边加油边排油，以排出缸内的空气。观察出油管流出的液压油，若在量杯中出现泡沫，则说明缸体中气体未排尽，泡沫越多，说明空气越多，如图1－3－22所示。边加边排的过程断续进行3次左右，中间停顿时需要关闭出油口，防止外部空气经由出油管回流至缸体。另外，中间的停顿可以使缸内液压油中的气体上升，以便下次排出。

（6）当排出的液压油中没有泡沫时，在油泵保持开启的状态下，拧开出油管，关闭平衡缸的出油口。缸体上的油压表指示值随之不断上升，如图1－3－23所示。当比目标油压高出20 bar左右时即可关闭油泵。稍等2～3分钟，油压表指示值会下降5 bar左右，这部分下降的压力是由于油泵长时间工作导致油温上升，液压油膨胀引起的。

（7）扳下油泵卸压阀，卸除油泵及进油管中的压力。拧下进油管，旋上进油口保护盖。

（8）静置1～2小时，使缸内的气体上升，拧上出油管，排油排气使压力降至目标油压，如图1－3－24所示。如果排出的液压油能继续使用，则将其倒回油泵的油箱中。

（9）及时清理机器人及地面油污，整理工具，完成气液平衡缸的油气保养工作。

图1－3－22　加油排气

图1－3－23　油压表

图1－3－24　调节油压

任务清单 1－3－1　油气保养气液平衡缸

班级＿＿＿＿＿＿姓名＿＿＿＿＿＿学号＿＿＿＿＿＿组别＿＿＿＿＿＿组长＿＿＿＿＿＿
组员＿＿＿＿＿＿＿＿＿＿＿＿＿＿＿＿＿＿＿＿＿＿＿＿＿＿＿＿＿＿＿＿＿＿＿＿

任务描述	1. 通过查阅资料，会根据工作情况，合理选择机器人型号。 2. 通过查阅资料，描述工业机器人平衡装置的用途、分类及工作原理。 3. 通过查阅资料，描述气液平衡缸的保养内容与方法。 4. 描述 KUKA 机器人气液平衡缸油气保养的流程和注意事项。
对接“1＋X”	本任务对接《工业机器人操作与运维职业技能等级标准》(2021 年 2.0 版)的内容有：

等级	工作领域	工作任务	职业技能要求
初级	1. 工业机器人操作安全保护	1.3　通用安全操作要求	1.3.1　能根据工业机器人潜在危险采取避免措施。
			1.3.2　能识别工业机器人本体安全姿态。
			1.3.3　能识别工业机器人开关机的安全状态。
			1.3.4　能识别工业机器人示教操作的安全状态。
	3. 工业机器人参数设置与操作	3.1　运用示教器完成工业机器人的基本操作	3.1.1　能使用示教器电缆连接工业机器人示教器与控制器，按正确步骤操作工业机器人。
			3.1.2　能正确使用功能键按钮与使能按钮。
			3.1.3　能手动操作工业机器人单轴运动、线性运动。
			3.1.4　能设定工业机器人运动速度，并能切换手动操作运动模式。
	4. 工业机器人系统维护	4.1　工业机器人系统常规检查维护	4.1.2　能做好控制单元电缆和通风单元、机械本体中的电缆、工业机器人的每个部件和螺钉等的检查，并对相应问题进行处理。
中级	4. 工业机器人系统故障诊断及处理	4.1　工业机器人本体故障诊断及处理	4.1.2　能找到工业机器人电机过热产生原因并处理。
高级	3. 工业机器人系统故障诊断	3.1　工业机器人系统异常处理	3.1.2　能分析机器人本体常规及异常故障现象(如抖动、异响等)并排除。
高级	3. 工业机器人系统故障诊断	3.2　常用电机故障诊断	3.2.1　能分析电机通电不运行的原因并排除故障。
			3.2.2　能分析电机启动困难，电机转速远低于额定转速的原因并排除故障。
			3.2.3　能分析电机空载、电流不平衡的原因并排故障。

<table>
<tr><td></td><td>
<table>
<tr><th>等级</th><th>工作领域</th><th>工作任务</th><th>职业技能要求</th></tr>
<tr><td></td><td></td><td></td><td>3.2.4　能分析电机运行时响声不正常的原因并排除故障。</td></tr>
<tr><td></td><td></td><td></td><td>3.2.5　能分析电机运行时振动较大的原因并排除故障。</td></tr>
<tr><td></td><td></td><td></td><td>3.2.6　能分析电机运行中过热的原因并排除故障。</td></tr>
</table>
</td></tr>
<tr><td>任务目标</td><td>1. 知识目标
了解 KUKA 机器人的产品系列，了解平衡装置的用途、分类及工作原理。
2. 能力目标
能够根据工作情况，合理选择机器人型号，能描述气液平衡缸的保养内容与方法，能够描述 KUKA 机器人气液平衡缸油气保养的流程和注意事项。
3. 素质目标
运用已获得知识、技能和经验独立分析和解决问题。
4. 思政育人目标
具有科学精神，引导学生牢固树立安全生产意识，规范操作，严谨细致，一丝不苟，通过了解平衡缸的工作原理，引导学生积极调整心态，保持一定的学习和工作压力，朝着既定的目标努力奋斗。</td></tr>
<tr><td>任务要求</td><td>根据工作情况，选择合适的 KUKA 机器人产品型号，描述 KUKA 机器人气液平衡缸的工作原理和保养流程。</td></tr>
<tr><td>任务思考</td><td>1. KUKA 机器人有哪些产品系列，库卡维护培训站机器人属于哪个系列？
2. 平衡缸的作用是什么，有哪些类型，哪些 KUKA 机器人配有平衡缸？</td></tr>
<tr><td>任务实施</td><td>1. 根据以下条件，分别选择 KUKA 机器人的型号：(1) 搬运 200 kg 的重物；(2) 点焊的焊钳重 100 kg；(3) 清洗场合；(4) 分拣，物料重 1 kg；(5) 机械加工，电主轴和刀具重 110 kg。
2. 描述 QUANTEC 机器人气液平衡缸的油压值，描述检查平衡缸油压时的机器人姿态。</td></tr>
<tr><td>任务总结</td><td>1. 知识与技能方面的收获与体会。
2. 职业素养方面的收获与体会。
3. 其他方面的收获与体会。</td></tr>
<tr><td>任务评价</td><td>
<table>
<tr><th>序号</th><th>考核指标</th><th>所占分值</th><th>备注</th><th>得分</th></tr>
<tr><td>1</td><td>任务完成情况</td><td>30</td><td>是否在规定时间内完成任务</td><td></td></tr>
<tr><td>2</td><td>任务实施质量</td><td>30</td><td>参与态度及任务成果的质量</td><td></td></tr>
<tr><td>3</td><td>任务总结质量</td><td>40</td><td>知识、技能、职业素养及其他方面的收获与体会</td><td></td></tr>
</table>
指导教师：　　　　日期：　　年　月　日</td></tr>
<tr><td>任务拓展</td><td>查阅和搜集资料，分析气液平衡缸压力为 0 时的原因。</td></tr>
</table>

子任务2　检修气液平衡缸油气泄漏故障

知识链接

1. 气液平衡缸的常见问题

【扫一扫】

气液平衡缸的常见问题

气液平衡缸的常见问题为漏油漏气造成的压力损失，压力下降的主要原因如下：

（1）活塞杆密封圈破损。因保护皮套破损，导致活塞杆与缸体接触部位有灰尘，使活塞杆密封圈破损，或因长期运行，活塞杆密封圈老化，形成漏油。当检查时可以打开保护皮套进行观察。

（2）活塞密封圈破损。活塞与缸体接触部位因长期运行，活塞密封圈老化，或因单向出气阀损坏，吸入灰尘，使活塞密封圈破损，或因缸内液压油中含有较多气体，在运行过程中造成异常升温，使活塞密封圈破损。当活塞密封圈破损后，液压油就会向活塞另一侧渗漏。对于2014年之前的老款机器人，可打开单向出气阀对面的螺母，观察是否漏油，而新款机器人没有该螺母，可通过拧开单向出气阀进行观察。

（3）缸体上的进油口、出油口、油压表、安全螺帽以及工艺堵头漏油。

（4）隔膜式蓄能器进气阀螺栓处的气封破损后漏气。如果隔膜式蓄能器的隔膜破损，油压表的指示值并不会降低，但气体进入缸体后，在运行过程中造成异常升温，会使活塞密封圈和活塞杆密封圈老化破损，从而造成漏油现象，使缸内压力减小。检查时，可松开隔膜式蓄能器进气阀螺栓后，观察漏油痕迹。如果气液平衡缸已经损坏，无法正常使用，则需要更换气液平衡缸。

2. 拆卸气液平衡缸

气液平衡缸为高压设备，拆卸时应特别小心谨慎。拆卸前应了解其内部结构，知道拆卸的注意事项，防止因操作不当而发生意外。

地面式机器人的气液平衡缸活塞杆受拉，平衡缸安装在A2轴大臂与A1轴旋转台之间，平衡缸牵拉着大臂，为了使大臂不受平衡缸的拉力作用，需要加装间隔块（spacer），使平衡缸的活塞杆不向内回缩，以顺利拆卸平衡缸。为了将间隔块顺利放置进平衡缸活塞杆上，需要转动大臂，拉长活塞杆，放置后还要让大臂反向转动，使平衡缸夹紧间隔块。因此，拆卸平衡缸的工作包括调整大臂姿态、放置间隔块及拆除平衡缸两端支承等工作。除了需要移动式行车、吊带和扳手等辅助设备和工具外，还需要间隔块，其订货号为00-194-012，如图1-3-25所示。为了能顺利拔出平衡缸大臂端支承销，还需要M16拔销器，其订货号为00-131-687，如图1-3-26所示。为了在拔销过程中，让平衡缸支承端面不发生轴向窜动，还需要叉形固定片，其订货号为00-190-253，如图1-3-27所示。

图 1-3-25　间隔块

图 1-3-26　M16 拔销器

图 1-3-27　叉形固定片

拆卸平衡缸的操作步骤如下：

（1）为了能有足够的空间放置间隔块，需要移动机器人的大臂，使平衡缸活塞杆伸长，如图 1-3-28（a）所示。

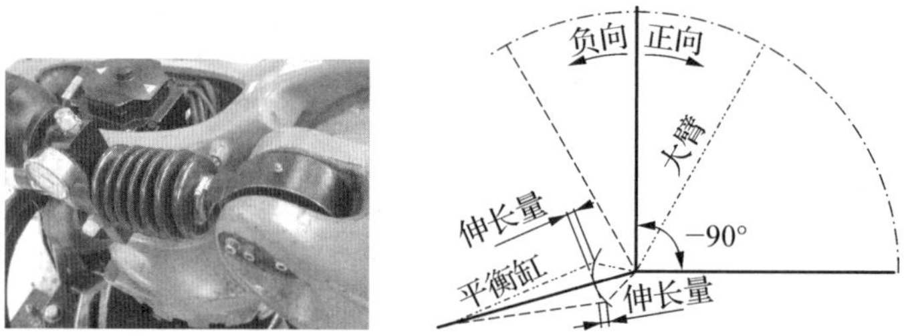

(a) 实物图　　(b) 示意图

图 1-3-28　伸长活塞杆

由于当大臂为 −90°时，活塞杆受到的拉力最小，活塞杆伸得最短，其示意图如图 1-3-28（b）中粗实线所示。当正向移动大臂，使 A2 轴大臂大于 −90°，平衡缸向上抬起，活塞杆随之伸长，如图中双点划线所示；当负向移动大臂，使 A2 轴大臂小于 −90°，平衡缸向下压，同样也会使活塞杆伸长，如图中虚线所示。因此，必须牢记此时的移动方向，等安装平衡缸，取下间隔块时，也要按该方向伸长活塞杆。

（2）松开保护皮套固定螺钉，缩紧保护皮套，露出活塞杆，如图 1-3-29 所示。然后将间隔块嵌入到活塞杆上，反向慢速移动大臂，缩短活塞杆，期间轻微摇动间隔块，直到压紧间隔块。为了确保间隔块被压紧，可用一字起推动间隔块凹槽，观察其可否转动，如图 1-3-30 所示。如果间隔块还能转动，应再次慢速移动大臂，直到压紧为止。

图 1-3-29　放置间隔块

图 1-3-30　确认间隔块是否压紧

值得注意的是，当压紧间隔块后，不能再继续反向移动大臂，否则，因平衡缸活塞杆无法缩短，在平衡缸的作用下，大臂与旋转台之间发生运动干涉，从而损坏平衡缸、大臂和旋转台。因此，当间隔块安装完成后，应及时按下急停按钮，锁住机器人，然后再次关闭机器人电源，并且锁住控制柜电源开关，在控制柜上贴上警示标牌，如图 1-3-31 所示。

图 1－3－31　上锁和贴警示标牌　　图 1－3－32　平衡缸固定位置

(3) 由于平衡缸的重量约 40 kg，在拆卸平衡缸支承前，需要戴上劳保手套，防止在拆卸的过程中挤伤手指。此外，在拆除支承前，为了防止平衡缸坠落和意外运动，需要用吊带和行车固定平衡缸。注意吊带不能系扣在油压表上，以免损坏油压表的连接铜管，如图 1－3－32 所示。

(4) 在平衡缸的大臂支承端处，拧出 4 个内六角螺栓和 4 个防松碟形垫圈，然后取下椭圆形的止动垫圈。使用叉形固定片和拔销器，将支承销从大臂中拔出，如图 1－3－33 所示。

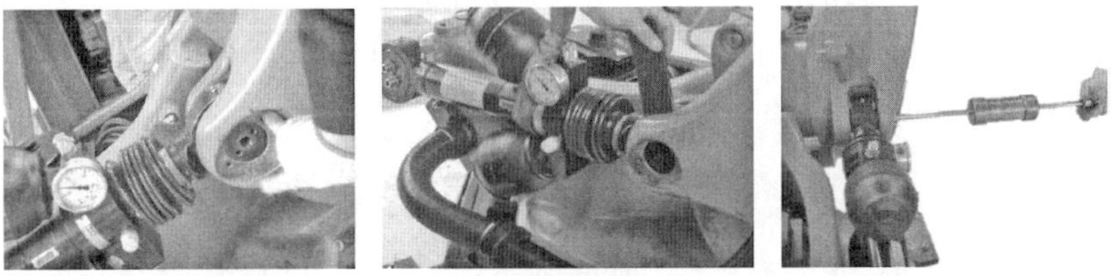

(a) 取下止动垫圈　　(b) 使用叉形固定片　　(c) 使用拔销器

图 1－3－33　拆卸平衡缸的大臂侧支承销

(5) 慢速下降行车的吊钩，将平衡缸小心地与大臂分离。由于轴承的内外挡圈与轴承端面间涂有黄油，当拔出支承销后，轴承内外挡圈可能会坠落，因此，在坠落前应尽早取下轴承内外挡圈，如图 1－3－34 所示。

(a) 平衡缸与大臂分离　　(b) 取下轴承内外挡圈

图 1－3－34　拆卸平衡缸的大臂侧轴承挡圈

(6) 在平衡缸的旋转台支承端处，旋出两个内六角螺栓和 2 个防松垫圈，取下盖板。为了能顺利地从旋转台的支承销上拆下平衡缸，在拆卸的过程中要时刻观察接触面，不能歪斜，应水平拔出平衡缸，放置到木托板上，如图 1－3－35 所示。

(a) 取下盖板　　(b) 放置平衡缸

图 1 - 3 - 35　拆卸平衡缸的旋转台侧支承端

3. 安装平衡缸

由于平衡缸内的压力较高，所以在安装过程中应特别小心，防止意外事故的发生。

平衡缸的外形如图 1 - 3 - 36 (a)所示，其中一端连接 A1 轴旋转台，另一端连接 A2 轴大臂，因此，安装平衡缸的主要工作就是安装两端的支承。

两端的支承销安装在轴承内圈孔中，而轴承的外圈安装在平衡缸两端的支承孔中。其中 A1 轴支承端如图 1 - 3 - 36 (b)所示，该轴承允许有一定角度的轴向偏转，轴承内圈与支承销之间为小间隙配合，可通过手动套装到 A1 轴支承销上，该支承销的结构如图 1 - 3 - 36 (c)所示。A2 轴支承销既要与轴承内圈配合，又要与大臂 2 个安装孔配合，如图 1 - 3 - 36 (d)所示。需要将 3 个孔的轴线调整至重合位置后，借助拔销器进行安装，拔销器的订货号为 00-131-687。

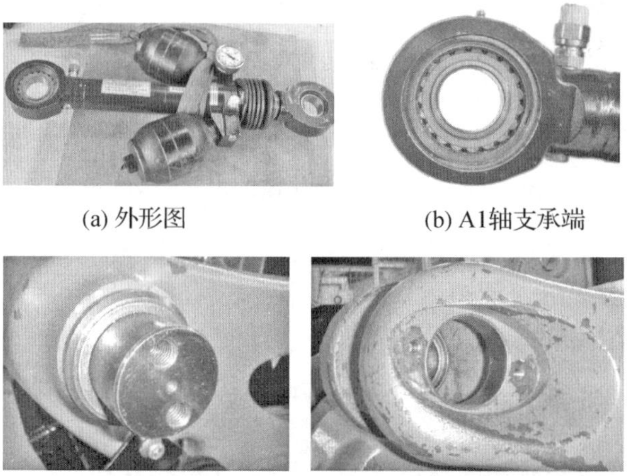

(a) 外形图　　(b) A1轴支承端

(c) A1轴支承销　　(d) A2轴支承销安装孔

图 1 - 3 - 36　平衡缸支承端

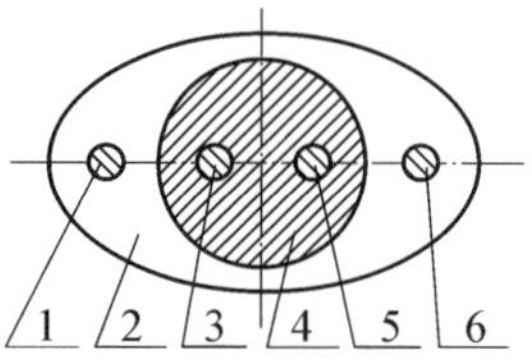

1、6—大臂固定螺栓　2—止动盖板
3、5—支承销固定螺栓　4—支承销

图 1 - 3 - 37　止动结构

当 A2 轴转动时，带动平衡缸活塞杆来回伸缩，同时平衡缸的 A2 轴支承端滚动轴承的内外圈发生相对转动，其摩擦为滚动摩擦。但不允许支承销与大臂之间发生相对转动，即不允许有滑动摩擦，否则将产生大量热量，使支承销与大臂销孔容易磨损，影响平衡缸的正常工作。为了使 A2 轴支承销与大臂安装孔之间不发生相对转动，该支承端安装了止动盖板，用 4 个螺栓将 2 个构件固定，如图 1 - 3 - 37 所示。

其中止动盖板安装至大臂椭圆形凹槽中，中间2个螺栓连接支承销，外侧2个螺栓连接大臂。止动盖板上的4个螺栓孔中心位置成一直线。当安装支承销时，由于周向位置可以转动，导致止动盖板的中间2个螺栓安装困难。为了保证支承销安装后，其螺栓孔位于止动盖板外侧两螺栓孔的连线上，需要专用的A2轴支承销装入工装，其订货号为00-190-157。

因此，为了能顺利安装平衡缸，除了移动式行车、吊带和扳手等辅助设备和工具外，还需要M16拔销器、A2轴支承销装入工装。此外为了减小滚动摩擦，还需要滚动轴承润滑脂LGEP 2，其订货号为00-119-990，最后必须取出放置在活塞杆上的间隔块。

安装平衡缸用的螺栓如表1-3-1所示。在安装时，先要预紧螺栓，然后根据螺栓公称直径和强度等级，查出所需的拧紧扭矩，使用力矩扳手将螺栓拧紧。

表1-3-1 安装平衡缸用的螺栓

名称	数量/个	规格
A1轴支承销盖板内六角螺栓	2	M12×30/10.9
A2轴支承销盖板内六角螺栓	4	M8×20/10.9

安装平衡缸的操作步骤如下：

(1) 接通机器人控制系统电源，为了使平衡缸受力较小，需要调整机器人的姿态。可将大臂调整为−90°，即垂直于地面，小臂正向紧贴大臂，如图1-3-38所示。

(a) 调整前

(b) 调整后

图1-3-38 调整机器人姿态

(2) 用合适的吊装设备将平衡缸移至安装位置后，用手将平衡缸的A1轴支承端轴承孔套装至A1轴支承销上，如图1-3-39所示。由于该支承销可沿轴向移动，若在套装过程中被推至后方，则需将支承销推回原位，重新安装。

(3) 将A1轴支承销盖板安装至支承销端面，如图1-3-40(a)所示。将蝶形垫圈套至A1轴支承销盖板内六角螺栓M12×30/10.9上，旋入该2个螺栓至盖板，该然后用力矩扳手以104 N·m的扭矩拧紧螺栓，如图1-3-40(b)所示。

图1-3-39 套装A1轴支承销

(a) 安装盖板　　(b) 安装螺栓

图 1－3－40　安装 A1 轴支承销盖板及螺栓

(4) 将 A2 轴支承端轴承内外挡圈的锥面一侧涂上滚动轴承润滑脂 LGEP 2，安装至平衡缸 A2 轴支承端销孔轴承两端，如图 1－3－41 所示。

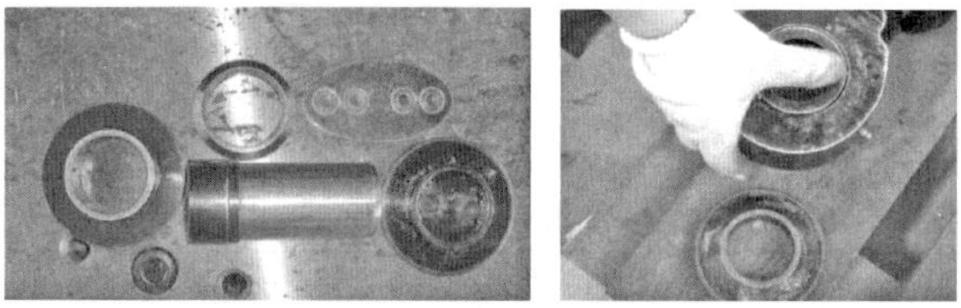

(a) 安装前　　(b) 安装后

图 1－3－41　安装轴承内外挡圈

(5) 移动大臂的同时降下平衡缸，将平衡缸 A2 轴支承孔与大臂上支承销安装孔对齐。

(a) 安装支承销装入工装　　(b) 安装导向杆

(c) 推入支承销　　(d) 安装止动盖板与螺栓

图 1－3－42　安装 A2 轴支承端

(6) 将 A2 轴支承销装入工装安装至 A2 轴支承销大端面上，如图 1－3－42 (a)所示。再将工装中的两根 M8 导向杆旋入大臂螺纹孔中，如图 1－3－42 (b)所示。用 M16 拔销器将 A2 轴支承销平稳推入，如图 1－3－42 (c)所示。取下工装，放上止动盖板，将蝶形垫圈套至 A2 轴支承销盖板内六角螺栓 M8×20/10.9 上，旋入该 4 个螺栓至止动盖板，然后用力矩扳手以 31 N·m 的扭矩拧紧螺栓，如图 1－3－42 (d)所示。

(7) 移动大臂，伸长平衡缸的活塞杆，使间隔块端面脱离活塞杆轴肩，取出间隔块，拧紧保护皮套螺钉。值得注意的是，当安装好两端支承后，大臂不能向缩短活塞杆的方向运动，否则，因平衡缸活塞杆无法缩短，在平衡缸的作用下，大臂与旋转台之间发生运动干涉，从而损坏平衡缸、大臂和旋转台。

任务清单 1－3－2　检修气液平衡缸油气泄漏故障

班级＿＿＿＿＿＿姓名＿＿＿＿＿＿学号＿＿＿＿＿＿组别＿＿＿＿＿＿组长＿＿＿＿＿＿
组员＿＿＿＿＿＿＿＿＿＿＿＿＿＿＿＿＿＿＿＿＿＿＿＿＿＿＿＿＿＿＿＿＿＿＿＿

<table>
<tr><td>任务描述</td><td>1. 通过查阅资料，描述气液平衡缸的常见故障。
2. 通过查阅资料，描述更换工业机器人气液平衡缸的应用场合。
3. 通过检修气液平衡缸油气泄漏故障，描述更换 KUKA 机器人气液平衡缸的流程和注意事项。</td></tr>
<tr><td>对接“1＋X”</td><td>本任务对接《工业机器人操作与运维职业技能等级标准》(2021 年 2.0 版)的内容有：
<table>
<tr><th>等级</th><th>工作领域</th><th>工作任务</th><th>职业技能要求</th></tr>
<tr><td rowspan="5">初级</td><td rowspan="4">3. 工业机器人参数设置与操作</td><td rowspan="4">3.1　运用示教器完成工业机器人的基本操作</td><td>3.1.1　能使用示教器电缆连接工业机器人示教器与控制器，按正确步骤操作工业机器人。</td></tr>
<tr><td>3.1.2　能正确使用功能键按钮与使能按钮。</td></tr>
<tr><td>3.1.3　能手动操作工业机器人单轴运动、线性运动。</td></tr>
<tr><td>3.1.4　能设定工业机器人运动速度，并能切换手动操作运动模式。</td></tr>
<tr><td>4. 工业机器人系统维护</td><td>4.1　工业机器人系统常规检查维护</td><td>4.1.2　能做好控制单元电缆和通风单元、机械本体中的电缆、工业机器人的每个部件和螺钉等的检查，并对相应问题进行处理。</td></tr>
<tr><td>中级</td><td>4. 工业机器人系统故障诊断及处理</td><td>4.1　工业机器人本体故障诊断及处理</td><td>4.1.2　能找到工业机器人电机过热产生原因并处理。</td></tr>
<tr><td rowspan="8">高级</td><td rowspan="8">3. 工业机器人系统故障诊断</td><td rowspan="2">3.1　工业机器人系统异常处理</td><td>3.1.1　能按要求熟练更换校准设备相关配件。</td></tr>
<tr><td>3.1.2　能分析机器人本体常规及异常故障现象(如抖动、异响等)并排除。</td></tr>
<tr><td rowspan="6">3.2　常用电机故障诊断</td><td>3.2.1　能够分析电机通电不运行的原因并排除故障。</td></tr>
<tr><td>3.2.2　能够分析电机启动困难，电机转速远低于额定转速的原因并排除故障。</td></tr>
<tr><td>3.2.3　能够分析电机空载、电流不平衡的原因并排除故障。</td></tr>
<tr><td>3.2.4　能够分析电机运行时响声不正常的原因并排除故障。</td></tr>
<tr><td>3.2.5　能够分析电机运行时振动较大的原因并排除故障。</td></tr>
<tr><td>3.2.6　能够分析电机运行中过热的原因并排除故障。</td></tr>
</table></td></tr>
</table>

<table>
<tr><td>任务目标</td><td>1. 知识目标
了解工业机器人气液平衡缸的常见问题，掌握拆装气液平衡缸时的注意事项。
2. 能力目标
能够正确使用工具，拆装工业机器人的气液平衡缸。
3. 素质目标
运用已获得知识、技能和经验独立分析和解决问题。
4. 思政育人目标
具有科学精神，能够描述更换 KUKA 机器人气液平衡缸的保养流程和注意事项，培养学生爱岗敬业、严谨细致和精益求精的工作作风，通过分析气液平衡缸的常见故障，引出日常点检的重要性，加强劳动教育，培养爱岗敬业的精神。</td></tr>
<tr><td>任务要求</td><td>通过查阅资料、小组讨论，分析气液平衡缸的常见故障，通过检修 KUKA 机器人气液平衡缸，描述更换 KUKA 机器人气液平衡缸的流程和注意事项。</td></tr>
<tr><td>任务思考</td><td>1. 气液平衡缸的常见故障有哪些？

2. 什么时候需要更换 KUKA 机器人的气液平衡缸？</td></tr>
<tr><td>任务实施</td><td>1. 描述更换 KUKA 机器人气液平衡缸的流程。

2. 描述更换 KUKA 机器人气液平衡缸的注意事项。</td></tr>
<tr><td>任务总结</td><td>1. 知识与技能方面的收获与体会。

2. 职业素养方面的收获与体会。

3. 其他方面的收获与体会。</td></tr>
<tr><td>任务评价</td><td>
<table>
<tr><th>序号</th><th>考核指标</th><th>所占分值</th><th>备注</th><th>得分</th></tr>
<tr><td>1</td><td>任务完成</td><td>30</td><td>是否在规定时间内完成任务</td><td></td></tr>
<tr><td>2</td><td>任务实施质量</td><td>30</td><td>参与态度及任务成果的质量</td><td></td></tr>
<tr><td>3</td><td>任务总结质量</td><td>40</td><td>知识、技能、职业素养及其他方面的收获与体会</td><td></td></tr>
</table>
指导教师：　　　　日期：　　　年　月　日</td></tr>
<tr><td>任务拓展</td><td>查阅和搜集资料，制订更换 KUKA 机器人弹簧缸的拆装方案。</td></tr>
</table>

项目 2　调试工业机器人

1. 知识目标

（1）能描述工业机器人带负载校正的零点标定流程，会使用 EMD 对 KUKA 机器人进行零点标定。

（2）能描述获取工业机器人负载参数的方法，会使用软件测定机器人负载。

2. 能力目标

（1）能根据工作任务的需要，搜集、整理和学习相关信息资源。

（2）培养学生自学、工具应用、资料检索和技术文件写作的能力。

（3）培养学生发现问题、分析问题和解决问题的能力，具有正确的价值观与评定事物的能力。

（4）培养学生良好的交往与沟通表达能力及展示自己专业水平的能力，其中优秀者还应具有组织和协调能力。

3. 素质目标

（1）具备良好的职业道德及社会责任意识，遵纪守法，坚持不懈，诚实守信。

（2）身心健康，自信，自律，意志坚定。

（3）善于运用已获得知识、技能和经验独立分析和解决问题。

（4）善于观察、沟通及团队协作，对工作结果能客观评价与反思，勇于创新。

3. 思政育人目标

（1）热爱祖国，拥护党的领导，培育和践行社会主义核心价值观。

（2）提升国际视野，具备科技报国、制造强国的家国情怀和使命担当。

（3）遵纪守法，具备良好的职业道德、社会责任意识。

（4）践行严谨细致、一丝不苟、精益求精的工匠精神。

（5）增强环保意识，践行绿色发展理念。

（6）提高安全意识，养成文明生产的习惯。

任务 1　不忘初心——标定机器人零点

【扫一扫】
课前测试

案例引入

某汽车生产公司的生产线上利用 KUKA 机器人为汽车车身镀锌板进行弧焊作业，生产线 24 小时运作，在一次检修过程中，更换了齿轮箱以后，焊接轨迹偏离原来位置，导致汽车车身镀锌板弧焊焊缝位置超差，编程人员重新示教弧焊轨迹，然而无法达到原先焊接精度，造成汽车镀锌板焊接超差，给企业带来了经济损失。

子任务 1　用标准法标定工业机器人零点

知识链接

1. 零点标定的意义

【扫一扫】
零点标定的意义

工业机器人轨迹编程的实质就是确定工具中心点 TCP 在基坐标系 BASE 下的路径，为了实现这一任务，需要测定工具和基坐标。工具测定后就确定了工具坐标系 TOOL 相对于法兰坐标系 FLANGE 的位置与姿态，而基坐标测定后就确定了基坐标系 BASE 在世界坐标系 WORLD 中的位置与姿态，而世界坐标系 WORLD 与根坐标系 ROBROOT 之间的关系在出厂时已经确定，因此，为了编程需要，就必须确定法兰坐标系 FLANGE 在根坐标系 ROBROOT 中的位置与姿态，如图 2-1-1 所示，通过标定机器人的零点即可完成该任务。

零点标定的意义在于机器人能根据各轴角度值，计算出法兰中心点的位置，确定法兰坐标系 FLANGE 相对根坐标系 ROBROOT 的位置和姿态，如图 2-1-1 所示，如法兰坐标系在根坐标系下的坐标值为{$X2500$, $Y0$, $Z500$, $A0$, $B90$, $C0$}。

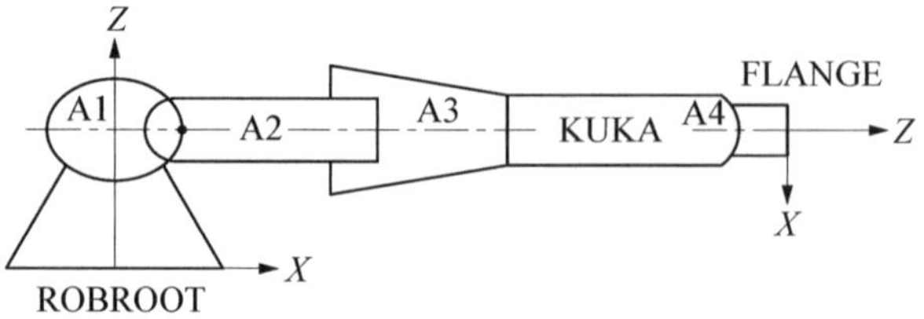

图 2-1-1　法兰坐标系相对根坐标系的位置

当采用连续路径运动编程时，如果零点标定错误，则实际机器人的运动轨迹与预定轨迹有所偏差。如直线插补时，实际轨迹可能不是一条直线，如图 2－1－2 所示，示教点 1 和点 3 后，预定轨迹是 1—3 直线，但由于零点标定有误，系统按 1′—3′直线插补，再根据不同的姿态，计算出直线 1′—3′中的点 2′对应于空间中的点 2，则实际机器人走出 1—2—3 曲线。但零点标定有误时对点位运动编程的影响不大，这是由于 PTP 运动只关心起点与目标点的位姿，不关心这两点之间的运动轨迹。另外，如果在更换机器人零部件前，必须先检查零点、负载等参数，确认后方可进行机械维护。

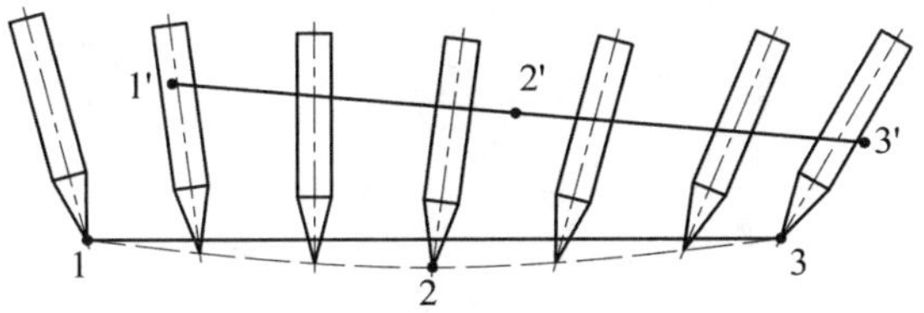

图 2－1－2　零点标定有误时的直线插补

2. 零点标定的原理

库卡工业机器人 A1～A6 轴的 0°状态如图 2－1－1 所示，其中 A2、A3 轴水平伸直，A4 轴 KUKA 铭牌正对操作者。实际应用时，由于机器人前方有夹具等外围设备，所以在该状态下不便于零点标定。

机器人零点标定位置的各轴角度存放在变量 $MAMES 中，即数学机械偏移量(mathematics mechanical shift)。可以打开 WIN\\R1\\Mada\\ $machine 文件查看，位置在减速比的上方，变量 $MAMES[1]～[12]存放各轴零点标定的角度，其中 $MAMES[1]～[6]为机器人 A1～A6 轴，$MAMES[7]～[12]为外部轴，如线性滑轨、变位机等。

由于 QUANTEC 机器人属于高负载机器人，其手臂较长，为了便于操作者标定零点，机器人的手臂不能抬得过高。另外，为了缩小机器人的放置空间，机器人姿态设计成“Z”字形，其零点标定位置为 A1＝－20°，A2＝－120°，A3＝＋110°，A4＝A5＝A6＝0°，如图 2－1－3所示。另外，在起吊、运输机器人时其重心位置须压得更低，小臂与大臂贴得更紧，且手腕向上抬起，机器人放置空间缩得更小，在底座上贴有运输时状态的标签，如图 2－1－4所示，其中 A1＝ 0°，A2＝－140°，A3＝＋150°，A4＝0°，A5＝－120°，A6＝0°。

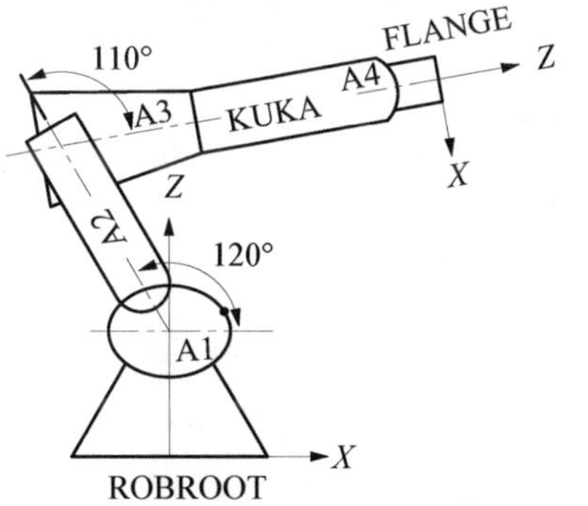

图 2－1－3　QUANTEC 机器人零点标定的姿态

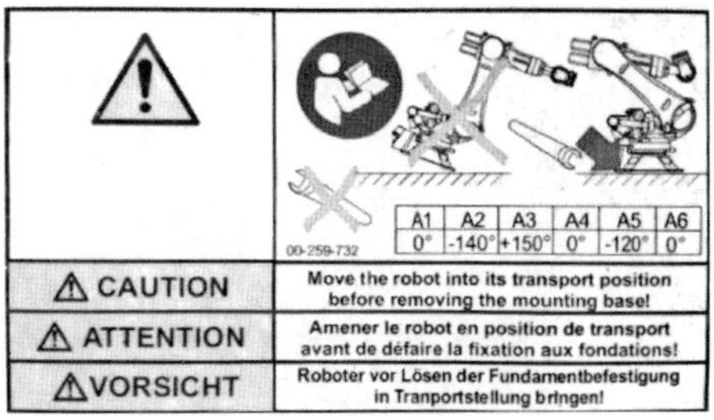

图 2－1－4　QUANTEC 机器人的运输姿态

当然,不是所有的 KUKA 机器人零点标定位置都在 A1＝－20°,A2＝－120°,A3＝＋110°,A4＝A5＝A6＝0°,如小机器人 KR 5 arc 的零点标定位置在 A1＝0°,A2＝－90°,A3＝＋90°,A4＝A5＝A6＝0°,该位置也是机器人的 HOME 点,由于大臂成－90°状态,其电机受力最小。

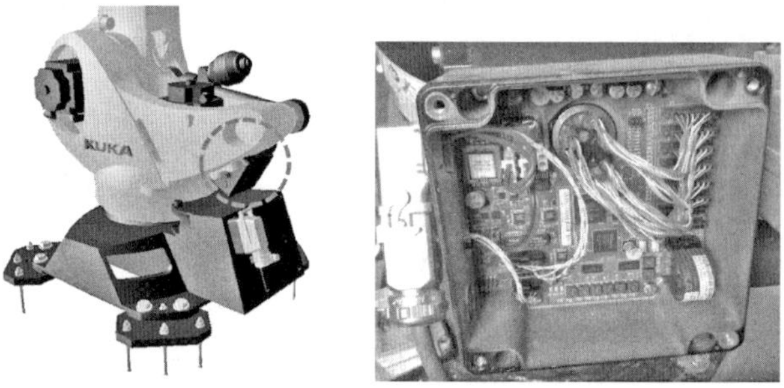

(a) RDC盒的位置　　(b) 内部结构

图 2－1－5　库卡机器人的 RDC 卡

一般情况下,可以通过凹槽与探头等硬件,来寻找各轴机械零点的位置。控制系统记录各轴电机的角度值,存入旋转变压器数字转换器(resolver digital converter,RDC)中,一般称为 RDC 或 RDC 卡。旋转变压器是编码器的一种,RDC 与各轴电机相连,将各轴电机编码器的模拟量信号转换为数字量信号,传送给机器人控制系统,实现数据交换。RDC 板卡位于机器人的尾部,外形像一个黑色的盒子,因此又称为 RDC 盒,如图 2－1－5 (a)所示。将 RDC 盒的盖子打开,内部结构如图 2－1－5 (b)所示。

RDC 卡存放了机器人的必备文件,包含了 CAL 文件、MAM 文件以及绝对精度机器人的 PID 文件等,跟随机器人完成各项工作。其中 CAL 文件存放了标定机器人零点位置时各轴电机绝对值、偏量学习各工具后的电机偏差以及校准差等数据,文件以机器人的序列号＜SN＞命名,后缀名为 cal。如库卡机器人实训基地中 TR19 机器人的序列号为 554489,其 CAL 文件为 554489.cal。早期的 KR C2 控制系统采用 RDW 卡进行存储文件。

由于 RDC 或 RDW 卡中的文件无法直接读取,用户需要将数据复制到硬盘查看。在主菜单下点击“投入运行”→“机器人数据”,如图 2－1－6 所示,出现“机器人数据”对话框,如图 2－1－7 所示,下方有 4 个按钮“PID 传输至 RDC”“MAM 传输至 RDC”“CAL 传输至 RDC”和“存储 RDC 数据”。点击最右侧的“存储 RDC 数据”按钮,等待数秒后,出现提示信息“RDC 数据已被复制到硬盘上”。

图 2－1－6　示教器中的投入运行菜单

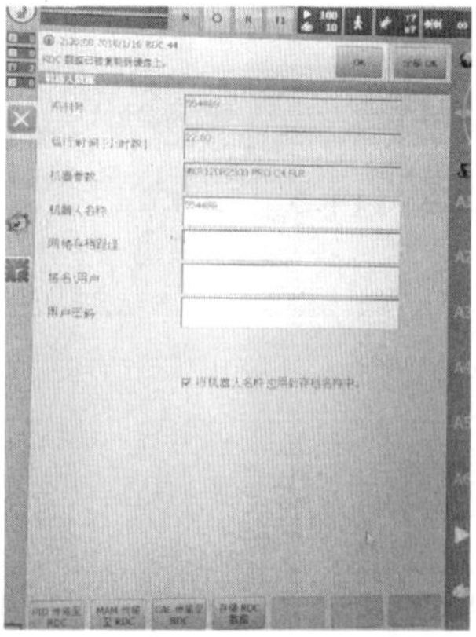

图 2－1－7　库卡机器人 RDC 数据的存储

为了查看数据，需要进入 Windows 系统。在主菜单下点击“投入运行”→“售后服务”→“HMI 最小化”，如图 2-1-6 所示，在开始菜单中点击“Computer”项，可找到被复制到硬盘上的 RDC 数据的文件夹路径为 C:\\KRC\\Roboter\\Rdc，打开<SN>.cal 文件，即可查看内容，如 554489.cal 的部分内容如下：

```
[AbsolutMotorValues]
Axis1 = 85.12403
Axis2 = 17.182941
Axis3 = 59.942588
Axis4 = 22.642174
Axis5 = 72.5752659
Axis6 = 76.2941074

[MotorDifference for Tool 1]
Axis1 =- 0.598001
Axis2 = 0.30122
Axis3 = 1.486153
Axis4 =- 0.077759
Axis5 = 1.18613957
Axis6 =- 0.323459368
......
[CalibrationDifference]
Axis1 =- 0.000174081384
Axis2 =- 0.000315549706
Axis3 =- 0.000208699355
Axis4 = 0.000454362186
Axis5 = 0.00165009764
Axis6 = 0.00328903676
```

当 KR C4 控制系统关机后，存入硬盘的 RDC 数据文件将会消失，如果要读取数据，需要重新存储。而在 KR C2 控制系统中，RDW 数据存放在 C:\\KRC\\Roboter\\IR_Spec 文件夹下，系统关机后存储的 RDW 数据不会消失。

早期 KUKA 机器人的零点位置可以通过调整螺钉来调节，如图 2-1-8 所示，调整时通过光学仪器精确设定零点的机械位置。而现在 KUKA 机器人的机械零点位置不能调节零点探头和凹槽，存在安装误差，机器人机械零点位置位于 A1=−20°，A2=−120°，A3=+110°，A4=A5=A6=0°的附近，各轴角度不再是整数值，将该精确的小数值存放在 RDC 卡的 MAM 文件<SN>.mam 中。

图 2-1-8　螺钉调整机械零点位置

如果是绝对精度机器人，RDC 卡中还存放了 PID 文件<SN>.pid，记录满载时空间点的位移补偿，进行位置识别(position identification)。

【扫一扫】
零点标定的方法

3. 零点标定的方法

根据标定机器人零点时所采用的不同工具，可将零点标定的方法分为如下 3 种。

1) 参考(master)法

参考法是用目测的方法标定零点，常用于小机器人无法安装零点标定装置的场合，如 Agilus 机器人的 A6 轴，如图 2－1－9 所示。零点标定时，移动机器人 A6 轴，当标识点或白漆线或缺口对齐时，就找到了 A6 轴的零点位置，该种方法精度较低。

图 2－1－9　Agilus 机器人

图 2－1－10　千分表法零点标定

2) 千分表法

千分表法是采用机械的方法来标定零点，使用的标定装置是专用的千分表，如图 2－1－10所示。该千分表的一端带有内螺纹，当其安装至机器人上后，千分表的测量头与零点标定装置接触，其接触位置的高低引起测量头的伸缩，通过观察千分表的读数值，找出最低位置。用千分表法标定零点时操作简单，不需要连接电缆线，但千分表的测量精度直接影响了零点标定的精度，该种方法主要应用于机器人运行一段时间后的零点检查。

3) 电子校准装置(electronic mastering device，EMD)法

EMD 法就是利用该装置来标定机器人的零点，原理如图 2－1－11 所示。

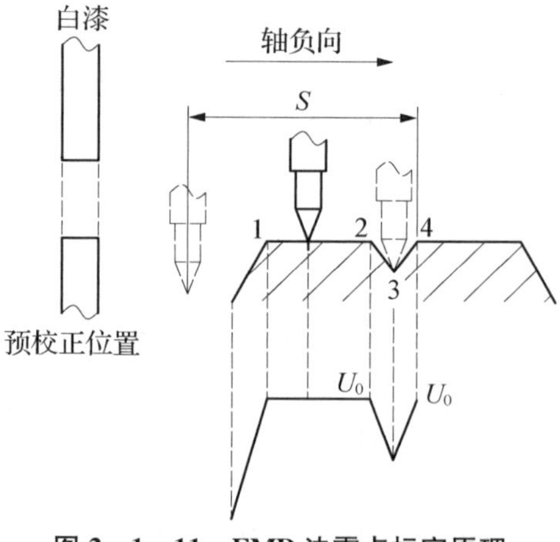

图 2－1－11　EMD 法零点标定原理

当机器人到达预校正位置时，本体上的缺口或白漆线对齐，此时，EMD 探针位于 1—

2 之间，将该轴沿负向移动，EMD 探针寻找最低点 3，即零点位置。由于预校正时存在对齐误差，EMD 探针可能不在 1—2 之间，如果位于 1 点正向位置，则到 4 点的距离 S 不能大于 5.5 mm，否则零点标定失败，相反，如果位于 2—3 之间，零点标定也能成功，但是，如位于 3 点负向位置，零点标定也会失败。在 KR C2 控制系统中，EMD 工作时，当 EMD 位于 1—2 或者 2—3 之间，传感器将探针接触点的伸缩量转换成相应的电压值，扫描周期为 12 ms，在 1 个扫描周期下，当电压值从下降沿转变成上升沿时，说明已到达最低点 3，系统记下其位置，EMD 最后停留在 3 点。当找到最低点后，需要在 1 个 12 ms 扫描周期结束后，EMD 才停留下来，在寻找最低点时总会产生一定的误差 d，如图 2-1-12 所示，而 EMD 的实际停留位置总是在 3 点负向处。

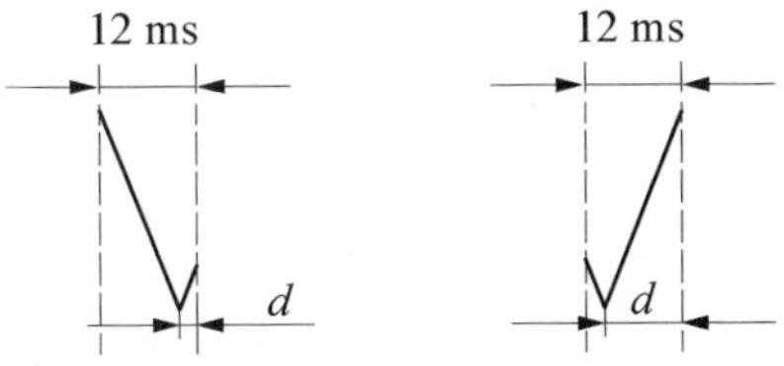

(a) 较小误差　(b) 较大误差

图 2-1-12　在 KR C2 控制系统中用 EMD 法零点标定产生的误差

为了减小误差，在 KR C4 控制系统中，采用取平均值的方法实现最低点的求解。当 EMD 位于 1—2 之间，传感器将探针接触点的伸缩量转换成相应的电压值，当到达 2 点时，电压值开始下降，记下其值 U_0，EMD 继续沿轴负向运动，直到电压值上升时找到 U_0 对应的位置 4，计算出中间位置 3，即 EMD 最后停留在 4 点。如果 EMD 初始位置在 2—3 之间，当该轴沿负向运动时，电压值开始下降，同样记下其值 U_0，EMD 继续沿轴负向运动，直到电压值上升时找到 U_0 对应的在 3—4 之间的位置，同样也能计算出中间位置 3，即 EMD 最后停留在 3—4 之间。

以上 3 种零点标定的方法中，由于 EMD 法精度最高，故优先选用该方法。另外，根据机器人使用负载的数量，零点标定又分为标准法和带负载校正法，其操作流程如图 2-1-13所示。

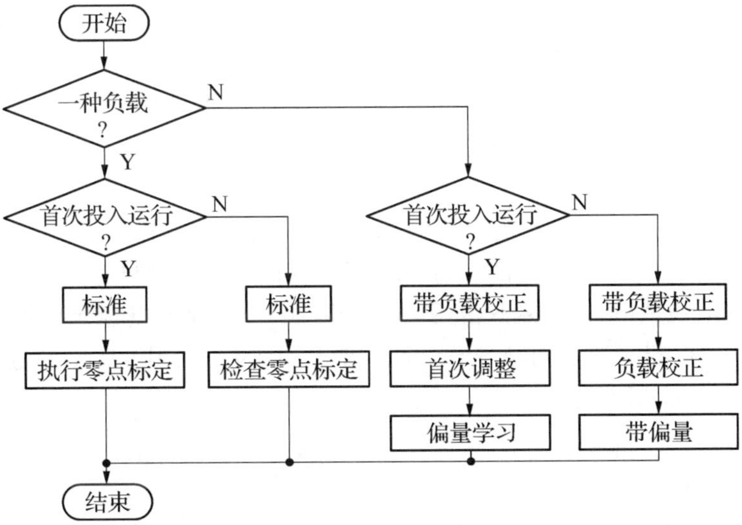

图 2-1-13　零点标定的流程图

1）标准法

标准法零点标定适用于机器人只有一种负载的场合，即机器人工作时只需要1种末端执行器，可将末端执行器安装到机器人法兰后用标准法标定机器人零点。如果机器人是首次投入运行，可以用“执行零点标定”，完成后，将各轴电机绝对值存储到CAL文件中，供系统调用。

如果机器人不是首次投入运行，而是已经工作了一段时间，可以用“检查零点标定”来检验零点位置的误差。如果原来的零点没有丢失，且误差值较大，需要将“检查零点标定”的数据覆盖CAL文件中的各轴电机绝对值；如果偏差较小，可以忽略该数据。如果原来的零点丢失，则直接将各轴电机绝对值写入CAL文件。

2）带负载校正法

带负载校正法适用于机器人有多种负载的场合，即机器人工作时需要更换2种或2种以上的末端执行器。当机器人法兰处安装不同的末端执行器，其承受着不同的静态载荷，在同一个机械零点位置，机器人操作机机械臂、齿轮箱等部件将产生不同的弹性变形，影响零点标定时的电机绝对值，进而对机器人的精度产生影响，因此针对不同的负载，需要通过“偏量学习”，记录不同的偏差值，供控制系统调用，然后采用一定的算法补偿偏差量，尽量减少误差，提高机器人的工作精度。

如果机器人是首次投入运行，可以在空载时用“首次调整”的方法标定机器人的零点，然后安装1种末端执行器进行“偏量学习”，学完后再更换另外一种末端执行器再次“偏量学习”，直到学习完所有的末端执行器。如果末端执行器在工作时需要抓取沉重的物品，则必须对该末端执行器在不抓物品和抓取物品时分别进行“偏量学习”。每次学习都要分配不同的工具号，且每个工具的负载参数已经输入系统。学完后将产生与空载时“首次调整”零点标定的电机偏差值，存储到CAL文件中，供控制系统调用。

如果机器人不是首次投入运行，而是已经工作了一段时间，可以用“带偏量”的方法进行“负载校正”，检验零点位置的误差，如果误差过大，可以在不拆末端执行器的情况下重新找回空载时“首次调整”的零点数据。

如果只有1种负载，也可以采用带负载校正法进行零点标定，即在空载时“首次调整”，装上负载后“偏量学习”，由于进行了2次零点标定的操作，累积误差较大，所以标定精度不如标准法高。

除了在CAL文件中保存零点标定数据，供控制系统调用外，零点标定的日志文件Mastery.log也记下了零点标定的操作与数据，但该数据不参与计算。该文件保存在C:\\KRC\\Roboter\\log文件夹下，打开该文件，可以查看零点标定的日期Date、时间Time、轴号Axis、机器人的系列号Serialno、工具号Tool No、用度表示的电机编码器偏量值Encoder Difference等信息，如下所示：

```
    Date: OCT 23 2017    Time: 11:01:27    Axis 1    Serialno.: 554489    First
Mastering by EMT  (FirstEncoderValue: 85.124033)
    Date: OCT 23 2017    Time: 11:04:45    Axis 2    Serialno.: 554489    First
Mastering by EMT  (FirstEncoderValue: 17.210799)
```

```
    Date: OCT 23 2017   Time: 11: 07: 07   Axis 3   Serialno.: 554489   First
Mastering by EMT  (FirstEncoderValue: 59.913511)
    Date: OCT 23 2017   Time: 11: 09: 51   Axis 4   Serialno.: 554489   First
Mastering by EMT  (FirstEncoderValue: 22.690833)
    Date: OCT 23 2017   Time: 11: 12: 57   Axis 5   Serialno.: 554489   First
Mastering by EMT  (FirstEncoderValue: 72.497697)
    Date: OCT 23 2017   Time: 11: 17: 30   Axis 6   Serialno.: 554489   First
Mastering by EMT  (FirstEncoderValue: 76.305664)
    Date: JAN 09 2018   Time: 04: 26: 12   Axis 1   Serialno.: 554489   Tool
Teaching for Tool No 1  (Encoder Difference: - 0.598001)
    Date: JAN 09 2018   Time: 04: 30: 49   Axis 2   Serialno.: 554489   Tool
Teaching for Tool No 1  (Encoder Difference: 0.301220)
    Date: JAN 09 2018   Time: 04: 33: 15   Axis 3   Serialno.: 554489   Tool
Teaching for Tool No 1  (Encoder Difference: 1.486153)
    Date: JAN 09 2018   Time: 04: 34: 43   Axis 4   Serialno.: 554489   Tool
Teaching for Tool No 1  (Encoder Difference: - 0.077759)
    Date: JAN 09 2018   Time: 04: 36: 35   Axis 5   Serialno.: 554489   Tool
Teaching for Tool No 1  (Encoder Difference: 1.186140)
    Date: JAN 09 2018   Time: 04: 37: 53   Axis 6   Serialno.: 554489   Tool
Teaching for Tool No 1  (Encoder Difference: - 0.323459)
    Date: JAN 09 2018   Time: 04: 58: 43   Axis 1   Serialno.: 554489   Tool
Teaching for Tool No 2  (Encoder Difference: - 0.617353)
    Date: JAN 09 2018   Time: 05: 02: 52   Axis 2   Serialno.: 554489   Tool
Teaching for Tool No 2  (Encoder Difference: 0.281185)
    Date: JAN 09 2018   Time: 05: 05: 43   Axis 3   Serialno.: 554489   Tool
Teaching for Tool No 2  (Encoder Difference: 1.548185)
    Date: JAN 09 2018   Time: 05: 07: 44   Axis 4   Serialno.: 554489   Tool
Teaching for Tool No 2  (Encoder Difference: - 0.039477)
    Date: JAN 09 2018   Time: 05: 15: 08   Axis 5   Serialno.: 554489   Tool
Teaching for Tool No 2  (Encoder Difference: 1.067475)
    Date: JAN 09 2018   Time: 05: 17: 22   Axis 6   Serialno.: 554489   Tool
Teaching for Tool No 2  (Encoder Difference: - 0.377951)
    Date: JAN 09 2018   Time: 07: 43: 36   Axis 1   Serialno.: 554489   Tool
Teaching for Tool No 3  (Encoder Difference: - 0.172820)
    Date: JAN 09 2018   Time: 07: 46: 57   Axis 2   Serialno.: 554489   Tool
Teaching for Tool No 3  (Encoder Difference: 0.428482)
    Date: JAN 09 2018   Time: 07: 50: 14   Axis 3   Serialno.: 554489   Tool
Teaching for Tool No 3  (Encoder Difference: 1.263211)
    Date: JAN 09 2018   Time: 07: 51: 33   Axis 4   Serialno.: 554489   Tool
Teaching for Tool No 3  (Encoder Difference: - 0.031869)
    Date: JAN 09 2018   Time: 07: 54: 01   Axis 5   Serialno.: 554489   Tool
Teaching for Tool No 3  (Encoder Difference: 1.121510)
```

```
    Date: JAN 09 2018   Time: 07:56:09   Axis 6   Serialno.: 554489   Tool
Teaching for Tool No 3  (Encoder Difference: - 0.181070)
    Date: JAN 15 2018   Time: 02:50:24   Axis 1   Serialno.: 554489   Tool
Teaching for Tool No 4  (Encoder Difference: 0.034859)
    Date: JAN 15 2018   Time: 02:56:17   Axis 2   Serialno.: 554489   Tool
Teaching for Tool No 4  (Encoder Difference: 0.262700)
    Date: JAN 15 2018   Time: 02:59:03   Axis 3   Serialno.: 554489   Tool
Teaching for Tool No 4  (Encoder Difference: 1.344085)
    Date: JAN 15 2018   Time: 03:01:31   Axis 4   Serialno.: 554489   Tool
Teaching for Tool No 4  (Encoder Difference: - 0.020129)
    Date: JAN 15 2018   Time: 03:05:03   Axis 5   Serialno.: 554489   Tool
Teaching for Tool No 4  (Encoder Difference: 0.999544)
    Date: JAN 15 2018   Time: 03:07:09   Axis 6   Serialno.: 554489   Tool
Teaching for Tool No 4  (Encoder Difference: - 0.404466)
    Date: JAN 15 2018   Time: 03:48:27   Axis 2   Serialno.: 554489   Check
Mastering with Tool No 4 (FirstEncoderValue: 17.182941)
    Date: JAN 15 2018   Time: 03:52:27   Axis 3   Serialno.: 554489   Check
Mastering with Tool No 4  (FirstEncoderValue: 59.942587)
    Date: JAN 15 2018   Time: 03:55:10   Axis 4   Serialno.: 554489   Check
Mastering with Tool No 4  (FirstEncoderValue: 22.642174)
    Date: JAN 15 2018   Time: 03:56:27   Axis 5   Serialno.: 554489   Check
Mastering with Tool No 4  (FirstEncoderValue: 72.637177)
    Date: JAN 15 2018   Time: 04:00:03   Axis 5   Serialno.: 554489   Check
Mastering with Tool No 4  (FirstEncoderValue: 72.575268)
    Date: JAN 15 2018   Time: 04:01:15   Axis 6   Serialno.: 554489   Check
Mastering with Tool No 4  (FirstEncoderValue: 76.325991)
    Date: JAN 15 2018   Time: 04:05:08   Axis 6   Serialno.: 554489   Check
Mastering with Tool No 4  (FirstEncoderValue: 76.294108)
```

从以上日志文件中可以看出，机器人的序列号为 554489。第 1～6 行表示用 EMD 法在空载时对 A1～A6 轴进行了首次零点标定，第 7～30 行表示安装工具 1～4 后，对机器人的 6 根轴进行了偏量学习，最后 7 行表示带着工具 4 检查了零点标定，其中 A1 轴偏差较小，仍然用原来的首次电机编码器值，其余轴的偏差较大，进行了替换，其中 A5 轴和 A6 轴分别做了 2 次，取后面的数值去替换 A5 和 A6 轴的首次电机编码器值。

这些日志内容与 CAL 文件 554489.cal 一一对应，如 Mastery.log 第 1 行中 2017 年 10 月 23 日 11:01:27，用 EMD 法首次零点标定 A1 轴后，首次电机编码器值为 85.124033，之后没有新的数值替换，所以 CAL 文件中的 A1 轴电机绝对值 AbsolutMotorValues 为 Axis1＝85.12403。

第 8 行中 2018 年 1 月 9 日 04:30:49，装上工具 1 对 A2 轴进行偏量学习，其编码器偏差为 0.301220，所以 CAL 文件中对工具 1 的电机偏差 MotorDifference for Tool 1 为 Axis2＝0.30122。

第 31 行中 2018 年 1 月 15 日 03:48:27，带着工具 4 对 A2 轴检查零点标定，将首次电机编码器值替代为 17.182941，之后没有新的数值替换，所以 CAL 文件中的 A2 轴电机绝对值 AbsolutMotorValues 为 Axis2＝17.182941。

4. 用标准法标定机器人零点

【扫一扫】

零点标定的操作步骤

零点标定时需要移动机器人各轴，当外部未接入保护装置时，移动轴时需要进入“投入运行模式”。首先进入“专家模式”，点击 KUKA smartPAD 左上角的主菜单按键，在窗口中显示主菜单，如图 2－1－14 所示。点击“配置”→“用户组”，弹出“通过选择登陆”对话框，如图 2－1－15 所示。选择“专家”作为用户组，输入密码后回车，或者点击“登陆”按钮，以专家身份“登陆”系统，在示教器的左上方提示“登陆的用户从操作人员切换至专家”。然后在主菜单下点击“投入运行”→“售后服务”→“投入运行模式”，如图 2－1－16 (a)所示。进入投入运行模式后，示教器左上角出现状态信息——“投入运行模式激活，紧急停止功能仅局部有效”，“IBN”按钮不断闪烁，如图 2－1－16 (b)所示，运行方式中只有“T1”可选，如图 2－1－16 (c)所示。当然也可以通过短接 X11 端口的外部安全回路的方式运动机器人，如图 2－1－17 所示，使用 X11 短插时应特别注意安全。

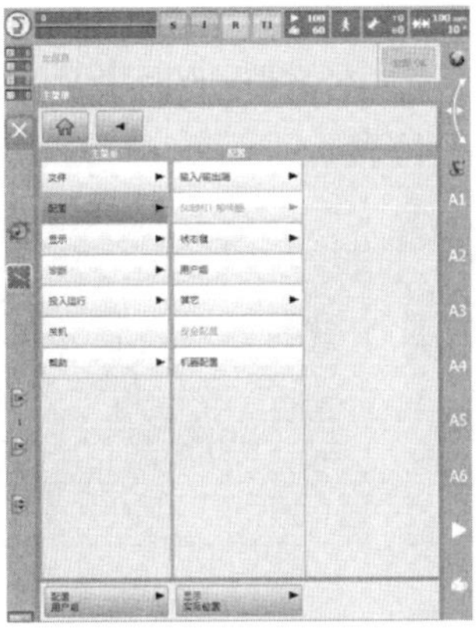

图 2－1－14　KUKA smartPAD 的主菜单

图 2－1－15　选择专家用户组

(a) 菜单位置

(b) “IBN” 按钮

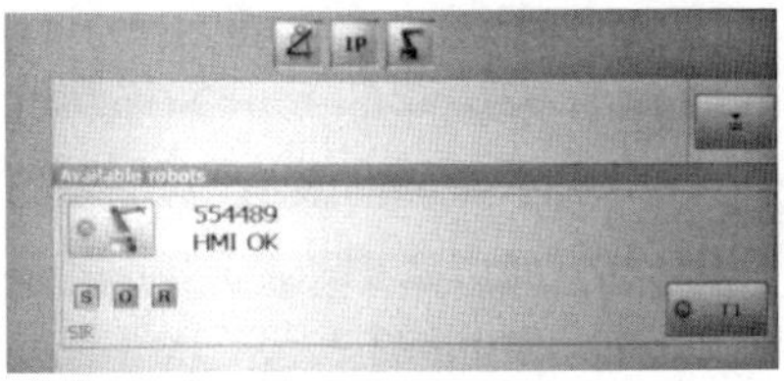

(c) 运行方式

图 2－1－16　投入运行模式

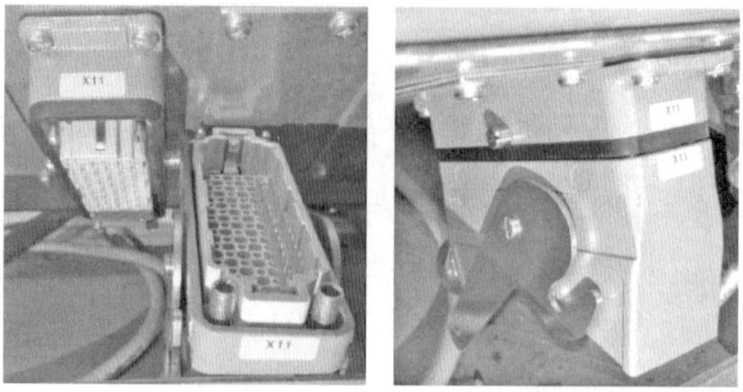

(a) 插上前　　　　(b) 插上后

图 2-1-17　X11 短插

标准法适用于机器人只有一种末端执行器，且在末端执行器中不夹持物品的场合，即机器人有且只有一种负载。如某一弧焊机器人的法兰上只安装一种焊枪进行焊接作业，工作时不再安装其他焊枪或其他末端执行器。当安装完成该末端执行器后，分配工具号，输入负载参数后执行以下操作：

（1）在关节坐标系下运动机器人各轴至预校正位置，对齐相邻铸件上的标记点、缺口或白漆线，图 2-1-18 中展示了 A1～A6 轴的预校正位置。

(a) A1轴　　　　(b) A2轴　　　　(c) A3轴

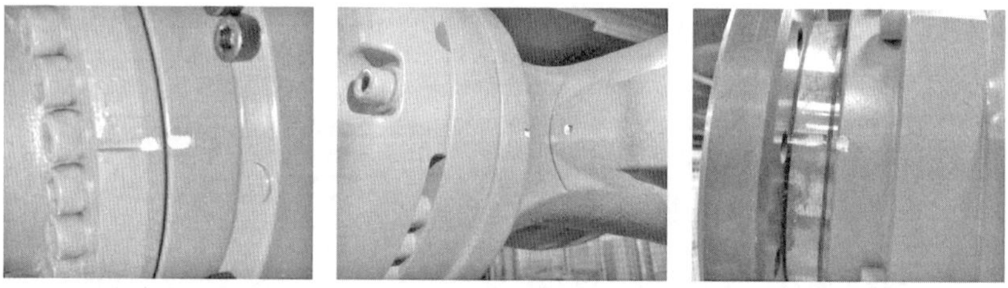

(d) A4轴　　　　(e) A5轴　　　　(f) A6轴

图 2-1-18　零点标定的预校正位置

1—校准盒　2—粗线缆　3—细线缆　4—测量筒

图 2-1-19　EMD 工具箱

（2）打开 EMD 工具箱，如图 2-1-19 所示。其中粗线缆的插头一公一母，如图 2-1-20 (a)所示。校准盒的大端插座为公插座，如图 2-1-20 (b)所示，因此，需要用粗线缆的母插头与校准盒大端插座相连。将粗线缆的母插头标记对准校准盒贴条形码的平面，如图 2-1-20 (c)所示。使用合适的力将插头插入校准盒大端插座，同时，插头端部的卡扣转动后复位，防止松动，连接后的实物图如图 2-1-20 (d)所示。

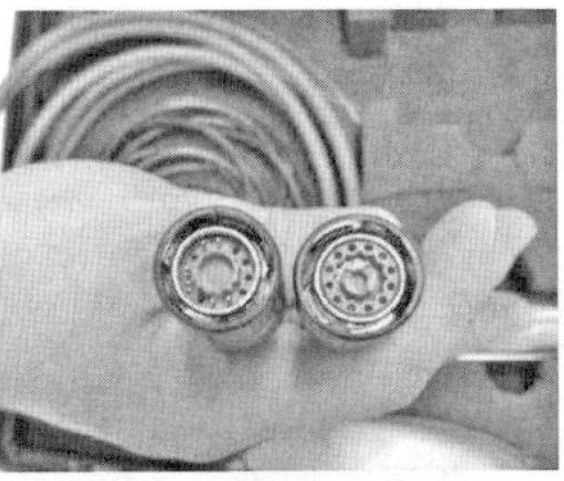

(a) 粗线缆的两端插头

(b) 校准盒大端

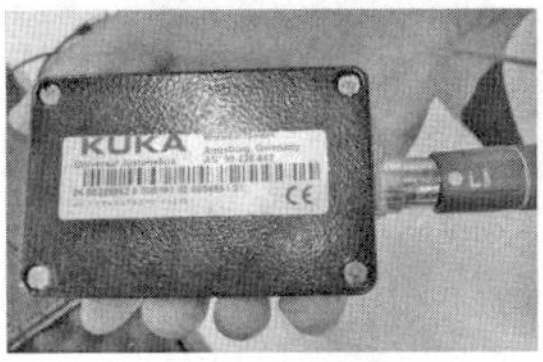

(c) 标记对准

(d) 连接后

图 2－1－20　校准盒大端插座与粗线缆的连接

(3) 将校准盒悬挂在 A3 轴电机里面，防止滑落，如图 2－1－21 所示。

图 2－1－21　悬挂校准盒

(a) 取下前

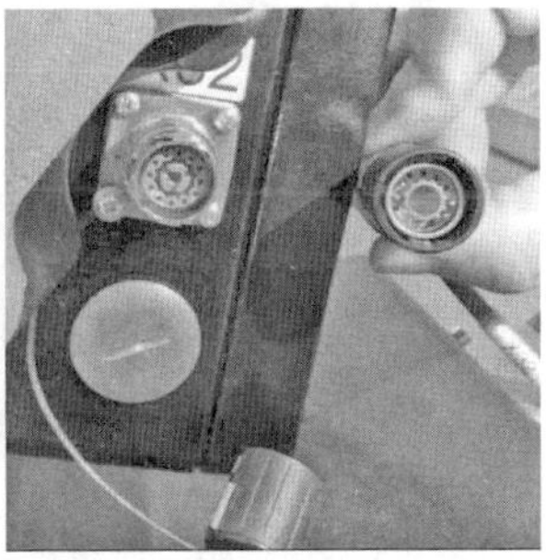

(b) 取下后

图 2－1－22　取下 RDC 盒上 X32 端口保护盖

逆时针旋转并拔出机器人 RDC 盒上 X32 端口上保护盖，如图 2－1－22 所示。将粗线缆的公插头标记点水平放置在 X32 端口插座标记顺时针向右约 10°的位置，对准插座，如图2－1－23 (a) 所示。插入插座后，防松装置自动逆时针向左旋转，防止松动，如图 2－1－23 (b)所示。

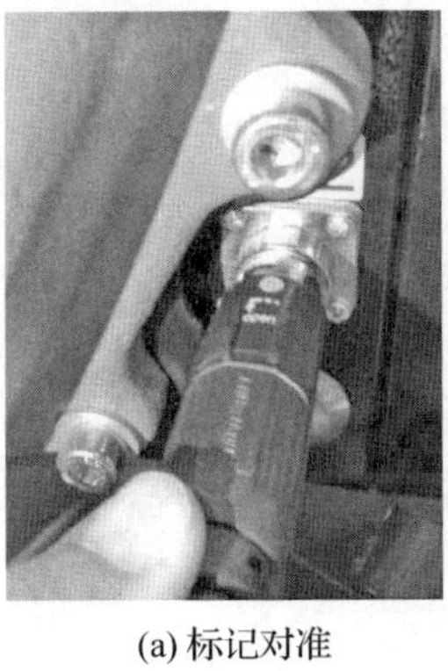

(a) 标记对准

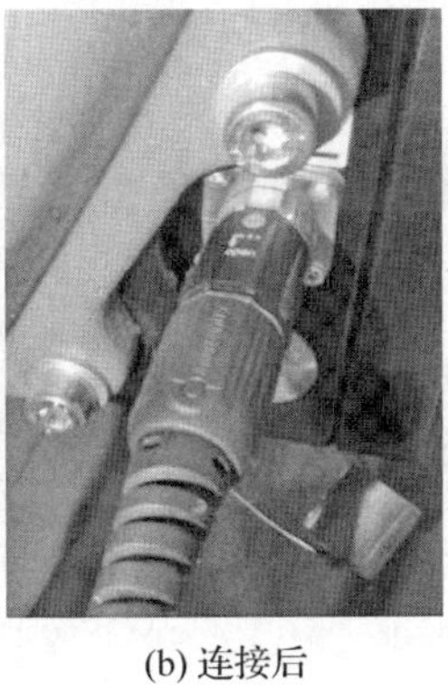

(b) 连接后

图 2－1－23　X32 端口与粗线缆的连接

(4) 细线缆的插头也是一公一母，校准盒小端插座为母插座，因此，要用细线缆的公插头与校准盒小端相连，如图 2-1-24 (a)所示。对准针孔，用合适的力将插头插入校准盒小端插座，并用螺母锁紧，防止松动，如图 2-1-24 (b)所示。

(a) 连接前　　(b) 连接后

图 2-1-24　校准盒小端插座与细线缆的连接

(5) 将 EMD 测量筒的扁头一端作为一字起，旋松 A1 轴零点探头保护盖，取下保护盖后，将其接触面向上放置，如图 2-1-25 所示。

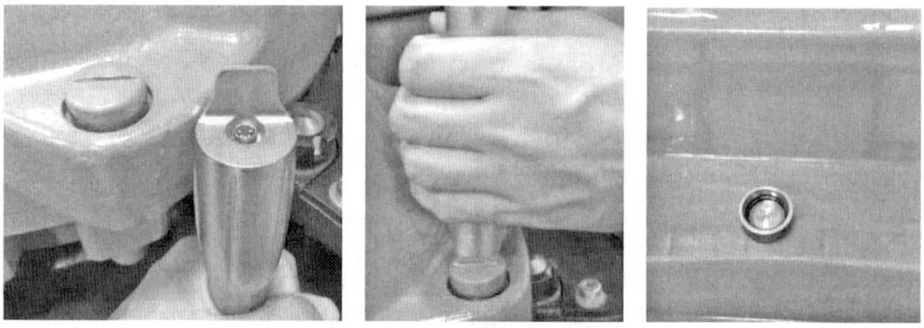

(a) 测量筒一字起　　(b) 旋松保护盖　　(c) 放置保护盖

图 2-1-25　取下零点探头保护盖

将 EMD 测量筒的圆柱头一端对准 A1 轴零点探头处的外螺纹，顺时针旋转，拧紧测量筒，此时，A1 轴零点探头在测量筒的作用下，伸出旋转台，与底座上的零点凹槽的锥形面接触，如图 2-1-26 所示。值得注意的是，在旋转测量筒前，上面未接线缆。如果带着线缆拧测量筒，连接线缆缠绕后容易破损。拆卸时也要先拔线缆，后旋转测量筒。

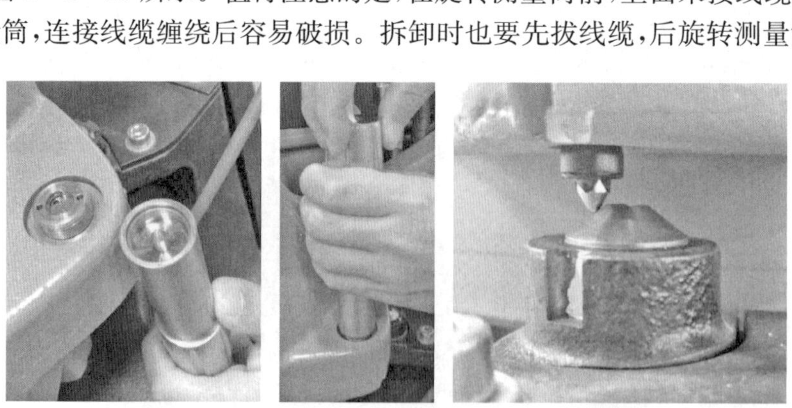

(a) 安装前　　(b) 拧紧测量筒　　(c) 零点探头

图 2-1-26　安装 EMD 测量筒

（6）将细线缆的母插头标记平面对齐 EMD 测量筒扁头端的平面，对准后插入插座，如图 2-1-27 所示。由于该插头尺寸较小，其拆卸位置受限，可以系上细绳，辅助插头的拆卸。

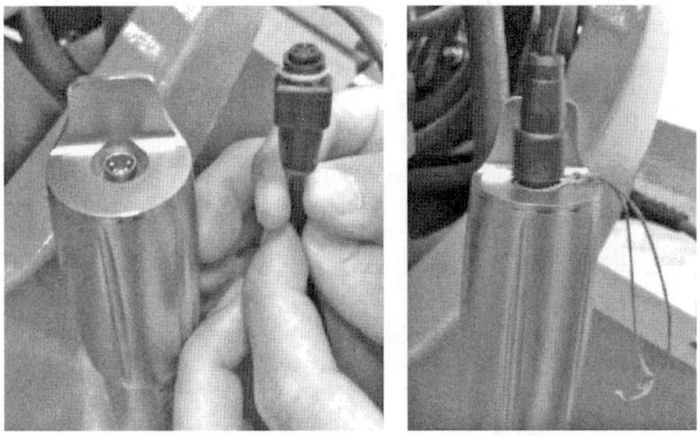

(a) 连接前　　(b) 连接后

图 2-1-27　EMD 测量筒与细线缆的连接

（7）当线缆连接完成后，就可以使用示教器操作了。打开主菜单，点击“投入运行”→“调整”→“EMD”→“标准”→“执行零点标定”，如图 2-1-28 所示。弹出“标准电子测量探头零点校正：设定零点校正”对话框，显示所有需要零点标定的轴。由于零点标定的步骤应按照 A1、A2……A6 的顺序依次进行，系统自动选择编号最小的轴。如果机器人所有轴的零点都已经标定，且数据没有丢失，则在对话框中显示“无轴可校正”，如图 2-1-29所示。可以在主菜单中点击“投入运行”→“调整”→“去调节”，如图 2-1-28 (a)所示，弹出“取消校正”对话框，如图 2-1-30 (a)所示，选中需要重新标定零点的轴，点击下方的“取消校正”按钮，删除所有需要重新标定零点的轴，当全部轴都删除数据后，对话框中显示“无轴可取消校正”，如图 2-1-30 (b)所示。再次打开标准法执行零点标定的窗口，如图 2-1-31 所示，准备下一步操作。

(a) 零点标定的菜单　　(b) EMD法标定零点的菜单

图 2-1-28　标准法标定机器人零点的菜单

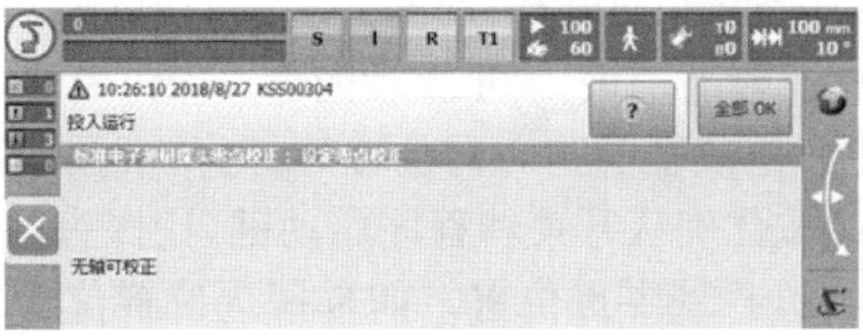

图 2-1-29　没有可以校正的轴

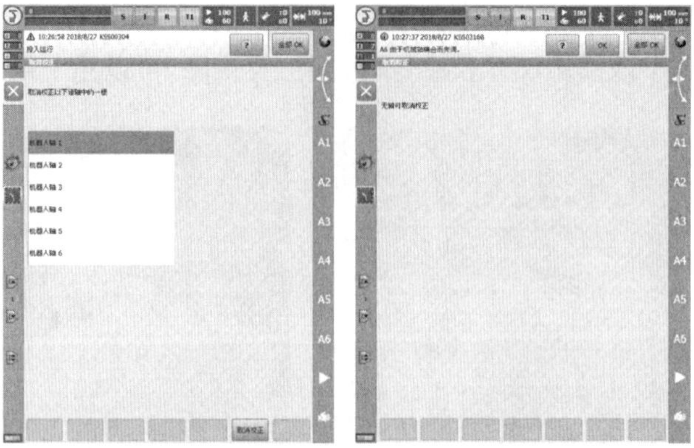

(a) 删除前　　(b) 删除后

图 2-1-30　删除机器人零点

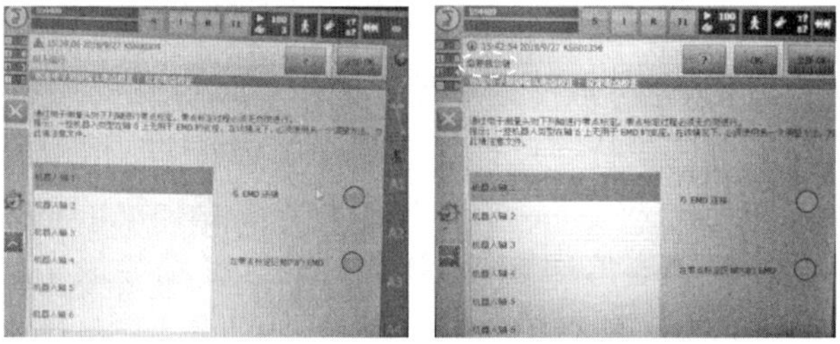

(a) 指示灯　　(b) 按“校正”按钮后

图 2-1-31　标准法执行零点标定窗口

(8) 观察窗口右侧的“与 EMD 连接”和“在零点标定区域内的 EMD”两个指示灯的颜色，如果都是绿色，表示连接成功。如果是红色，应检查连接线缆和预校正位置，如图4-58所示。当“与 EMD 连接”指示灯为红色时，表示线缆没有连接，或者有松动现象，应重新可靠连接，直到该指示灯显示为绿色为止。如果“在零点标定区域内的 EMD”指示灯显示为红色，表示预校正位置有误，应拔出测量筒上的连接插头，松开并拆除测量筒后移动机器人该轴，重新回到合适的预校正位置。值得注意的是，切忌未拆测量筒就直接移动机器人，否则，容易损坏零点探头，造成不必要的损失。当窗口中的两个指示灯都为绿灯后，可以按照示教器上的提示信息进行操作。点击下方的“校正”按钮，等待数秒后，示教器左上方显示提示信息“需要启动键”，将确认开关按至中间位置不放，按住程序启动键不放，听到电机运行的声音，仔细观察零点探头，机器人以 1% 的速度移动该轴，直到探头找到凹槽的最低位置。由于 KR C4 采用取平均值的方法寻找机械零点，探头停留位置不在凹槽的最低点，如图 2-1-32 所示。

电机停止运行，窗口中该轴信息消失，如图 2-1-33 所示，表示已经成功标定了该轴零点。如果窗口中该轴信息没有消失，表示该轴的零点标定失败，需要重新标定零点。观察探头位置，如果停留在凹槽该轴的正方向位置处，则再次按“校正”按钮，等“需要启动键”提示信息出现后，继续按住确认开关和程序启动键，让探头向该轴的负向继续寻找零点位置，直到电机停止运行，找到零点位置。如果探头位置位于凹槽的负向还未找到零点，则需要拔出测量筒上的连接插头，拆除测量筒后重新调整预校正位置后再次操作示教器，直到成功找到零点位置。

图 2－1－32　探头找到机械零点后的停留位置

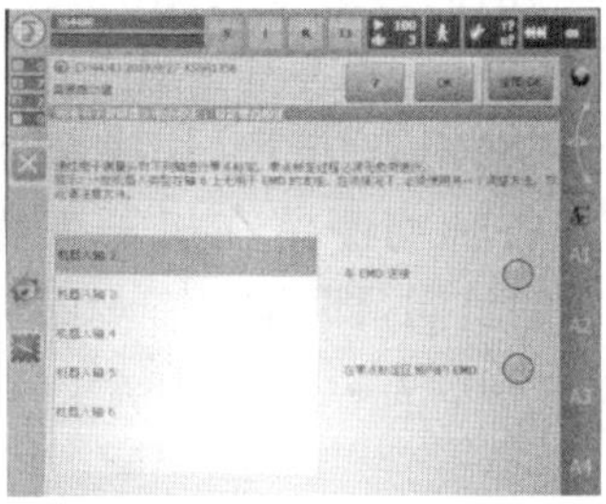

图 2－1－33　“机器人轴 1”零点标定成功

(9) 当该轴零点标定完成后，拔出测量筒上的连接插头，如图 2－1－34 所示。拆除测量筒后，旋紧该轴零点探头保护盖，如图 2－1－35 所示。

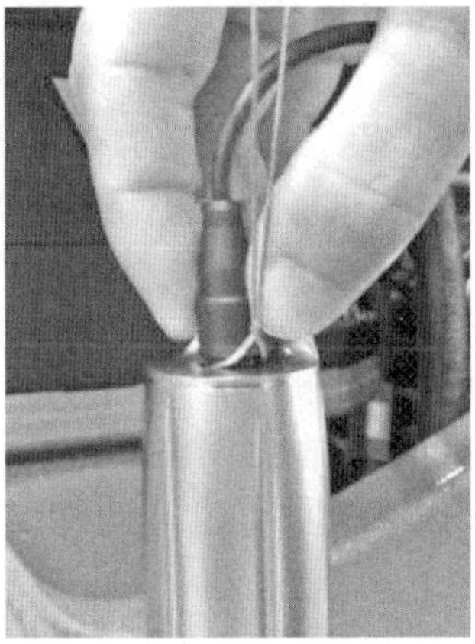

图 2－1－34　拔出插头

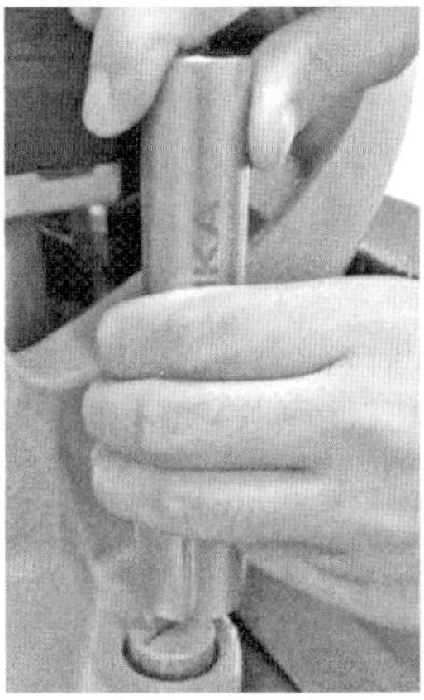

图 2－1－35　旋紧保护盖

(10) 仿照步骤(5)～(9)，依次完成 A2 轴、A3 轴……A6 轴的零点标定。其中 A2 轴的预校正位置较难调整，容易使探头不在合适的区域，如图 2－1－36 (a)所示，示教器窗口中的“在零点标定区域内的 EMD”显示红灯，如图 2－1－36 (b)所示，需拔出插头，拆除测量筒后重新调整，然后旋紧测量筒，接上插头，使指示灯显示绿灯为止，合适的探头位置如图 2－1－36 (c)所示。

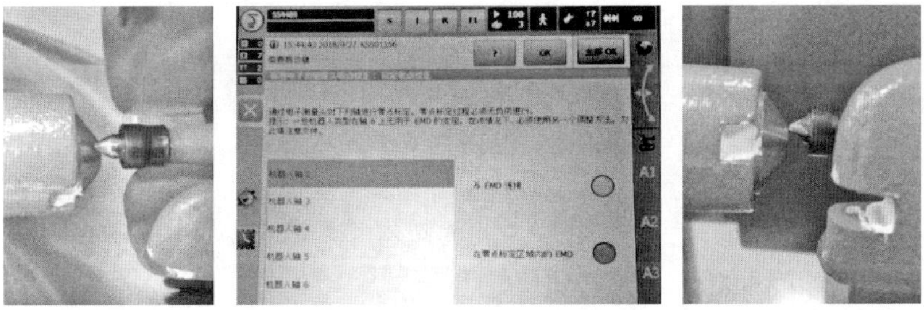

(a) 不合适的区域　(b) “在零点标定区域内的EMD”显示红灯　(c) 合适的区域

图 2－1－36　A2 轴预校正位置的调整

当完成所有轴的零点标定后，机器人的姿态如图 2-1-37 所示。由于 KR C4 控制系统采用取平均值的方法寻找凹槽最低点，探头停留位置总是在凹槽最低点的负方向，如图 2-1-32 所示，在主菜单中点击“显示”→“实际位置”，弹出“机器人位置(笛卡尔式)”对话框，然后点击“轴相关”按钮，切换至“机器人位置(与轴相关的)”对话框，如图 2-1-38 所示，该机器人各轴均停留在机器人零点位置 A1＝－20°，A2＝－120°，A3＝110°，A4＝A5＝A6＝0°的负向，即 A1＝－20.19°，A2＝－120.15°，A3＝109.80°，A4＝－0.58°，A5＝－0.69°，A6＝－0.77°。

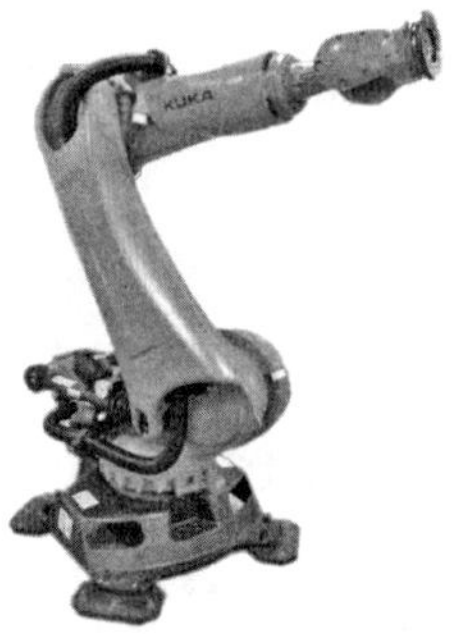

图 2-1-37　零点标定完成后的机器人姿态

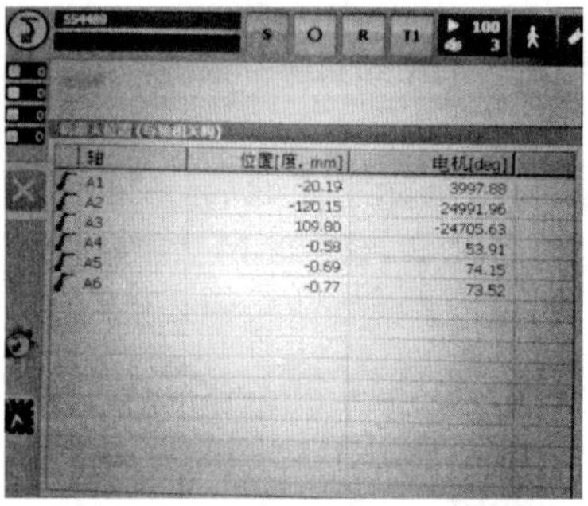

图 2-1-38　零点标定完成后的各轴位置

用标准法进行检查零点标定的操作步骤与执行零点标定类似，在步骤(7)中可以选择“检查零点标定”，如图 2-1-28 所示。在步骤(8)中点击的不再是“校正”按钮，而是“检查”按钮。当检查零点标定成功后，显示与首次电机偏差，根据偏差值的大小，选择是否覆盖该轴数据，其余操作过程及注意事项与执行零点标定相同，这里不再赘述。

任务清单 2－1－1　用标准法标定工业机器人零点

班级______________姓名______________学号______________组别______________组长______________

组员____

<table>
<tr><td>任务描述</td><td>1. 通过查阅资料，描述工业机器人零点标定的意义。
2. 通过查阅资料，了解工业机器人零点标定的原理。
3. 通过查阅资料，熟悉工业机器人零点标定的常用方法及其应用场合。
4. 通过标准法标定工业机器人零点，掌握工业机器人零点标定的操作方法。</td></tr>
<tr><td>对接“1＋X”</td><td>本任务对接《工业机器人操作与运维职业技能等级标准》(2021 年 2.0 版)的内容有：
<table>
<tr><th>等级</th><th>工作领域</th><th>工作任务</th><th>职业技能要求</th></tr>
<tr><td rowspan="2">初级</td><td rowspan="2">2. 工业机器人安装</td><td rowspan="2">2.5　工业机器人零点校对</td><td>2.5.1　能操作工业机器人零点校对。</td></tr>
<tr><td>2.5.3　能判断工业机器人各关节零点位置。</td></tr>
<tr><td>中级</td><td>1. 工业机器人系统安装</td><td>1.3　工业机器人调试</td><td>1.3.1　能对工业机器人的各轴进行归零调试、试运行功能调试。</td></tr>
<tr><td rowspan="2">高级</td><td rowspan="2">1. 工业机器人系统安装与调试</td><td rowspan="2">1.2　工业机器人标定与校准</td><td>1.2.1　能熟练使用工业机器人各关节零点标定杆和标定板。</td></tr>
<tr><td>1.2.2　能熟练按步骤标定工业机器人各关节轴零点。</td></tr>
</table></td></tr>
<tr><td>任务目标</td><td>1. 知识目标
了解工业机器人零点标定的意义、原理及常用方法。
2. 能力目标
能够借助 EMD，用标准法对工业机器人各轴进行零点标定。
3. 素质目标
运用已获得知识、技能和经验独立分析和解决问题。
4. 思政育人目标
具有科学精神，能够描述用标准法标定工业机器人零点的流程，培养学生精益求精的工匠精神，通过学习工业机器人零点标定的意义，引导学生在学习和工作中不能忘记自己的初心，明确奋斗目标。</td></tr>
<tr><td>任务要求</td><td>通过用标准法对工业机器人各轴进行零点标定，描述工业机器人零点标定的操作步骤。</td></tr>
</table>

<table>
<tr><td>任务思考</td><td>1. 机器人轨迹编程时，为什么需要确定法兰坐标系相对根坐标系的位置和姿态？

2. 零点标定时，QUANTEC 机器人和 KR 5 arc 机器人的姿态是怎样的？</td></tr>
<tr><td>任务实施</td><td>1. 描述用标准法对工业机器人各轴进行零点标定的操作步骤。

2. 分析用标准法执行零点标定和检查零点标定的异同点。</td></tr>
<tr><td>任务总结</td><td>1. 知识与技能方面的收获与体会。

2. 职业素养方面的收获与体会。

3. 其他方面的收获与体会。</td></tr>
<tr><td>任务评价</td><td>
<table>
<tr><th>序号</th><th>考核指标</th><th>所占分值</th><th>备注</th><th>得分</th></tr>
<tr><td>1</td><td>任务完成情况</td><td>30</td><td>是否在规定时间内完成任务</td><td></td></tr>
<tr><td>2</td><td>任务实施质量</td><td>30</td><td>参与态度及任务成果的质量</td><td></td></tr>
<tr><td>3</td><td>任务总结质量</td><td>40</td><td>知识、技能、职业素养及其他方面的收获与体会</td><td></td></tr>
</table>
指导教师： 日期： 年 月 日</td></tr>
<tr><td>任务拓展</td><td>查阅和搜集资料，回答什么情况下需要标定工业机器人的零点。</td></tr>
</table>

子任务 2　用带负载校正法标定工业机器人零点

知识链接

1. 用带负载校正法标定机器人零点

【扫一扫】

标定机器人零点教学演示

1）首次调整

当机器人空载时才能进行首次零点标定，其操作步骤仿照标准法进行，在步骤(7)中可以在主菜单中点击“投入运行”→“调整”→“EMD”→“带负载校正”→“首次调整”，如图 2-1-39 所示。

(a) 零点标定的菜单　　(b) EMD法标定零点的菜单

图 2-1-39　带负载校正法标定机器人零点的菜单

2）安装工具

将工具安装到机器人法兰上，图 2-1-40 所示为 KUKA 公司提供的标准负载，输入该工具的编号及合适的负载参数。

图 2-1-40　标准负载

3）偏量学习

只有当安装好工具负载后才能进行偏量学习，其操作步骤仿照标准法进行，在步骤(7)中可以在主菜单中点击“投入运行”→“调整”→“EMD”→“带负载校正”→“偏量学习”，如图 2-1-39 所示。在步骤(8)中点击的不再是“校正”按钮，而是“学习”按钮。当偏量学习后，得出各轴电机与首次零点标定的差值，存储至 RDC 卡中的 CAL 文件中。

表 2-1-1 列出了“偏量学习”与“首次调整”的差值。在法兰处的负载对零点影响较大有 A2 轴、A3 轴和 A5 轴，其余轴影响较小，其中 A5 轴影响最大，其电机偏差为 9.975°，轴偏差为−0.063°，负号表示电机转向与轴的转向相反。

表 2-1-1 “偏量学习”与“首次调整”的差值

轴名称	电机偏差/°	轴偏差/°
A1	0.434	−0.001
A2	2.179	−0.009
A3	6.972	−0.03
A4	0.487	−0.003
A5	9.975	−0.063
A6	1.521	−0.012

带负载校正法标定机器人零点，适用于机器人带有多种负载的场合。当机器人投入生产前将各个负载进行偏量学习，控制系统会自动补偿电机和轴的偏差值，达到较高的运动精度。“偏量学习”的次数取决于负载的种数。如果机器人仅有一种负载，即只要进行一次“偏量学习”。由于首次空载和偏量学习进行了两次零点标定，标定过程中存在累积误差，其精度不如标准法高。所以，当机器人仅有一种负载时，安装负载后应采用标准法进行零点标定。

(a) 零点标定的菜单　　(b) EMD法检查零点的菜单

图 2-1-41　带负载校正法检查零点的菜单

用带负载校正法检查零点标定的操作步骤与标准法检查零点标定类似，安装在法兰上的工具不需要拆除，需要输入对应的工具编号。在步骤(7)中可以在主菜单中点击“投入运行”→“调整”→“EMD”→“带负载校正”→“负载校正”→“带偏量”，如图 2-1-41 所示。

当检查零点标定成功后，得出与原来学习后的电机角度偏差值和轴位置差，图 2-1-42 所示为对 4 号工具 A5 轴的偏量检查结果。如果偏差过大，应按“保存”键，间接计算并覆盖 CAL 文件中该轴空载时首次零点标定的电机角度绝对值。如果偏差不大，应按“继续”键，仍然采用原来的数值。

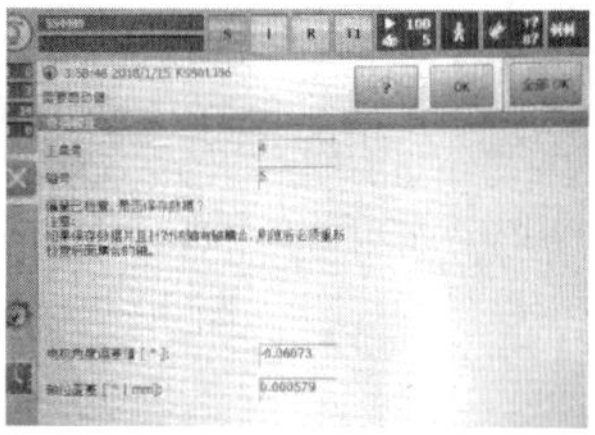

图 2-1-42　带负载校正法检查机器人零点

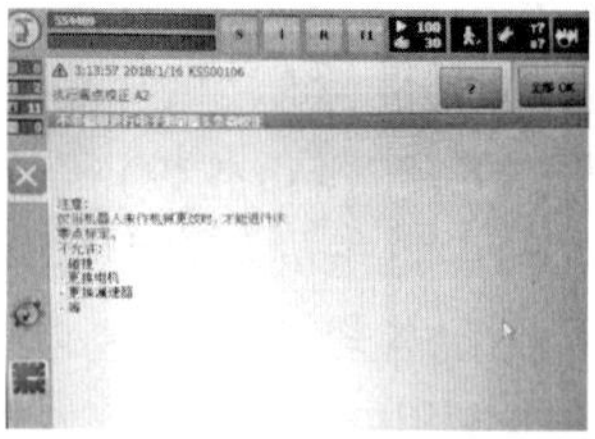

图 2-1-43　“无偏量”方式检查机器人零点

当机器人没有进行机械更改时，如软件升级，或者误删除文件，导致零点标定值丢失，可以采用在菜单中选择“无偏量”的方式进行检查零点标定，如图 2-1-41 所示。该方法只是恢复(restore)机器人零点校正，恢复前示教器上显示出该方式的注意事项，如图 2-1-43所示。

2. 重新校正零点

在实际工作中，将零点校正好后有时会发生丢失零点的现象。下面来分析零点丢失的原因。

机器人尾部有存储卡，对于 KR C2 控制系统存储卡为 RDW 卡，而对于 KR C4 控制系统存储卡为 RDC 卡，卡中记录了上次电机编码器数值和对应的电机角度绝对值。在 KR C2 控制系统中，编码器数值为 0～4 095。而在 KR C4 控制系统中，编码器数值为 0～65 535。如果下次读取时，比较当前电机编码器数值和原来保存的该电机角度绝对值对应的电机编码器数值，若两者之间数值偏差超过 1 000，则控制系统将零点丢弃，发生零点丢失现象。

如图 2－1－44 所示，以 A2 轴为例，若上次当 A2 轴为－45°时，对应的电机角度为 1 300°，对应的编码器数值为 2 000。如果下次编码器值检测到为 900，数值相差超过 1 000，系统无法判别电机与轴的实际位置，因此将零点丢弃，产生零点丢失现象。

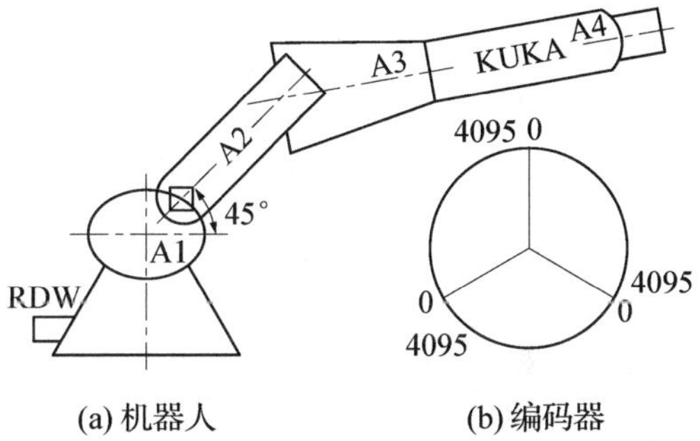

图 2－1－44 机器人轴角度、电机角度绝对值与编码器数值的对应关系

零点丢失后，需要重新校正零点。另外，如果轴的角度与对应的电机角度发生较大变化时，虽然零点数据不会丢失，也要重新校正机器人零点，以达到机器人原有的运动精度。因此，当轴的角度、电机角度绝对值和编码器数值三者之间不对应时，无论是否丢失零点，都要重新校正机器人的零点。下面给出了一些采常用的需要重新校正机器人零点的场合。

1) 更换电机

当更换某根轴的电机后，由于编码器值发生了改变，该轴的零点丢失，需要重新校正机器人的零点。

2) 更换齿轮箱

当更换某根轴的齿轮箱后，虽然该轴电机的编码器值未发生改变，零点数据也不会丢失，但由于轴的角度值发生了改变，即编码器值与轴角度值之间的对应关系发生了变化，也要重新校正机器人的零点。

3) 轴受到撞击

当某根轴受到撞击后，由于安装电机的螺栓与螺栓孔之间存在间隙，使电机与轴发生了相对位移，编码器值与轴角度值之间的对应关系同样发生了变化，也要重新校正机器人的零点。

4) 机器人运动中突然关机

对于 KR C4 控制系统，每隔 12ms 将数据存入 RDC 卡，而对于 KR C2 控制系统，关机时才将数据存入 RDW 卡。在运动过程中突然关机，由于惯性的作用，某根轴实际位置对应的编码器数值与存储卡中的编码器数值不一致，导致该轴的零点丢失，同样需要重新找回零点。

5) 锂电池电量不足

由于锂电池电量不足，导致存储卡没有及时存储数据，使下次检测的当前电机编码器数值与存储的电机编码器数值之间有较大偏差，同样也会丢失零点，也要重新找回零点。

在重新校正机器人零点的维护工作中，为了提高工作效率，安装在法兰处的工具一般不需要拆除。如果首次投入运行时，用标准法标定了机器人零点，则可以采用标准法检查零点标定的方法重新找回零点；如果用带负载校正法标定了机器人零点，则可以采用带负载校正法检查零点标定的方法找回零点。如果不确定到底采用哪种方法标定了机器人的零点，可以通过查看<SN>.cal 文件中的“[MotorDifference for Tool i]”，其中 i 表示具体的工具编号。如果该项下 Axis1～Axis6 有数值，表示该工具已经偏量学习过，即首次投入运行时采用的是带负载校正法标定的零点，反之亦然。当重新校正零点后，通过查看该 CAL 文件中的“[AbsolutMotorValues]” 项下 Axis1～ Axis6 的数值是否有变化，判断是否已经重新找回零点。

如果需要更换中心手，则必须拆除工具负载。更换中心手后，由于 A4～A6 轴的机械零点位置发生了变化，因此需要重新替换 MAM 文件，更新 A4～A6 轴的机械零点，然后按照首次投入运行的情况来标定机器人的零点。

早期的控制系统采用 KR C2，存储器采用电可擦除可编程只读存储器 E^2PROM（或 EEPROM，即 electrically erasable programmable read-only memory）。它的最大优点是可直接用电信号擦除，也可用电信号写入。由于 E^2PROM 工艺复杂，耗费的门电路过多，且重编程时间较长，擦写次数受到限制，机器人采用关机后才写数据至 RDW 卡。如果锂电池没电，零点当然会丢失。另外，如果由于软件升级，或者误删除文件，导致的零点数据丢失，当采用带负载校正法检查零点标定时，可选用“无偏量”的方式来恢复零点数据。该方法同样需要接上 EMD，寻找零点位置，反馈电机角度绝对值，与<SN>.cal 文件中的数据比较，如果差别不大，则采用原来的数值；如果差别过大，说明机器人的机械部件已经更改，如更换电机或齿轮箱，或者轴受到撞击，零点数据恢复失败。

零点标定时要注意机器人的姿态位置，尽量使各轴都在预校正位置。如果受到工装、设备等限制，确实需要更换其他轴的预校正位置，此时要考虑原来校正轴的预校正姿态。如校正 A4～A6 轴零点时，需要考虑机器人各轴的姿态。由于零点位置的标准姿态为 A2＝－120°，A3＝110°，即小臂 A3 轴与水平面的夹角为向上 10°。如果 A2 轴不在零点位置，如 A2＝－140°，为了使小臂 A3 轴与水平面的夹角仍然保持向上 10°，必须使 A3＝130°，如图 2－1－45 所示。否则当标定 A4～A6 轴的零点时，会出现错误的零点数据。

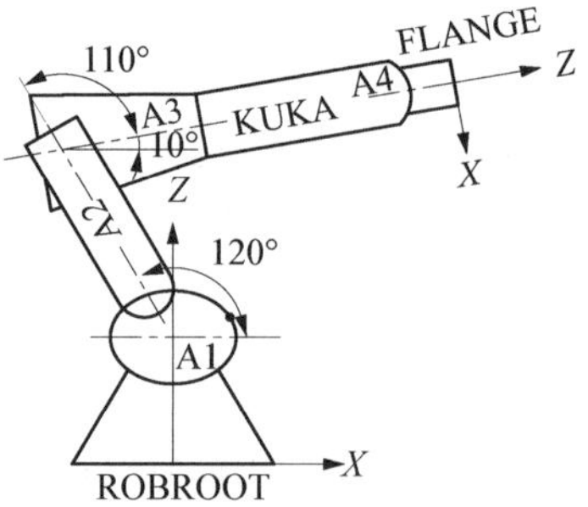

(a) 标准姿态

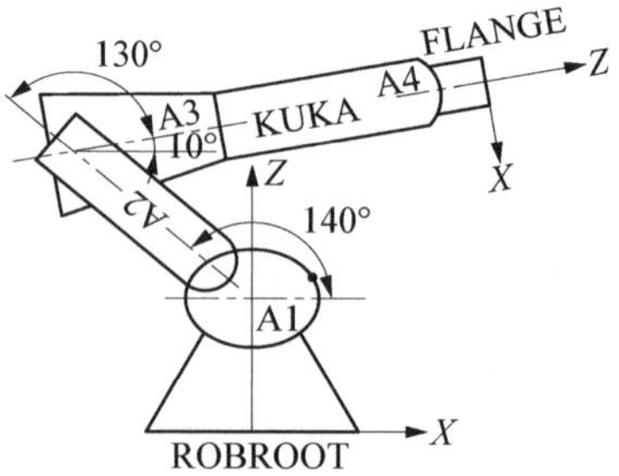

(b) 非标准姿态

图 2－1－45　QUANTEC 机器人零点标定姿态

任务清单 2-1-2 用带负载校正法标定工业机器人零点

班级＿＿＿＿＿＿ 姓名＿＿＿＿＿＿ 学号＿＿＿＿＿＿ 组别＿＿＿＿＿＿ 组长＿＿＿＿＿＿

组员＿＿＿＿＿＿＿＿＿＿＿＿＿＿＿＿＿＿＿＿＿＿＿＿＿＿＿＿＿＿

<table>
<tr><td>任务描述</td><td>1. 通过查阅资料，描述标准法与带负载校正法的应用场合。
2. 通过查阅资料，带负载校正法中的执行零点标定和检查零点标定的应用场合。
3. 通过带负载校正法标定工业机器人零点，熟练掌握工业机器人零点标定的操作方法。</td></tr>
<tr><td>对接“1＋X”</td><td>本任务对接《工业机器人操作与运维职业技能等级标准》(2021 年 2.0 版)的内容有：
<table>
<tr><th>等级</th><th>工作领域</th><th>工作任务</th><th>职业技能要求</th></tr>
<tr><td rowspan="3">初级</td><td rowspan="3">2. 工业机器人安装</td><td rowspan="3">2.5 工业机器人零点校对</td><td>2.5.1 能操作工业机器人零点校对。</td></tr>
<tr><td>2.5.2 能判断工业机器人断电、减速器更换等五种需要零点校对的状况。</td></tr>
<tr><td>2.5.3 能判断工业机器人各关节零点位置。</td></tr>
<tr><td>中级</td><td>1. 工业机器人系统安装</td><td>1.3 工业机器人调试</td><td>1.3.1 能对工业机器人的各轴进行归零调试、试运行功能调试。</td></tr>
<tr><td rowspan="3">高级</td><td rowspan="3">1. 工业机器人系统安装与调试</td><td rowspan="3">1.2 工业机器人标定与校准</td><td>1.2.1 能熟练使用工业机器人各关节零点标定杆和标定板。</td></tr>
<tr><td>1.2.2 能熟练按步骤标定工业机器人各关节轴零点。</td></tr>
<tr><td>1.2.3 能熟练辨识校准误差偏大等异常现象。</td></tr>
</table></td></tr>
<tr><td>任务目标</td><td>1. 知识目标
了解标准法与带负载校正法的应用场合，了解带负载校正法的中的执行零点标定和检查零点标定的应用场合。
2. 能力目标
能熟练使用 EMD，用带负载校正法对工业机器人各轴进行零点标定。
3. 素质目标
运用已获得知识、技能和经验独立分析和解决问题。
4. 思政育人目标
具有科学精神，能够描述工业机器人带负载校正的零点标定流程，培养学生精益求精的工匠精神，通过分析工业机器人零点标定的必要性，引导学生在学习和工作中不能忘记自己的初心，明确奋斗目标。</td></tr>
<tr><td>任务要求</td><td>通过用带负载校正法对工业机器人各轴进行零点标定，描述工业机器人零点标定的操作步骤。</td></tr>
</table>

<table>
<tr><td>任务思考</td><td>1. KUKA 机器人零点标定的方法有哪些？分别应用在什么场合？

2. 当 KUKA 机器人使用负载相差悬殊的不同工具时如何进行标定机器人零点？</td></tr>
<tr><td>任务实施</td><td>1. 描述用带负载校正法对工业机器人各轴进行零点标定的操作步骤。

2. 分析用带负载校正法执行零点标定和检查零点标定的异同点。</td></tr>
<tr><td>任务总结</td><td>1. 知识与技能方面的收获与体会。

2. 职业素养方面的收获与体会。

3. 其他方面的收获与体会。</td></tr>
<tr><td>任务评价</td><td>
<table>
<tr><th>序号</th><th>考核指标</th><th>所占分值</th><th>备注</th><th>得分</th></tr>
<tr><td>1</td><td>任务完成情况</td><td>30</td><td>是否在规定时间内完成任务</td><td></td></tr>
<tr><td>2</td><td>任务实施质量</td><td>30</td><td>参与态度及任务成果的质量</td><td></td></tr>
<tr><td>3</td><td>任务总结质量</td><td>40</td><td>知识、技能、职业素养及其他方面的收获与体会</td><td></td></tr>
</table>
指导教师：　　　　日期：　　年　月　日</td></tr>
<tr><td>任务拓展</td><td>查阅和搜集资料，描述“带偏量”和“无偏量”的负载校正的区别与应用场合，回答单一负载时能否采用偏量学习。</td></tr>
</table>

任务 2　擘两分星——测定负载参数

【扫一扫】
课前测试

案例引入

某机械加工企业积极开展智能化改造和数字化转型，为减轻工人的劳动负担，加工中心设备旁配备了 KUKA 机器人，用于上下料。编程人员在调试机器人程序的过程中，手动运行程序时，始终出现超载报警，仔细核对物料的重量，没有超出机器人的额定负载，编写的上下料程序无法运行，请求机器人厂家技术支持。

子任务 1　分析工业机器人的负载参数

知识链接

1. 工业机器人的技术指标

【扫一扫】
工业机器人的技术指标

机器人的技术指标反映机器人的适用范围和工作性能，是选择、使用工业机器人必须考虑的问题。尽管各机器人供应商提供的技术指标不完全一样，机器人的结构、用途以及用户的要求也不尽相同，但其主要技术指标一般都有自由度、工作空间、额定负载、最大工作速度和工作精度等。此外，还有安装方式、防护等级、环境要求、供电电源要求、机器人外形尺寸与质量等与使用、安装和运输相关的其他参数。

1) 自由度

自由度(degree of freedom, DOF)是工业机器人的一个重要技术指标，是由工业机器人的结构决定的，并直接影响到机器人的机动性。

(1) 刚体的自由度

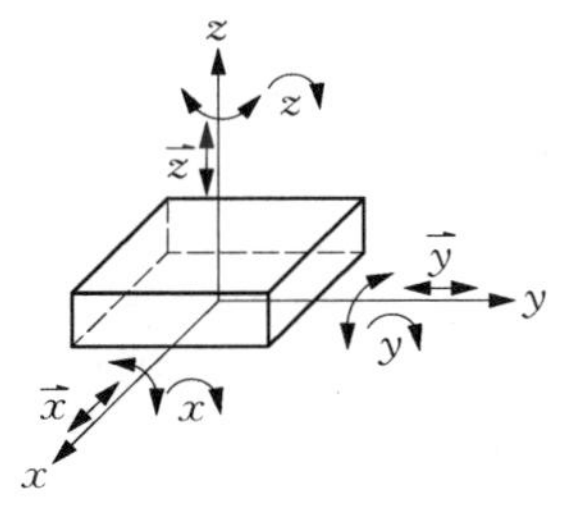

图 2-2-1　刚体的自由度

物体能够对坐标系进行独立运动的数目称为该物体的自由度，物体所能进行的运动如图 2-2-1 所示，即分别沿坐标轴 x、y、z 的三个平移运动 $\vec{x}$、$\vec{y}$、$\vec{z}$ 和围绕 x、y、z 轴回转运动 $\widehat{x}$、$\widehat{y}$、$\widehat{z}$，这就意味着物体能够运用 3 个平移和 3 个转动，相对于坐标系进行定位和运动。

一个刚体在空间中有 6 个自由度，当 2 个刚体间确立起某种关系时，每个刚体就相对于另一刚体失去了一些自由度，即引入了一些约束。

(2) 机构的自由度

使机构具有确定运动时所必须给定的独立运动的数目称为机构的自由度。如图 2－2－2 所示的平面四杆机构中，当构件 1 按给定的角位移规律转动时，其余各构件的运动就随之确定，因而该机构的自由度数为 1，构件 1 是机构中接受外界独立运动的构件，称为机构的主动件，其余构件称为从动件。

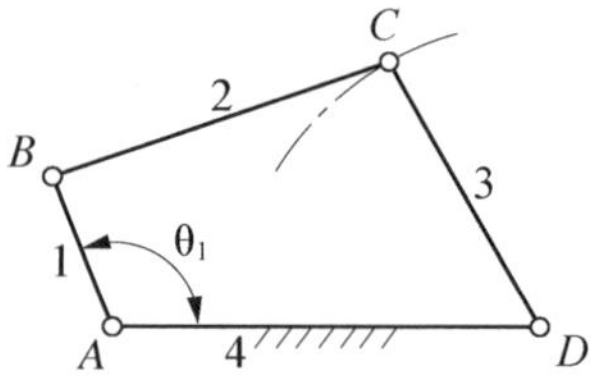

图 2－2－2　平面四杆机构

(3) 机器人的自由度

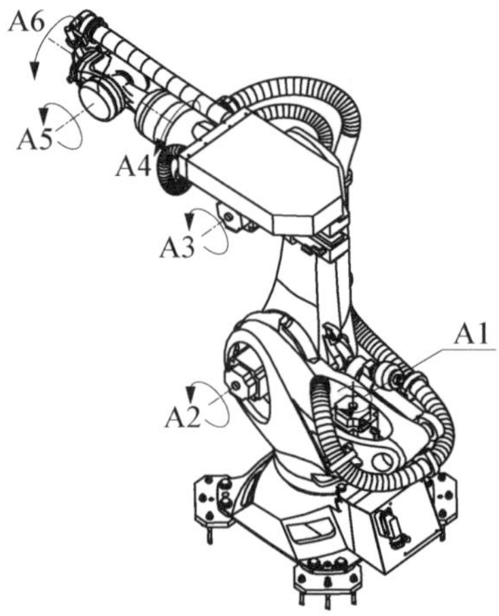

图 2－2－3　KR 120 R2500 pro 机器人的自由度

机器人的自由度通常作为机器人的技术指标，反映机器人动作的灵活性，可用轴的直线移动、摆动或旋转动作的数目来表示，但末端执行器的动作不包括在内。目前，焊接和涂装作业机器人多为 6 或 7 自由度，而搬运、码垛和装配机器人多为 4～6 自由度。图2－2－3所示为 KUKA 公司生产的 QUANTEC 系列的 KR 120 R2500 pro 机器人的外形图，共有 6 个自由度，能实现 6 个旋转动作，分别用 A1～A6 表示，且规定了转动方向的正负号，图中箭头指向为各轴的正方向。

2) 额定负载

负载对于机器人运行具有非常重要的作用。如在背包时，如果感觉包很重，为了走路时更加省力，可以稍微往前倾。再如开车时车上的载重多少会影响起步与刹车，重载起步时比轻载时要加更大的油门，刹车时也要比轻载时提前刹车。因此，为了更好地控制机器人运动，应将负载参数预先输入系统。

【扫一扫】

工业机器人的负载含义

(1) 工业机器人的负载含义

负载是指另外装在机器人上，并由机器人一起移动的部件，包含工具负载和附加负载，如图 2－2－4所示。

工具负载(tool load)简称负载，指的是法兰上的负荷，也称持重。正常操作条件下，作用于机器人手腕末端，不会使机器人性能降低的最大载荷，称为额定负载。目前，工业机器人的负载范围可以为 0.5 ～800 kg，如库卡 QUANTEC 系列机器人 KR 120 R2500 pro 的额定负载为 120 kg。

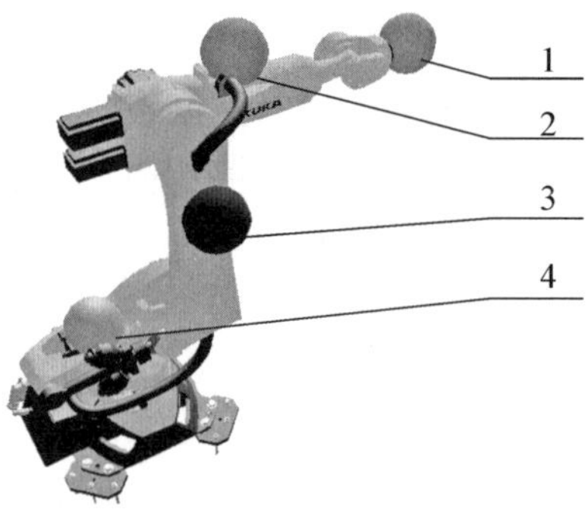

1—工具负载　2—A3 轴附加负载
3—A2 轴附加负载　4—A1 轴附加负载

图 2－2－4　机器人的负载

附加负载(supplementary load)包含 A1 轴、A2 轴和 A3 轴的附加负载，即在底座、大臂和小臂上附加安装的部件，包括供能系统、阀门、上料系统、材料储备等。其中工具负载和 A3 轴的附加负载参数参考法兰坐标系 FLANGE，而 A1 轴和 A2 轴的附加负载参数参考根坐标系 ROBROOT。

【扫一扫】

工业机器人的负载参数

(2) 工业机器人的负载参数

① 重量

机器人牌号为 KR 300 R2500 ultra，其法兰上安装了 200 kg 的负载，如图 2－2－5 所示。系统应输入正确的负载重量值 200 kg，否则会影响机器人正常工作。

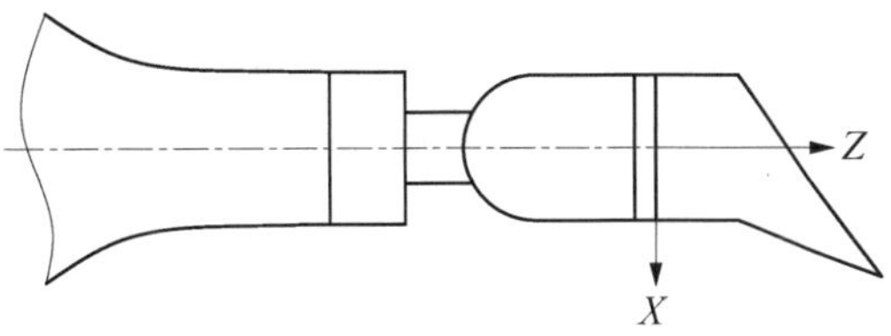

图 2－2－5　机器人的负载

如果系统输入值为 150 kg，机器人初始运动时，由于加速度不够，如图 2－2－6 所示，可能一下子启动不了，引起过载报警，但实际上没有“真”过载，只要将输入值改为 200 kg 即可。系统不能很好地识别“真”“假”过载，从而影响力矩监控。当减速时，正常情况下按 STOP2 斜坡制动，但中途控制器发现制动太慢，以 STOP1 停机方式减速运动，使机器人的电器元件消耗能量，产生发热现象，缩短电器元件的寿命。

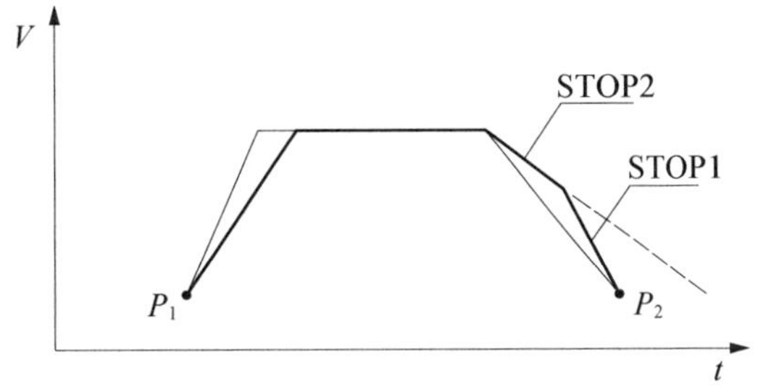

图 2－2－6　机器人的过载

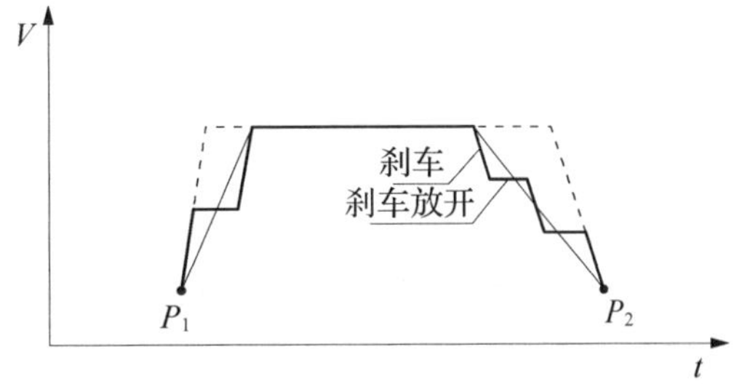

图 2－2－7　机器人的欠载

如果系统输入值为 250 kg，机器人运行时，引起欠载报警，从而也影响力矩监控，如图 2－2－7所示，机器人初始运动时，由于加速度过大，控制器中途停止加速，之后又开始加速，而减速时，由于刹车过急，控制器中途停止减速，之后又重新减速，从而机器人产生抖动和冲击，缩短齿轮箱寿命。减速过程中抖动现象还影响了到达终点的位置精度。另外，本来可以按虚线加速和减速，但实际上加速滞后了，减速提前了，从而影响了生产节拍周期。

② 重心

机器人的负载重心是用法兰坐标系中的坐标值{x，y，z}表示，如图 2－2－8 所示 O_1。可以借助软件 KUKA.Load 5.0 来分析重心的不同位置对机器人的影响。该软件可在 KUKA 官网 www.kuka.com 上下载。打开网页，点击左上角“菜单” →“售后服务” →“下载” → “产品名称”，选择需要下载的“KUKA.LOAD”，填写个人信息后即可下载。

在 KUKA.Load 5.0 中，选中机器人型号 KR 300 R2500 ultra，点击“全部设为额定值”，负载重量修改为 200 kg，重心默认为{270，0，240}，点击“负载分析”，分析结果显示为“允许使用所选机器人型号”，如图 2－2－9 所示。如果重心位置远离法兰后，如图 2－2－8 所示 O_2，负载重量仍为 200 kg，如图 2－2－8 所示虚线，重心位置 L_Z 由 240 变为 1 000，其余参数不变，则负载分析结果为“机器人动态过载”和“机器人静态过载”，如图 2－2－10 所示。

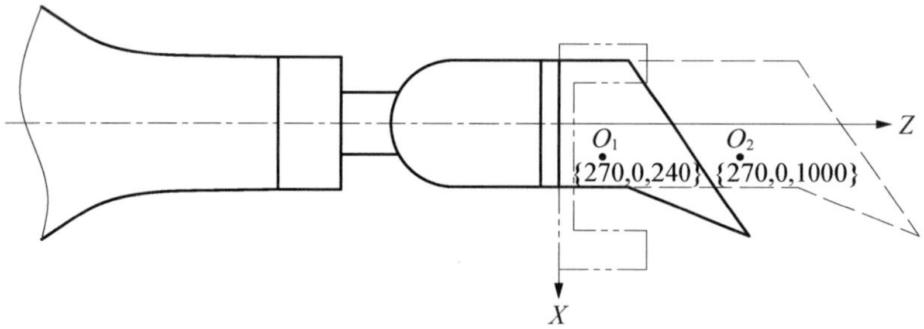

图 2－2－8　机器人的负载重心

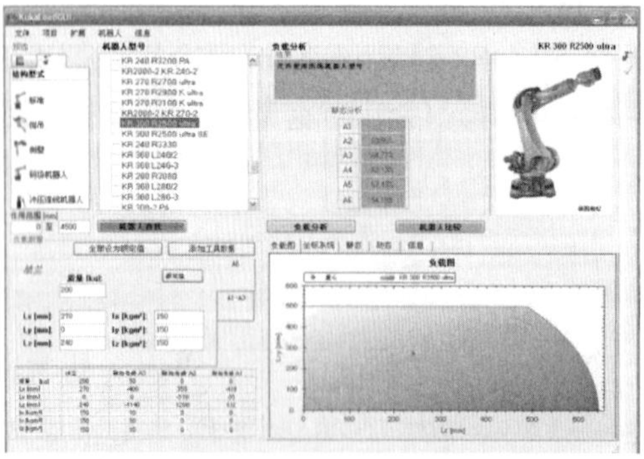

图 2－2－9　除重量设为 200 kg 外其余全为额定值的负载分析

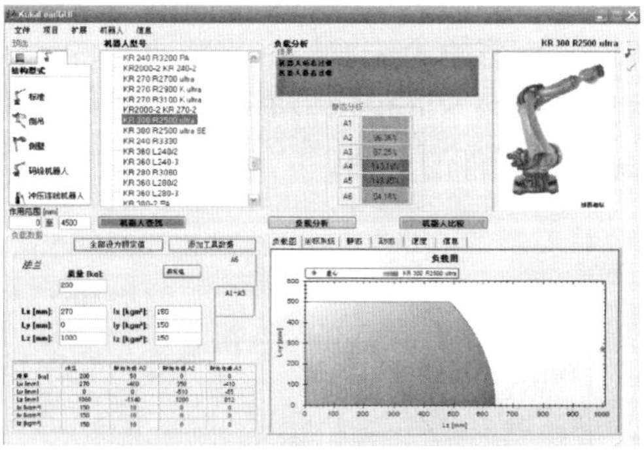

图 2－2－10　重心远离法兰后的负载分析

所以，当负载重心远离法兰后，为了使机器人不产生过载，可以适当降低机器人允许的最大负载，如图 2－2－11 所示。

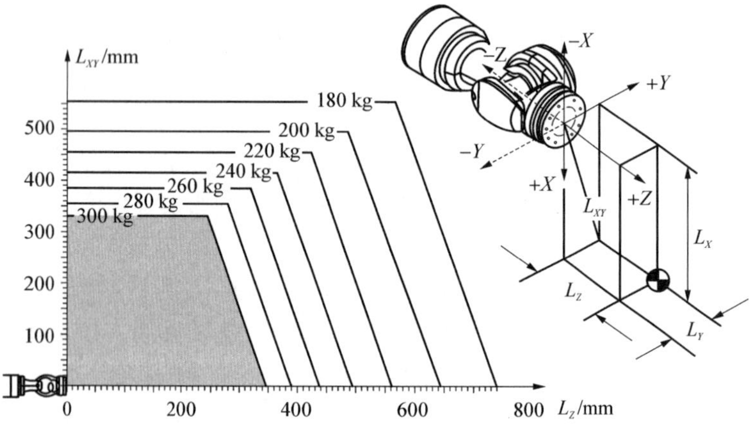

图 2－2－11　KR 300 R2500 ultra 负载重心与重量

③ 转动惯量

转动惯量(moment of inertia)又称质量惯性矩，是刚体绕轴转动时惯性(回转物体保持其匀速圆周运动或静止的特性)的量度，通常用字母 I 或 J 表示，其单位为 $kg \cdot m^2$。

对于一个质点，转动惯量的计算公式为

$$I = mr^2$$

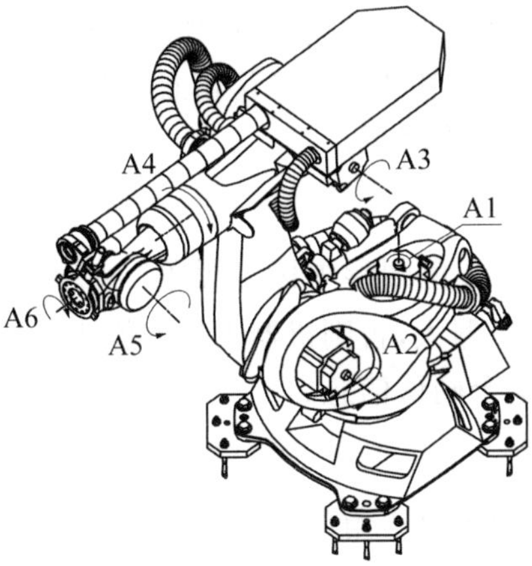

图 1－2－7　KUKA 机器人的运动轴及正方向

在这 6 根运动轴中，A1 轴、A2 轴和 A3 轴用于实现末端执行器到达工作空间中的任意位置，通常称为工业机器人的基轴或主轴。A4 轴、A5 轴和 A6 轴用来调整末端执行器在工作空间中的任意姿态，通常称为工业机器人的手轴或次轴。另外，KUKA 机器人控制系统 KR C4 还可以控制最多 6 根附加轴，用 A7～A12 轴来表示。由于附加轴是通过变位机、线性导轨等外围设备的旋转运动或直线运动实现，因此，附加轴又称为机器人的外部轴。

机器人各运动轴的集合组成了工业机器人的关节坐标系，通常可以用结构体

$$\{A1, A2, A3, A4, A5, A6 \cdots\}$$

来表示末端执行器在关节坐标系中的空间位置和姿态。其中，结构体中各运动轴数据的单位用 ° 来表示。

4. 处理示教器上的信息

在手动移动机器人之前，操作人员必须注意观察 KUKA smartPAD 上的信息，不能盲目操作。在示教器左上角的信息窗口中显示当前信息，如图 1－2－8 所示中显示了“由于软件限位开关＋A1 而停机”的信息。

图 1－2－8　示教器上的当前信息

【扫一扫】
熟悉示教器教学演示

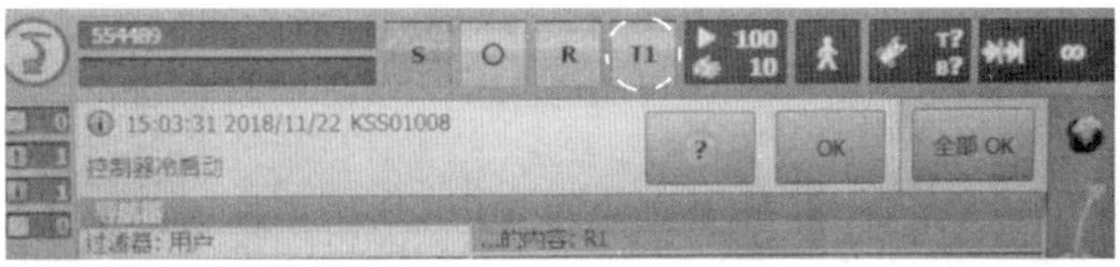

图 1-2-12　状态栏显示当前运行方式

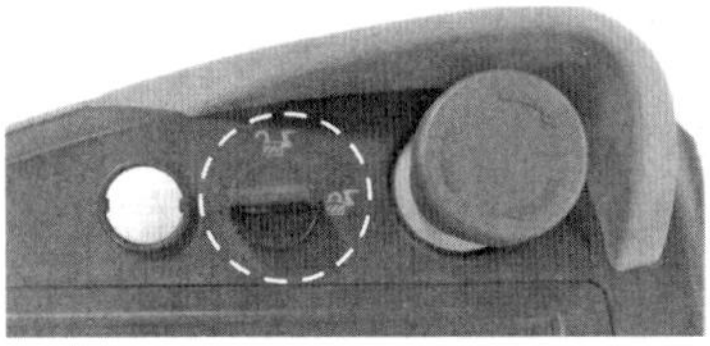

图 1-2-13　锁定连接管理器

为了切换运行方式，需要顺时针转动示教器上的连接管理器开关至锁定状态，如图1-2-13所示。然后弹出选择运行方式的窗口，如图 1-2-14 所示。选择需要切换的运行方式，如将 T1 切换至 AUT，将连接管理器开关逆时针转回至原来开锁状态，如图1-2-15所示，切换后的运行方式显示在示教器的状态栏中，如图 1-2-16所示。

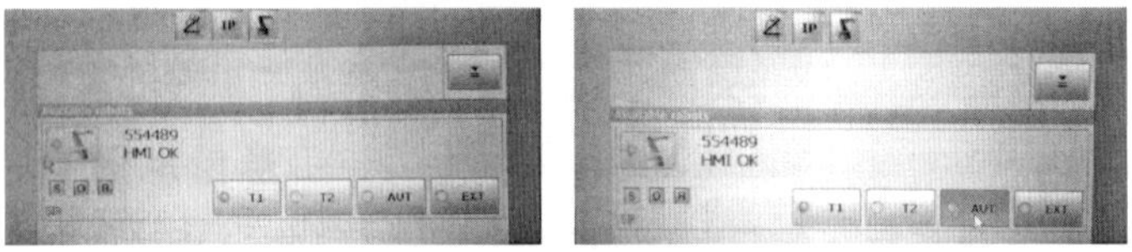

(a) 切换前　　(b) 切换后

图 1-2-14　切换运行方式

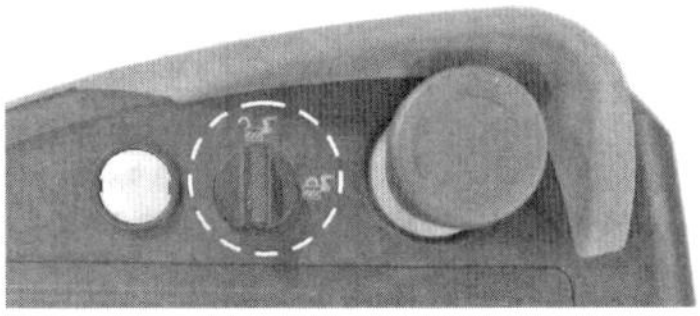

图 1-2-15　打开连接管理器

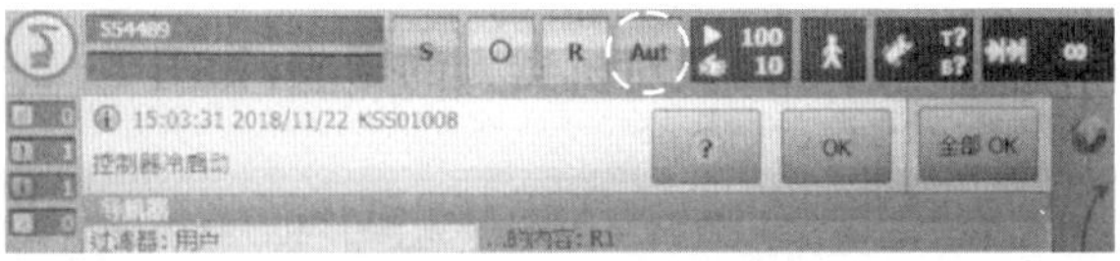

图 1-2-16　状态栏显示切换后的运行方式

在程序运行的过程中，不要更换运行方式，否则 KUKA 机器人会以 STOP2 停止运行。机器人断电后会将当前的运行方式存储至控制系统，即开机后的运行方式维持断电前的运行方式。因此，当天培训结束前，需要将运行方式切换至 T1，确保下次开机后的安全运行。而开机后也要注意状态栏中的运行方式，如果不正确，应及时切换。

6. 单轴运动机器人

如果要运动机器人 A1～A6 轴中的某根轴，运动坐标系应选择关节坐标系，且运行方式选择 T1，设置手动倍率，通过按下确认键激活伺服驱动装置，然后按下 KUKA smartPAD 的移动键或 3D 鼠标，启动机器人指定轴的调节装置，使该轴沿正向或负向连续运动或增量式运动。单轴运动机器人的操作步骤如下。

【扫一扫】

单轴运动机器人教学演示

1) 调整手动倍率

点击示教器倍率调节工具，弹出“调节量”对话框，如图 1-2-17 (a)所示，移动手形工具，设置手动倍率，如将 10%调整为 60%，如图 1-2-17 (b)所示。

式中，m——质点的质量，单位为 kg；r——质点到转轴的垂直距离，单位为 m。

惯量可以反映出物体平动状态下的惯性：质量越大，则惯性越大，即越难以改变它的平动状态，同样从静止开始，质量大的物体比质量小的物体更难于被加速。

同样地，转动惯量可以反映出物体在转动状态下的惯性，转动惯量大的物体的角速度更难于被改变：受到相同外力矩作用的两个刚体，转动惯量大的获得的角速度小，说明这个刚体运动状态比较难以改变，或者说刚体的转动惯性比较大。因此，转动惯量在旋转动力学中的角色就相当于线性动力学中的质量，可简单地理解为一个物体对于旋转运动的惯性，用于建立角动量、角速度、力矩和角加速度等多个物理量之间的关系。

转动惯量表示刚体转动惯性的大小，由刚体的形状、自身的质量分布、转轴位置三个因素决定，而与刚体绕轴的转动状态（如角速度的大小）无关。同一刚体对不同转轴的转动惯量是不同的，因此，凡是提到转动惯量，必须指明它是对哪根轴的转动才有实际意义。

库卡机器人 KR 300 R2500 ultra 的负载重量仍为 200 kg，当绕 Z 轴的转动惯量由 150 kg·m^2 加大至 400 kg·m^2，其余均为额定值时，负载分析结果为“机器人静态正常”和“机器人动态过载”，如图 2-2-12 所示。

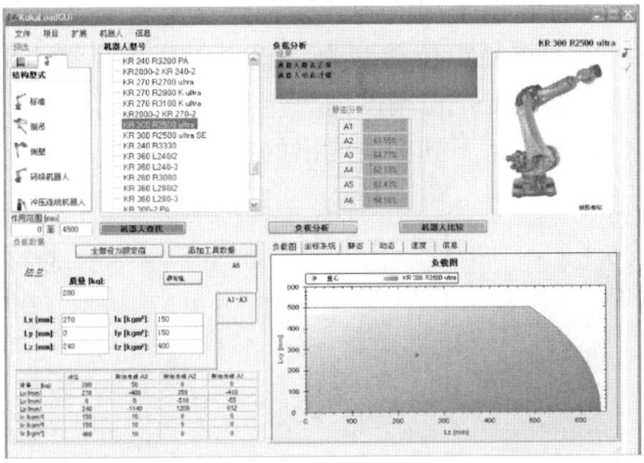

图 2-2-12　转动惯量变大后的负载分析

3）工作精度

机器人的工作精度主要指绝对精度和重复定位精度。绝对精度是指机器人末端执行器实际到达位置与目标位置之间的差异。重复定位精度是指机器人重复定位其末端执行器于同一目标位置的能力。工业机器人具有绝对精度低，重复定位精度高的特点。一般而言，工业机器人的绝对精度比重复定位精度低 1～2 个数量级，造成这种情况的主要原因是机器人控制系统根据机器人运动学模型来确定机器人末端执行器的位置，而实际机器人与理论模型有一定的误差，产生误差的原因有机器人本身的制造误差、工件加工误差，以及机器人与工件的定位误差。目前，工业机器人的重复定位精度可达±0.01～±0.5mm。根据作业任务和工具负载的不同，要求机器人的重复定位精度也不同，表 2-2-1列出了工业机器人在不同行业应用中要求的工作精度。

表 2-2-1　工业机器人典型行业应用的工作精度

作业任务	额定负载(kg)	重复定位精度(mm)
搬运	5～200	±0.2～±0.5
码垛	50～800	±0.5
点焊	50～350	±0.2～±0.3
弧焊	3～20	±0.08～±0.1
喷涂	5～20	±0.2～±0.5

续　表

作业任务	额定负载(kg)	重复定位精度(mm)
装配	2～5	±0.02～±0.03
	6～10	±0.06～±0.08
	10～20	±0.06～±0.1

重复定位精度(RP)和绝对精度(AP)的测试标准采用测试机器人的国际标准ISO 9283,规定了测试的环境,包括温度、湿度、振动、噪声、安装等参数,标准还规定了测试精度的方法、数据的取样及计算方法。

(1) 重复定位精度

重复定位精度又称位置重复度,其大小完全取决于机器人硬件设施。同一个点重复测试30次,取平均值,位置误差控制在半径为RP的球内,如图2－2－13所示。如KR 30机器人的重复定位精度为±0.06 mm,大机器人的重复定位精度稍大,如FORTEC系列机器人的重复定位精度为±0.08 mm。由于实际工厂达不到标准规定的环境,其实际重复定位精度也达不到标准测出的精度。

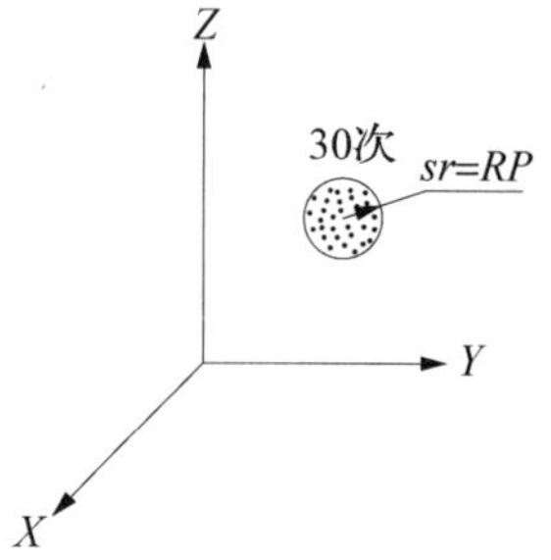

图2－2－13　重复定位精度

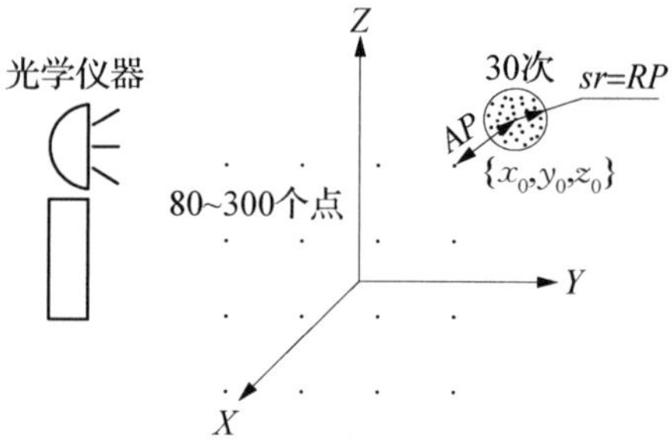

图2－2－14　绝对精度

(2) 绝对精度

当工作时需要更换备用机器人,或者做离线编程时,就要考虑绝对精度。

绝对精度指机器人在满负载情况下,到达空间中目标点$\{x_0, y_0, z_0\}$,用光学仪器测量其实际位置,理论值与实际值的绝对误差,如图2－2－14所示。目标点离零点位置越远,其误差越大。

由于许多非KUKA机器人不能后仰,在测试时不考虑机器人的后仰,即手臂伸长时,测试点在下方。普通机器人的绝对精度为几毫米。当满负载时,重复测试80～300个点,进行位置补偿,补偿量存放在PID文件＜SN＞.pid中,这里的PID不同于自动控制中的比例-积分-微分控制器,而是指位置识别(position identification)。经过PID补偿后的机器人绝对精度较高,为高精度机器人的开发创造条件。库卡高精度机器人铭牌后标有高精度(high accuracy,HA),其型号有KR 30 HA、KR 60 HA、KR 90 R2900 extra HA、KR 90 R3100 extra HA和KR 120 R2700 extra HA。通过存储RDC数据,高精度机器人在RDC目录下有＜SN＞.cal、＜SN＞.mam、＜SN＞.pid三个文件,而普通机器人只有＜SN＞.cal、＜SN＞.mam两个文件。

实际工具一般不是满负载，因此对于 n 个不同负载，零点标定时需要偏量学习 n 次，在补偿点上进行调整。高精度机器人的绝对精度可达到 $AP=\pm0.4$，而普通 QUANTEC 机器人的绝对精度只能达到 $AP=\pm0.7$。

每台机器人的硬件不能做得完全一样，在满载下变形量也各不相同，因此，当更换中心手等硬件时，高精度机器人需要重新做 PID 补偿。

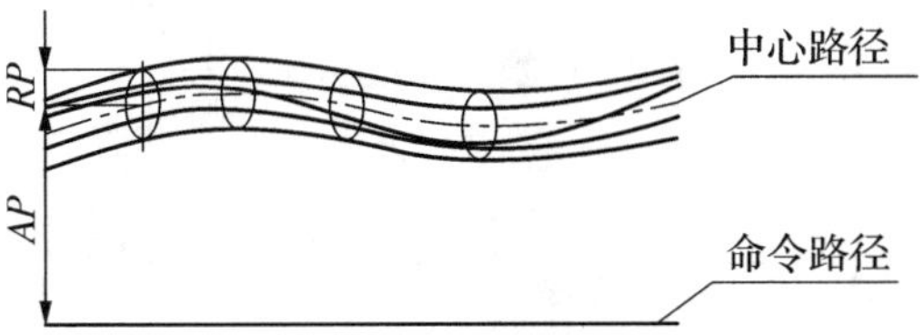

图 2－2－15　路径的精度

以上是测试点对点的精度，也可以测试路径的精度，如图 2－2－15 所示，当速度为 1 m/s 的直线路径时，若采用 LIN 命令，普通机器人的绝对精度 $AP=1.4$，若采用 SLIN 命令，则绝对精度 $AP=1.2$。对于高精度机器人，若采用 LIN 命令，则绝对精度 $AP=0.6$，若采用 SLIN 命令，则绝对精度 $AP=0.9$，而重复定位精度均为 $RP=0.2$，如表 2－2－2 和表 2－2－3 所示。可以通过在轨迹上增加示教点的方法，减少路径插补误差。

表 2－2－2　速度为 1 m/s 时的普通机器人直线路径的精度

工作精度	LIN	SLIN
绝对精度 *AP*	1.4	1.2
重复定位精度 *RP*	0.2	0.2

表 2－2－3　速度为 1 m/s 时的高精度机器人直线路径的精度

工作精度	LIN	SLIN
绝对精度 *AP*	0.6	0.9
重复定位精度 *RP*	0.2	0.2

4）工作空间

工业机器人的工作空间也称工作范围或工作行程，是工业机器人执行任务时手腕参考点所能掠过的空间，常用图形表示。工作范围的形状和大小反映了机器人工作能力的大小，因此，它对于机器人的应用非常重要。工作范围不仅与机器人各连杆的尺寸有关，还与机器人的总体结构有关。为了能真实反映机器人的特征参数，厂家所给出的工作范围一般指不安装末端执行器时可以到达的区域。值得注意的是，在安装上末端执行器后，如果要保证工具姿态，实际的可达空间会比厂家给出的要小一层，这就需要用比例作图法或模型法进行核算，以判断是否满足实际需要。目前，单台工业机器人本体的工作范围可达 3.5 m 左右。如图 2－2－16 所示为库卡机器人 QUANTEC 系列的 KR 120 R2500 pro 的工作空间，手腕中心的最大回转半径为 2 496 mm。

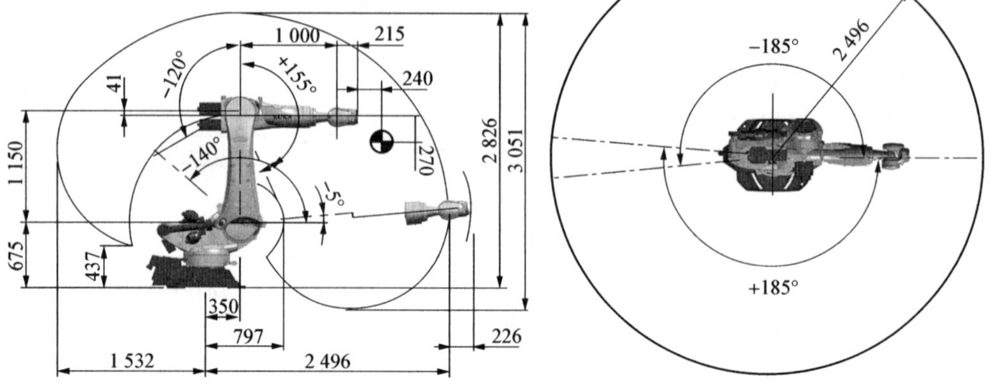

(a) 主视图　　(b) 俯视图

图 2－2－16　KUKA 机器人 KR 120 R2500 pro 工作空间

5）最大工作速度

工业机器人的最大工作速度是指在各轴联动情况下，机器人手腕中心所能达到的最大线速度，是影响生产效率的重要指标。不同品牌的机器人，其标注方法也不同，一般都会在技术参数中加以说明。很明显，最大工作速度越高，生产效率也越高，然而，工作速度越高，对机器人最大加速度的要求也越高。

除了要关注机器人的自由度、额定负载、工作精度、工作空间和最大工作速度外，还要注意机器人的本体重量、控制方式、驱动方式、安装方式、存储容量、插补功能、语言转换、自诊断及自保护、安全保障功能等。以 KUKA 机器人 QUANTEC 系列的 KR 120 R2500 pro 为例，其主要技术指标如表 2－2－4 所示。

表 2－2－4　KUKA 机器人 KR 120 R2500 pro 主要技术参数

名称		内容	名称		内容
额定负载(kg)		120	附加负载(kg)		50
结构形式		串联	轴数		6
工作半径(mm)		2 496	重复定位精度(mm)		±0.06
本体重量(kg)		1 049	安装方式		地面
最大工作范围(°)	第一轴	±185	最大速度(°/s)	第一轴	136
	第二轴	−5/−140		第二轴	130
	第三轴	+155/−120		第三轴	120
	第四轴	±350		第四轴	292
	第五轴	+125		第五轴	258
	第六轴	±350		第六轴	284

任务清单 2－2－1　分析工业机器人的负载参数

班级＿＿＿＿＿＿姓名＿＿＿＿＿＿学号＿＿＿＿＿＿组别＿＿＿＿＿＿组长＿＿＿＿＿＿
组员＿＿＿＿＿＿＿＿＿＿＿＿＿＿＿＿＿＿＿＿＿＿＿＿＿＿＿＿＿＿＿＿＿＿＿＿

<table>
<tr><td>任务描述</td><td>1. 通过查阅资料，描述工业机器人常见的技术指标。
2. 通过查阅资料，描述工业机器人负载的含义及参数。
3. 使用负载分析软件，对指定型号的 KUKA 机器人进行负载参数分析。</td></tr>
<tr><td>对接“1＋X”</td><td>本任务对接《工业机器人操作与运维职业技能等级标准》(2021 年 2.0 版)的内容有：
<table>
<tr><th>等级</th><th>工作领域</th><th>工作任务</th><th>职业技能要求</th></tr>
<tr><td rowspan="3">初级</td><td rowspan="3">3. 工业机器人参数设置与操作</td><td rowspan="2">3.2　示教器参数设置</td><td>3.2.1　能设置示教器的语言与参数(时间、运行模式)。</td></tr>
<tr><td>3.2.3　能设置工业机器人工具数据和负载数据。</td></tr>
<tr><td>3.3　工业机器人操作</td><td>3.3.5　能查看工业机器人信息提示和事件日志。</td></tr>
</table></td></tr>
<tr><td>任务目标</td><td>1. 知识目标
了解工业机器人常见的技术指标，了解工业机器人负载的含义及参数。
2. 能力目标
能够借助 KUKA 负载分析软件，分析工业机器人的负载参数。
3. 素质目标
运用已获得知识、技能和经验独立分析和解决问题。
4. 思政育人目标
具有科学精神，能够描述工业机器人负载的含义及参数，培养学生严谨细致、求真务实和热爱科学的精神，通过学习分析工业机器人负载参数，培养学生不畏艰难、实事求是和勇于创新的科学精神。</td></tr>
<tr><td>任务要求</td><td>查阅资料，列出指定型号机器人常见技术指标的具体数值。借助负载分析软件，分析工业机器人的负载参数。</td></tr>
<tr><td>任务思考</td><td>1. 工业机器人有哪些常见的技术指标？

2. 工业机器人有哪些类型的负载，有哪些负载参数，用什么单位表示？

</td></tr>
</table>

<table>
<tr><td>任务实施</td><td>1. 列出 KR 5 arc 机器人常见技术指标的具体数值。

2. 借助软件 KUKA.Load 5.0,分析 KR 300 R2500 ultra 机器人不同的负载参数。</td></tr>
<tr><td>任务总结</td><td>1. 知识与技能方面的收获与体会。

2. 职业素养方面的收获与体会。

3. 其他方面的收获与体会。</td></tr>
<tr><td>任务评价</td><td>
<table>
<tr><th>序号</th><th>考核指标</th><th>所占分值</th><th>备注</th><th>得分</th></tr>
<tr><td>1</td><td>任务完成情况</td><td>30</td><td>是否在规定时间内完成任务</td><td></td></tr>
<tr><td>2</td><td>任务实施质量</td><td>30</td><td>参与态度及任务成果的质量</td><td></td></tr>
<tr><td>3</td><td>任务总结质量</td><td>40</td><td>知识、技能、职业素养及其他方面的收获与体会</td><td></td></tr>
</table>
指导教师：　　　　日期：　　年　月　日</td></tr>
<tr><td>任务拓展</td><td>查阅和搜集资料,回答当输入系统的负载参数不正确时,对工业机器人的影响。</td></tr>
</table>

子任务 2　测定工业机器人的负载参数

知识链接

1. 负载参数的获取方法

【扫一扫】
负载参数的获取方法

工具负载的数据一般由生产厂商提供，如果没有提供负载参数，可以通过人工计算法、三维软件获取法和实验法等方法获取机器人的负载参数。

1) 人工计算法

对于形状简单的负载，可以采用公式对重量、重心及转动惯量进行理论计算。如对于质量密度均匀的圆柱体，其轴线与法兰轴线重合，底面与法兰端面重合，如图 2-2-17 所示。其质量为

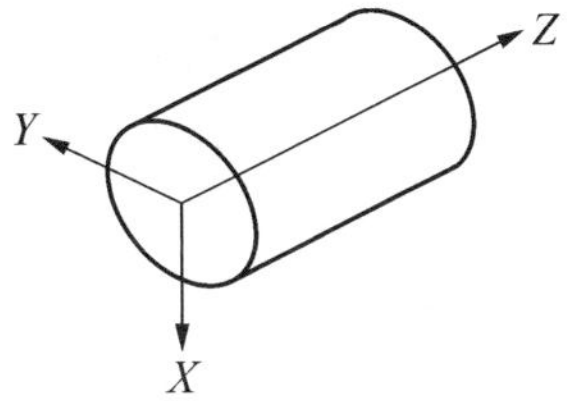

图 2-2-17　圆柱体负载

$$m=\pi r^2 h\rho$$

式中，r——圆柱体的底面半径，单位为 m；h——圆柱体的高度，单位为 m；ρ——圆柱体的密度，单位为 $\mathrm{kg/m^3}$。

显然，圆柱体负载的重心在法兰坐标系下的位置为$\{0,0,h/2\}$。

设圆柱体的线密度为 λ，则它对 X 和 Y 轴的转动惯量均为

$$I_X=I_Y=\int_0^h z^2\lambda\,\mathrm{d}z=\frac{mh^2}{3}$$

求圆柱体对 Z 轴的转动惯量其实就可以看作是一个圆盘的转动惯量，在距离盘心 x 处取一宽为 $\mathrm{d}x$ 的圆环，它的质量为

$$\mathrm{d}m=\frac{m}{\pi r^2}2\pi x\,\mathrm{d}x$$

$$I_Z=\int_0^r x^2\,\mathrm{d}m=\int_0^r x^2\ \frac{m}{\pi r^2}2\pi x\,\mathrm{d}x=\frac{mr^2}{2}$$

可以利用计算公式，还可以计算出长方体、圆环、圆锥等形状的负载质量、重心和转动惯量等参数。

2) 三维软件获取法

当负载形状复杂时，理论计算较困难，可以借助 AutoCAD、SolidWorks、Pro/E、UG 等三维建模软件自动计算负载参数。图 2-2-18 所示用 Pro/E 计算出不规则负载的重量、重心位置及转动惯量值。

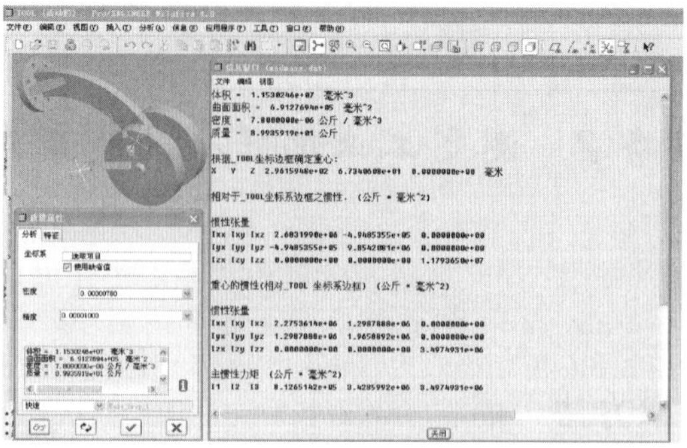

图 2-2-18　用三维建模软件自动计算负载参数

【扫一扫】

机器人自动测定负载参数

3）实验法

三维软件获取法需要画出负载的三维模型，建模的过程比较费时，而且需要操作者有一定的技术水平，用实验法获取负载参数快捷方便。KUKA 机器人公司提供了 KUKA.LoadDataDetermination 软件包，将其安装到机器人控制系统中，将负载安装到法兰上，运行测试程序，就可以自动计算出负载的重量、重心及转动惯量值。实验法不仅测试到了安装在法兰上的工具负载，而且也考虑到了安装在机器人手臂上的管线等因素，其计算的数据更加接近实际值。在应用时，如果经常出现机器人过载报警，可以借助该软件包来检查负载情况。

2. 负载参数输入控制系统

1）输入工具负载数据

工具负载数据包括质量 M、相对于法兰的重心位置（X、Y、Z）、转动惯性轴 Z_J、Y_J 和 X_J 与法兰坐标系 Z 轴、Y 轴和 X 轴的夹角（A、B、C）和绕 X 轴、Y 轴和 Z 轴的转动惯量（J_X、J_Y、J_Z）。

输入工具负载数据的步骤如下：

（1）选择主菜单“投入运行”→“测量”→“工具”→“工具负载数据”。

（2）输入工具编号，按下“继续”键。

（3）输入负载数据，再次按下“继续”键。

（4）最后按下“保存”键。

2）输入附加负载数据

附加负载数据同样也要输入机器人控制系统，包括附加负载的质量 M、附加负载重心至参考系的距离（X、Y、Z）、主惯性轴与参考系的夹角（A、B、C）以及物体绕惯性轴的转动惯量（J_X、J_Y、J_Z）。A1 轴和 A2 轴的附加负载分别在 A1＝0°和 A2＝－90°时参考根坐标系 ROBROOT 得到，A3 轴的附加负载在 A4＝A5＝A6＝0°时参考法兰坐标系 FLANGE 得到。

输入附加负载数据的步骤如下：

（1）选择主菜单“投入运行”→“测量”→“附加负载数据”。

（2）输入附加负载所在轴的编号，按下“继续”键。

（3）输入附加负载数据，再次按下“继续”键。

（4）最后按下“保存”键。

任务清单 2－2－2　测定工业机器人的负载参数

班级____________姓名____________学号____________组别____________组长____________

组员____

<table>
<tr><td>任务描述</td><td>1. 通过查阅资料，描述工业机器人负载参数的获取方法。
2. 会利用工具，安装工业机器人的末端执行器。
3. 会使用软件，自动测定工业机器人的负载参数。</td></tr>
<tr><td>对接“1＋X”</td><td>本任务对接《工业机器人操作与运维职业技能等级标准》（2021 年 2.0 版）的内容有：
<table>
<tr><th>等级</th><th>工作领域</th><th>工作任务</th><th>职业技能要求</th></tr>
<tr><td rowspan="5">初级</td><td rowspan="2">2. 工业机器人安装</td><td>2.3　工业机器人安装</td><td>2.3.6　能根据机械装配图及工艺卡，使用正确工具安装工业机器人末端执行器（夹具、焊枪、喷枪等）。</td></tr>
<tr><td>2.4　工业机器人系统安装</td><td>2.4.3　能安装工业机器人末端执行器并对其进行调整。</td></tr>
<tr><td rowspan="3">3. 工业机器人参数设置与操作</td><td rowspan="2">3.2　示教器参数设置</td><td>3.2.1　能设置示教器的语言与参数（时间、运行模式）。</td></tr>
<tr><td>3.2.3　能设置工业机器人工具数据和负载数据。</td></tr>
<tr><td>3.3　工业机器人操作</td><td>3.3.5　能查看工业机器人信息提示和事件日志。</td></tr>
</table></td></tr>
<tr><td>任务目标</td><td>1. 知识目标
掌握工业机器人负载参数的获取方法，了解工业机器人的过载与欠载现象。
2. 能力目标
能够根据要求，正确安装工业机器人的末端执行器。能够借助 KUKA.LoadDataDetermination 软件包，自动测定工业机器人的负载参数。
3. 素质目标
运用已获得知识、技能和经验独立分析和解决问题。
4. 思政育人目标
具有科学精神，能够描述工业机器人负载参数的获取方法，培养学生诚实守信、追求真理和热爱科学的精神，通过学习测定工业机器人负载参数，培养学生实事求是、求真务实和开拓创新的科学精神。</td></tr>
<tr><td>任务要求</td><td>查阅资料，列出工业机器人负载参数的获取方法。利用工具，正确安装工业机器人的末端执行器。借助负载测定软件包，自动测定工业机器人的负载参数。</td></tr>
</table>

任务1　养精蓄锐——拆装电机

【扫一扫】
课前测试

案例引入

某汽车生产公司的生产线上利用KUKA公司的QUANTEC系列机器人为发动机盖进行多点焊作业，经初步检修判断，小臂的电机发生故障，需要更换同类型的伺服电机。

子任务1　拆卸A3轴电机

知识链接

1. 伺服电机的工作原理

伺服电机在自动控制装置中被用作执行元件，其功能是将电信号转换成转轴的角位移或角速度。伺服电机能够绝对服从控制信号，在控制信号发出前，伺服电机的转子静止不动，而当控制信号发出时，其转子立即转动，如果控制信号消失，转子也能即时停转。伺服电机接收到1个脉冲，就会旋转1个脉冲对应的角度，从而实现位移。伺服电机每旋转1个角度，都会发出对应数量的脉冲，这样，和伺服电机接收的脉冲构成了闭环，就能够精确控制电机的转动，从而实现精确的定位，定位精度可达0.001 mm。伺服电机的结构如图3-1-1所示。

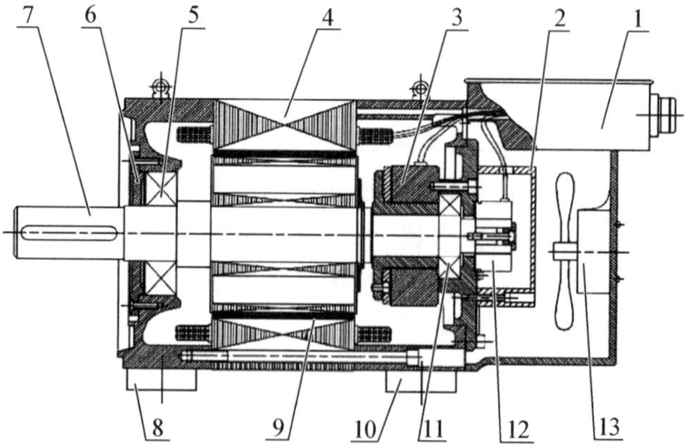

1—出线盒　2—后端盖　3—抱闸　4—定子　5—前轴承
6—轴封　7—转子　8—前底脚　9—气隙
10—后底脚　11—后轴承　12—编码器　13—冷却风机

图3-1-1　伺服电机结构

1) 直流伺服电机

直流伺服电机分为有刷和无刷电机。有刷电机成本低，结构简单，启动转矩大，调速范围宽，控制容易，需要维护，但维护不方便(换碳刷)，产生电磁干扰，对环境有要求。因此它可以用于对成本敏感的普通工业和民用场合。无刷电机体积小，重量轻，出力大，响应快，速度高，惯量小，转动平滑，力矩稳定。控制复杂，容易实现智能化。电机免维护，效率高，运行温度低，电磁辐射小，寿命长，可用于各种环境。

2) 交流伺服电机

交流伺服电机是无刷电机，分为同步和异步电机，目前运动控制中一般都用同步电机，它的功率范围大，可以做到很大的功率。惯量大，最高转动速度低，且随着功率增大而快速降低，因而适合做低速平稳运行的应用。

与直流伺服电机相比，交流伺服电机主要优点有：

(1) 无电刷和换向器，工作可靠，对维护和保养要求低。

(2) 定子绕组散热比较方便。

(3) 惯量小，易于提高系统的快速性。

(4) 适用于高速大转矩工作状态。

(5) 同功率下有较小的体积和重量。

综上所述，交流伺服电机在工业机器人驱动装置中应用最广，且驱动器布置大都采用一个关节配一个驱动器。

2. 拆卸 A3 轴电机

【扫一扫】
拆卸 A3 轴电机教学演示

拆卸 A3 轴电机的操作步骤如下：

(1) 调整机器人的姿态，为了便于拆卸，使 A3 轴电机的高度位置大约与操作者的腋窝平齐，可通过调整 A2 轴的位置来实现。大概的位置在 A2 轴负向软限位处，如图 3-1-2所示。为了更加有利于固定小臂，应使小臂轴线与水平面平行，可以通过查看机器人的实际位置来精确控制，使 A3 轴与 A2 轴角度数值一样，符号相反，即 A3=-A2，如图 3-1-3 所示。

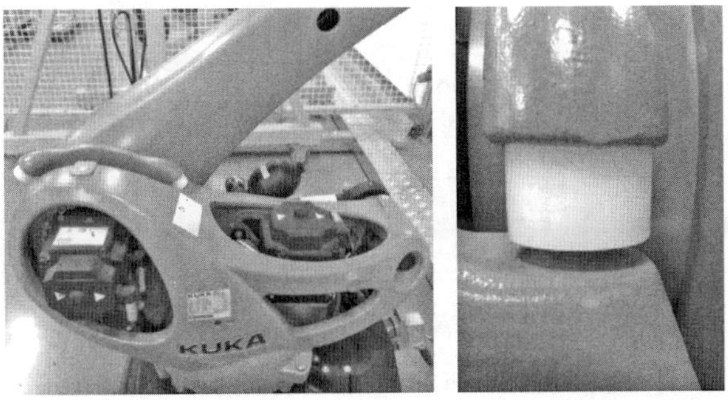

(a) A2轴负向运动　　(b) 负向软限位

图 3-1-2　调整 A2 轴位置

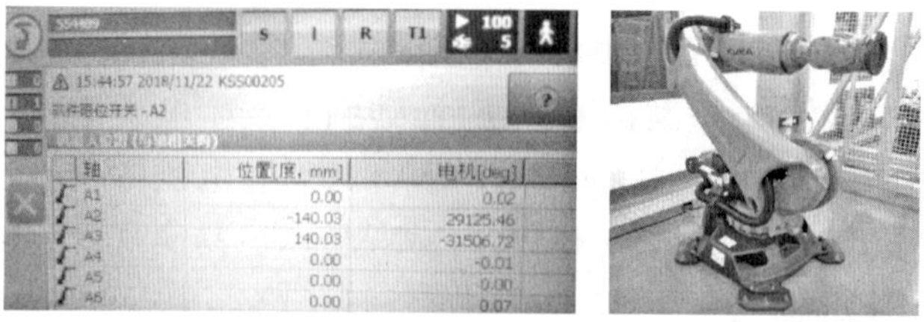

(a) 查看实际位置　　(b) 小臂与地面平行

图 3－1－3　调整 A3 轴位置

（2）关闭机器人电源，并且锁住控制柜上的电源开关，防止在拆装过程中，被他人意外重启，造成触电等安全事故的发生。为了提醒他人，还需要在控制柜上贴上警示标牌，如图 3－1－4 所示。

图 3－1－4　上锁和贴警示标牌

（3）在机器人上贴有拆除电机的注意事项，如图 3－1－5（a）所示。提醒操作者在拆除电机前，必须固定机器人的轴。即在拆卸 A3 轴电机前，需要固定小臂，防止机器人小臂在拆除 A3 轴电机后向下旋转。为此，需用行车、吊带固定小臂，如图 3－1－5（b）所示。

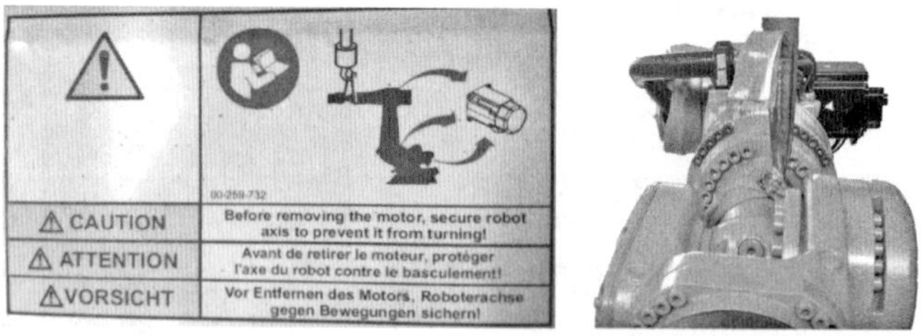

(a) 拆电机注意事项　　(b) 固定小臂

图 3－1－5　拆卸 A3 轴电机前的准备工作

（4）松开 A3 轴电机上的电源插头和编码器插头，如图 3－1－6 所示。

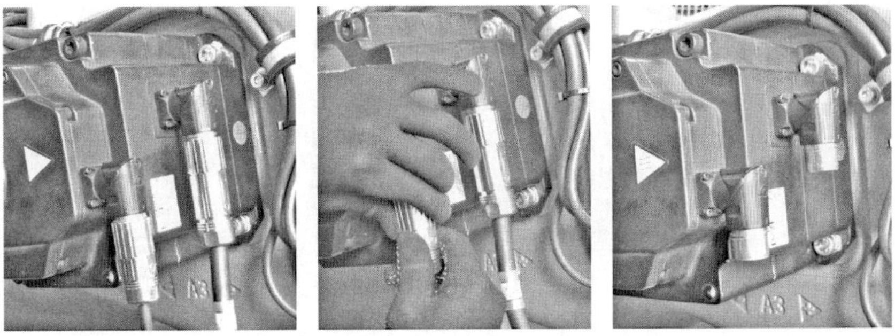

(a) 拆卸前　　(b) 拆卸中　　(c) 拆卸后

图 3－1－6　拆卸 A3 轴电机插头

（5）松开 4 个 A3 轴电机内六角连接螺栓 M12×35/8.8，如图 3－1－7 所示。为了防止 A3 轴电机的坠落，可以不要将电机上的螺栓全部拧出，而仅拧出 3 mm 左右。等所有螺栓都松开后再抽出螺栓，4 个螺栓对角交叉松开，上面 2 个螺栓最后抽出。

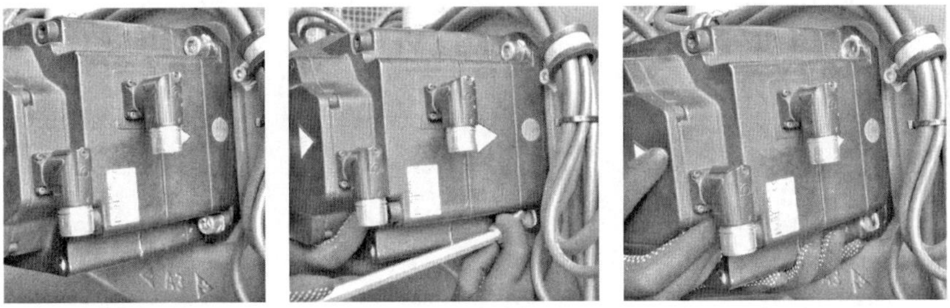

(a) 拆卸前　　(b) 拆卸中　　(c) 拆卸后

图 3－1－7　拆卸 A3 轴电机连接螺栓

（6）将电机沿水平方向从 A3 轴齿轮箱中取出，如图 3－1－8 所示，取出过程中注意接触面和电机轴密封环。

(a) 取出前　　(b) 取出中　　(c) 取出后

图 3－1－8　取出 A3 轴电机

(7) 将拆卸后的 A3 轴电机放置到木托板上，如图 3-1-9 所示。

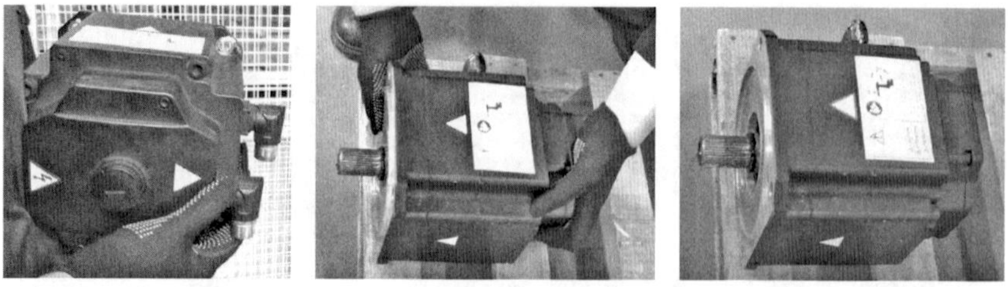

(a) 放置前　(b) 放置中　(c) 放置后

图 3-1-9　放置 A3 轴电机

任务清单 3－1－1　拆卸 A3 轴电机

班级____________姓名____________学号____________组别____________组长____________

组员____

<table>
<tr><td>任务描述</td><td>1. 通过查阅资料，描述伺服电机的结构。
2. 通过查阅资料，描述 A3 轴电机输出端与齿轮箱输入端之间的连接方法。
3. 通过查阅资料，制订拆卸机器人 A3 轴电机的方案。
4. 通过拆卸 A3 轴电机，描述 KUKA 机器人电机的拆卸流程和注意事项。</td></tr>
<tr><td>对接“1+X”</td><td>本任务对接《工业机器人操作与运维职业技能等级标准》(2021 年 2.0 版)的内容有：
<table>
<tr><th>等级</th><th>工作领域</th><th>工作任务</th><th>职业技能要求</th></tr>
<tr><td rowspan="10">初级</td><td rowspan="9">1. 工业机器人操作安全保护</td><td rowspan="3">1.1　通用安全操作执行规范</td><td>1.1.1　能识别工业机器人安全风险。</td></tr>
<tr><td>1.1.2　能遵守通用安全规范实施工业机器人作业。</td></tr>
<tr><td>1.1.3　能正确穿戴工业机器人安全作业服与装备。</td></tr>
<tr><td rowspan="3">1.2　标图识读</td><td>1.2.1　能识读生产现场安全标识。</td></tr>
<tr><td>1.2.2　能识读工业机器人安全标识。</td></tr>
<tr><td>1.2.3　能识别判断工业机器人周边电源、物理等环境安全。</td></tr>
<tr><td rowspan="3">1.3　通用安全操作要求</td><td>1.3.1　能根据工业机器人潜在危险采取避免措施。</td></tr>
<tr><td>1.3.2　能识别工业机器人本体安全姿态。</td></tr>
<tr><td>1.3.3　能识别工业机器人开关机的安全状态。</td></tr>
<tr><td>2. 工业机器人安装</td><td>2.1　机械拆装与测量</td><td>2.1.1　能正确选择工具对电气系统、工业机器人本体、控制柜等进行拆装。</td></tr>
<tr><td rowspan="3">中级</td><td>3. 工业机器人系统维护</td><td>3.3　工业机器人部件更换</td><td>3.3.1　能更换工业机器人本体各关节电机。</td></tr>
<tr><td rowspan="2">4. 工业机器人系统故障诊断及处理</td><td rowspan="2">4.1　工业机器人本体故障诊断及处理</td><td>4.1.2　能找到工业机器人电机过热产生原因并处理。</td></tr>
<tr><td>4.1.4　能找到工业机器人关节不能锁定产生原因及处理。</td></tr>
</table></td></tr>
<tr><td>任务目标</td><td>1. 知识目标
了解伺服电机的结构和工作原理，掌握拆卸 A3 轴电机时的注意事项。
2. 能力目标
能够正确使用工具，拆卸工业机器人的 A3 轴电机。</td></tr>
</table>

<table>
<tr><td></td><td>3. 素质目标
运用已获得知识、技能和经验独立分析和解决问题。
4. 思政育人目标
具有科学精神，能够描述 KUKA 机器人电机的拆卸流程和注意事项，培养学生安全、质量和职业规范意识，增强专业自信，通过学习拆卸 KUKA 机器人的电机，进一步树立安全意识，引导学生严谨工艺，一丝不苟，精益求精，规范操作。</td></tr>
<tr><td>任务要求</td><td>通过分组讨论，制订拆卸 A3 轴电机的方案，在教师的引导下，组长分工，小组合作，协作完成拆卸 A3 轴电机，描述拆卸 A3 轴电机的操作步骤和注意事项。</td></tr>
<tr><td>任务思考</td><td>1. 正常情况下，KR 120 R2500 pro 机器人断电时机械臂为什么不会自由转动，如果小臂在断电时能够自由向下转动，该如何处理？

2. 在拆卸 KR 120 R2500 pro 机器人 A3 轴电机前，如何调整机器人的姿态？为什么需要这样调整？</td></tr>
<tr><td>任务实施</td><td>1. 描述拆卸 KR 120 R2500 pro 机器人 A3 轴电机的流程。

2. 描述拆卸 KR 120 R2500 pro 机器人 A3 轴电机的注意事项。</td></tr>
<tr><td>任务总结</td><td>1. 知识与技能方面的收获与体会。

2. 职业素养方面的收获与体会。

3. 其他方面的收获与体会。</td></tr>
<tr><td>任务评价</td><td><table>
<tr><td>序号</td><td>考核指标</td><td>所占分值</td><td>备注</td><td>得分</td></tr>
<tr><td>1</td><td>任务完成情况</td><td>30</td><td>是否在规定时间内完成任务</td><td></td></tr>
<tr><td>2</td><td>任务实施质量</td><td>30</td><td>参与态度及任务成果的质量</td><td></td></tr>
<tr><td>3</td><td>任务总结质量</td><td>40</td><td>知识、技能、职业素养及其他方面的收获与体会</td><td></td></tr>
</table>
指导教师：　　　　日期：　　年　月　日</td></tr>
<tr><td>任务拓展</td><td>查阅和搜集资料，回答什么情况下需要拆卸工业机器人的电机。</td></tr>
</table>

子任务 2　安装 A3 轴电机

知识链接

在安装机器人时，也要树立安全意识，时刻保持警惕，防止因机器人意外运动，而导致人身与设备安全事故的发生。如果安装时需要通电，只允许机器人在 T1 方式下运行。在移动机器人前还要提醒其他人员。同时，还要保证急停按钮工作正常。

1. 力矩扳手的使用

【扫一扫】
力矩扳手的使用

安装机器人时，部件间螺纹连接的松紧程度应合适。过紧损坏连接件，螺纹容易滑牙；过松影响机器人正常工作，造成安全隐患。根据螺纹公称直径和强度等级确定拧紧扭矩，控制拧紧扭矩的工具是力矩扳手。力矩扳手又称为扭矩扳手或扭力扳手。按动力源可分为电动力矩扳手、气动力矩扳手、液压力矩扳手及手动力矩扳手。其中手动力矩扳手最为常用，如图 3－1－10 所示。其一端为手柄，另一端用来安装棘轮头与套筒。

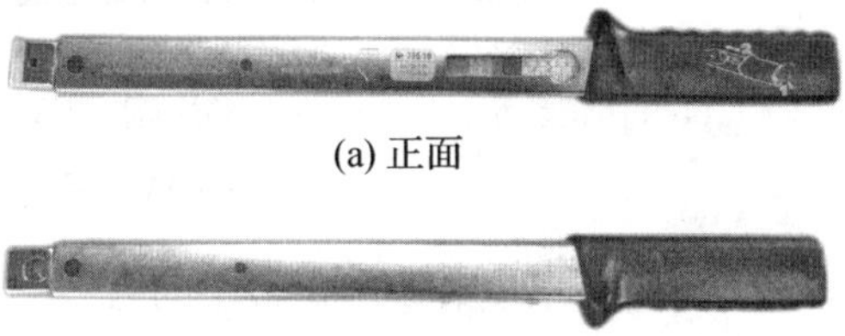

(a) 正面

(b) 反面

图 3－1－10　手动力矩扳手外形图

表 3－1－1　米制螺纹的扳手尺寸与拧紧扭矩

螺纹公称直径(mm)	扳手尺寸(mm)		拧紧扭矩(N・m)		
	螺纹标准		强度等级		
	ISO 4014 外六角螺栓	ISO 4762 内六角螺栓	8.8	10.9	12.9
M3	5.5	2.5	1.2	1.6	2.0
M4	7	3	2.8	3.7	4.4
M5	8	4	5.6	7.5	9
M6	10	5	9.5	12.5	15
M8	13	6	23	31	36
M10	17	8	45	60	70
M12	19	10	78	104	125
M14	22	12	113	165	195
M16	24	14	195	250	305
M20	30	17	370	500	600
M24	36	19	640	860	1 030

使用力矩扳手前，需根据米制螺纹的公称直径和强度等级，查表 3－1－1 确定扳手尺

寸和拧紧扭矩。表中螺纹强度等级小数点前的数字表示螺钉(螺栓)材质的公称抗拉强度,小数点后的数字表示螺钉(螺栓)材质的屈强比。如纹强度等级 12.9 表示该螺钉(螺栓)材质的公称抗拉强度为

$$12\times100=1\ 200\ \text{MPa}$$

该螺钉(螺栓)材质的屈强比为 0.9,即该螺钉(螺栓)材质的公称屈服强度为

$$1\ 200\times0.9=1\ 080\ \text{MPa}$$

安装与调试力矩扳手的步骤如下:

(1) 将拇指伸进力矩扳手的手柄端,压下锁紧舌不放,如图 3-1-11 (a)所示,用另一只手滑动红色调整滑块,调至所需拧紧扭矩值后松开锁紧舌,如图 3-1-11 (b)所示。

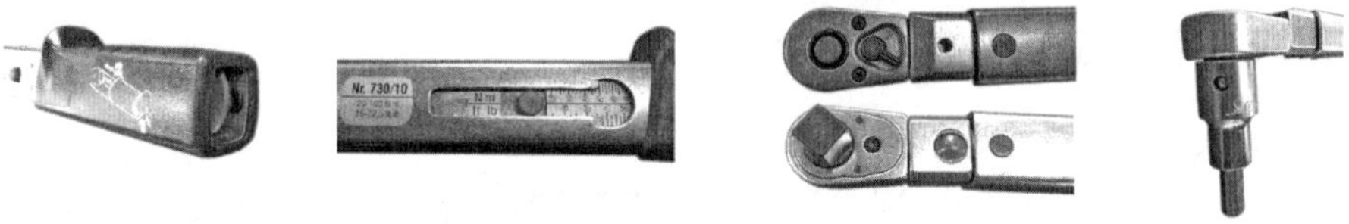

(a) 压下锁紧舌　(b) 调整拧紧扭矩值　(c) 安装棘轮头　(d) 安装套筒

图 3-1-11　手动力矩扳手的安装与调试

(2) 将棘轮头安装到力矩扳手的另一端,注意其安装方向,应使棘轮头的绿色按钮与扳手的绿色按钮分布在两侧对面位置,如图 3-1-11 (c)所示。否则,使用时会损坏力矩扳手。根据螺纹的旋向,拨动方向开关:如果螺纹左旋,将开关拨至“L”,反之,将开关拨至“R”。

(3) 将套筒安装至棘轮头上,使棘轮头上的弹簧钢珠正好卡在套筒侧壁的圆孔中,防止套筒滑落。如图 3-1-11 (d)所示。

如果在使用过程中扳手位置发生干涉,可以在棘轮头与套筒之间加装万向节或者延长杆,如图3-1-12所示。

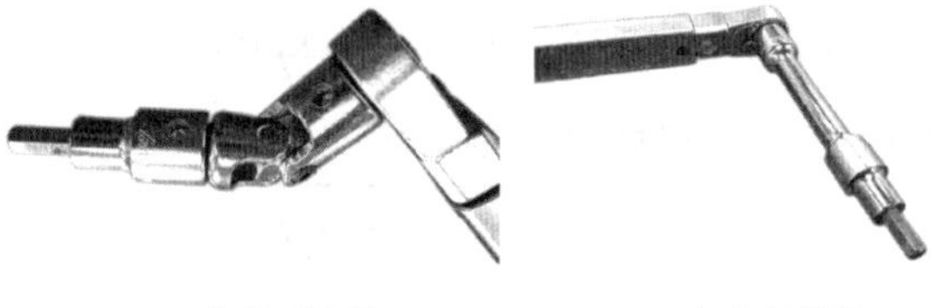

(a) 加装万向节　(b) 加装延长杆

图 3-1-12　扳手位置发生干涉时的解决方法

2. 安装 A3 轴电机

【扫一扫】
安装 A3 轴电机教学演示

安装 A3 轴电机的操作步骤如下:

(1) 保养 A3 轴电机花键轴,在该花键轴上均匀涂抹润滑脂 Microlube GL 261,如图 3-1-13 所示,然后调节密封圈位置至电机大端面约 20 mm 处。

(a) 保养前　(b) 保养中　(c) 保养后

图 3-1-13　保养 A3 轴电机花键轴

（2）安装 A3 轴电机花键轴，双手抬起电机，对准螺栓孔位置，将 A3 轴电机花键轴插入 A3 轴齿轮箱花键孔中，密封圈自行滑动到合适位置，如图 3－1－14 所示。

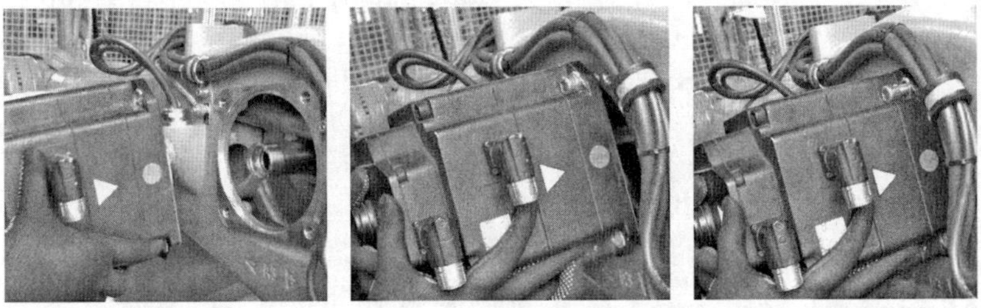

(a) 安装前　　(b) 安装中　　(c) 安装后

图 3－1－14　安装 A3 轴电机花键轴

（3）预紧 4 个 A3 轴电机内六角连接螺栓 M12×35/8.8，可以先安装上面 2 个螺栓，等所有螺栓都安装后再预紧螺栓，如图 3－1－15 所示。

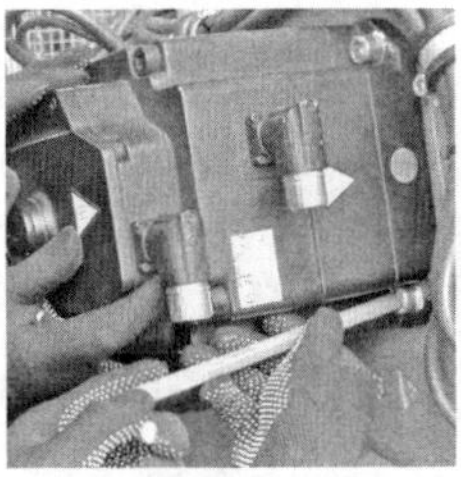

图 3－1－15　预紧 A3 轴电机连接螺栓

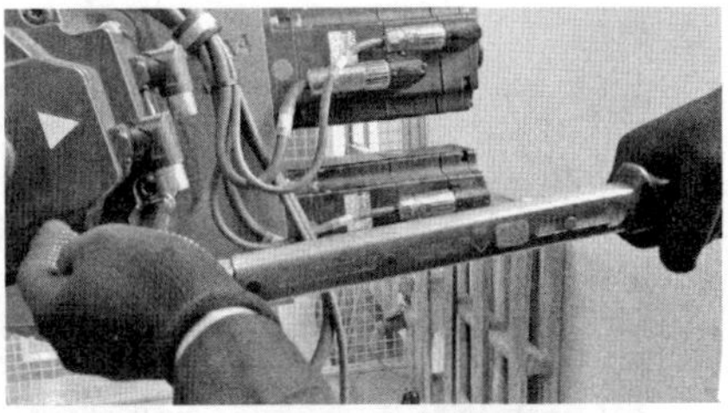

图 3－1－16　紧固 A3 轴电机连接螺栓

（4）紧固 4 个 A3 轴电机内六角连接螺栓 M12×35/8.8，用力矩扳手以 78 N·m 的扭矩拧紧螺栓，如图 3－1－16 所示。4 个连接螺栓应对角交叉拧紧，拧紧时将套筒端部完全插入螺栓的螺帽孔内，还需按住棘轮头，防止力矩扳手在拧紧时滑脱。

（5）安装 A3 轴电机上的电源插头和编码器插头，如图 3－1－17 所示。

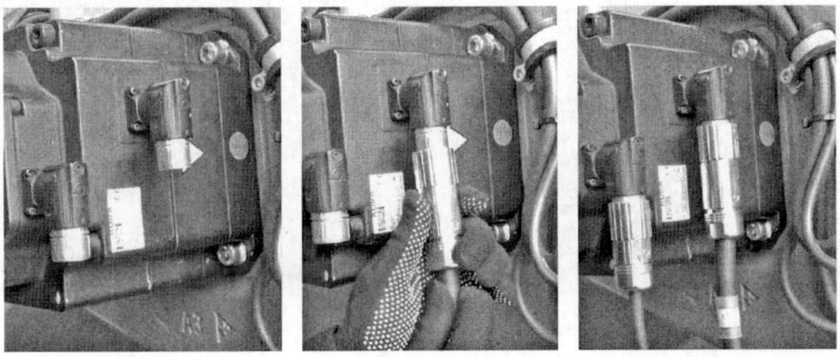

(a) 安装前　　(b) 安装中　　(c) 安装后

图 3－1－17　安装 A3 轴电机插头

（6）解去固定小臂的吊装设备，如图 3－1－18 所示。

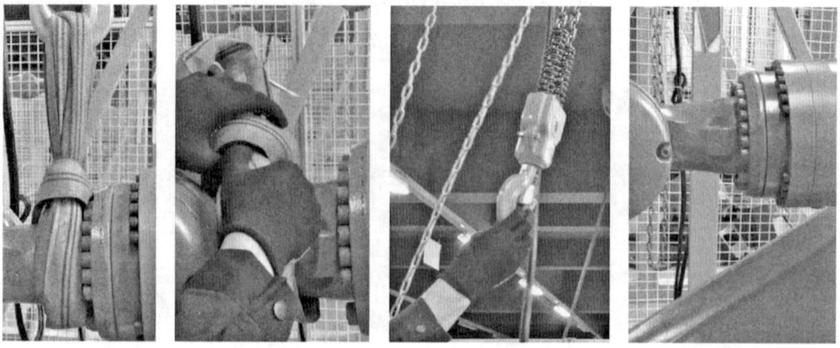

(a) 解去前　(b) 解吊绳　(c) 扶吊钩　(d) 解去后

图 3-1-18　解去固定小臂的吊装设备

(7) 调试机器人，将控制系统通电后运动机器人各轴，然后重新标定机器人的零点，如图 3-1-19 所示。

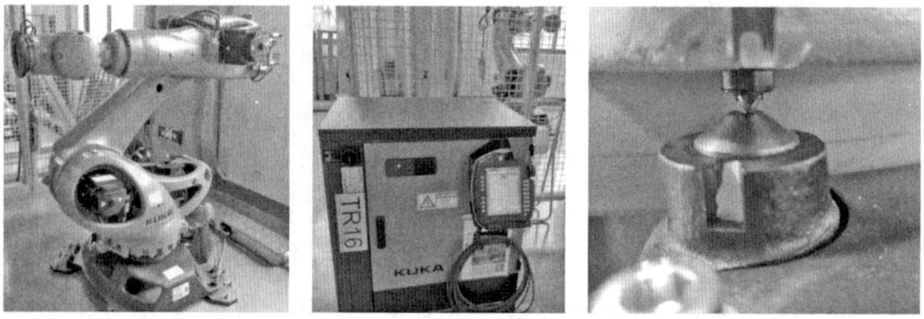

(a) 调试前　(b) 通电　(c) 重新标定零点

图 3-1-19　调试机器人

(8) 整理拆装工具，将机器人复位，然后按下示教器上的急停按钮，再关闭控制系统电源，整理示教器电缆线，如图 3-1-20 所示。

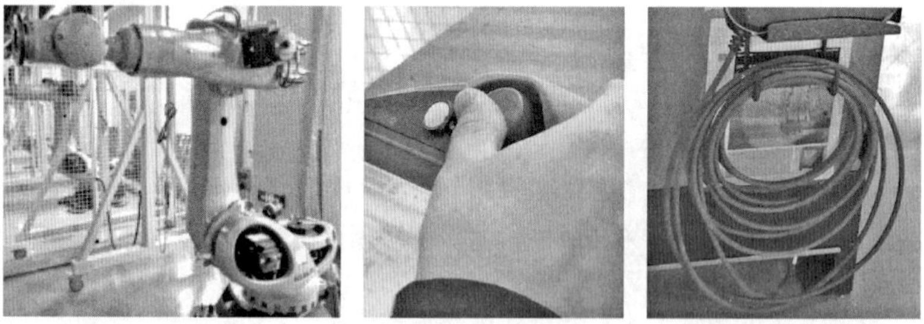

(a) 机器人复位　(b) 按下急停按钮　(c) 整理示教器电缆线

图 3-1-20　整理

任务清单 3－1－2　安装 A3 轴电机

班级＿＿＿＿＿＿姓名＿＿＿＿＿＿学号＿＿＿＿＿＿组别＿＿＿＿＿＿组长＿＿＿＿＿＿
组员＿＿＿＿＿＿＿＿＿＿＿＿＿＿＿＿＿＿＿＿＿＿＿＿＿＿＿＿＿＿＿＿＿＿＿＿

任务描述	1. 通过查阅资料，描述力矩扳手的使用方法。 2. 通过查阅资料，制订安装机器人 A3 轴电机的方案。 3. 通过安装 A3 轴电机，描述 KUKA 机器人电机的安装流程和注意事项。
对接“1＋X”	本任务对接《工业机器人操作与运维职业技能等级标准》(2021 年 2.0 版)的内容有：

等级	工作领域	工作任务	职业技能要求
初级	1. 工业机器人操作安全保护	1.1　通用安全操作执行规范	1.1.1　能识别工业机器人安全风险。
			1.1.2　能遵守通用安全规范实施工业机器人作业。
			1.1.3　能正确穿戴工业机器人安全作业服与装备。
		1.2　标图识读	1.2.1　能识读生产现场安全标识。
			1.2.2　能识读工业机器人安全标识。
			1.2.3　能识别判断工业机器人周边电源、物理等环境安全。
	2. 工业机器人安装	2.1　机械拆装与测量	2.1.1　能正确选择工具对电气系统、工业机器人本体、控制柜等进行拆装。
中级	3. 工业机器人系统维护	3.3　工业机器人部件更换	3.3.1　能更换工业机器人本体各关节电机。
高级	3. 工业机器人系统故障诊断	3.2　常用电机故障诊断	3.2.1　能够分析电机通电不运行的原因并排除故障。
			3.2.2　能够分析电机启动困难，电机转速远低于额定转速的原因并排除故障。
			3.2.3　能够分析电机空载、电流不平衡的原因并排除故障。
			3.2.4　能够分析电机运行时响声不正常的原因并排除故障。
			3.2.5　能够分析电机运行时振动较大的原因并排除故障。
			3.2.6　能够分析电机运行中过热的原因并排除故障。

<table>
<tr><td>任务目标</td><td>1. 知识目标
了解力矩扳手的工作原理和使用方法，掌握安装 A3 轴电机时的注意事项。
2. 能力目标
能够正确使用工具，安装工业机器人的 A3 轴电机。
3. 素质目标
运用已获得知识、技能和经验独立分析和解决问题。
4. 思政育人目标
具有科学精神，能够描述 KUKA 机器人电机的安装流程和注意事项，培养学生安全、质量和职业规范意识，增强专业自信，通过学习安装 KUKA 机器人的电机，进一步树立安全意识，引导学生严谨工艺，一丝不苟，精益求精，规范操作。</td></tr>
<tr><td>任务要求</td><td>通过分组讨论，制订安装 A3 轴电机的方案，在教师的引导下，组长分工，小组合作，协作完成安装 A3 轴电机，描述安装 A3 轴电机的操作步骤和注意事项。</td></tr>
<tr><td>任务思考</td><td>1. KR 120 R2500 pro 机器人怎样将 A3 轴电机的运动和动力传递到 A3 轴齿轮箱?

2. 在安装 A3 轴电机的连接螺栓时，是不是越紧越好?</td></tr>
<tr><td>任务实施</td><td>1. 描述安装 KR 120 R2500 pro 机器人 A3 轴电机的流程。

2. 描述安装 KR 120 R2500 pro 机器人 A3 轴电机的注意事项。</td></tr>
<tr><td>任务总结</td><td>1. 知识与技能方面的收获与体会。

2. 职业素养方面的收获与体会。

3. 其他方面的收获与体会。</td></tr>
<tr><td>任务评价</td><td><table>
<tr><th>序号</th><th>考核指标</th><th>所占分值</th><th>备注</th><th>得分</th></tr>
<tr><td>1</td><td>任务完成情况</td><td>30</td><td>是否在规定时间内完成任务</td><td></td></tr>
<tr><td>2</td><td>任务实施质量</td><td>30</td><td>参与态度及任务成果的质量</td><td></td></tr>
<tr><td>3</td><td>任务总结质量</td><td>40</td><td>知识、技能、职业素养及其他方面的收获与体会</td><td></td></tr>
</table>
指导教师：　　　　日期：　　年　月　日</td></tr>
<tr><td>任务拓展</td><td>查阅和搜集资料，回答安装工业机器人的 A3 轴电机后的调试内容。</td></tr>
</table>

任务 2　为轴“加油”——拆装中心手

【扫一扫】

课前测试

案例引入

某机械加工企业积极开展智能化改造和数字化转型，为减轻工人的劳动负担，加工中心设备旁配备了 KUKA 公司的 QUANTEC 系列机器人，用于上下料。某一天在机器人搬运过程中法兰盘无法旋转，经初步检修判断，A6 轴电机发生故障的概率较大，然而，该电机在小臂内，需要拆卸机器人中心手，才能进一步对 A6 轴电机进行检修。

子任务 1　拆卸中心手

知识链接

1. 工业机器人的传动单元

工业机器人的传动单元有齿轮传动、带传动、链传动、直线运动单元等，而应用最广的是减速器。用在工业机器人上的减速器主要有两大类：谐波减速器和 RV 减速器。对于高精度机器人减速器，日本具有绝对领先优势，目前全球机器人行业 75%的精密减速器被日本的纳博特斯克（Nabtesco）和哈默纳科（Harmonic Drive）两家垄断，包括 KUKA、ABB、FANUC 等国际主流机器人厂商的减速器均由上述两家公司提供。其中 Harmonic Drive 在工业机器人关节领域拥有 15%的市场占有率。

1) 谐波减速器

谐波减速器是利用行星齿轮传动原理发展起来的一种新型减速器，行星齿轮传动原理图如图 3-2-1 所示。

【扫一扫】

谐波减速器

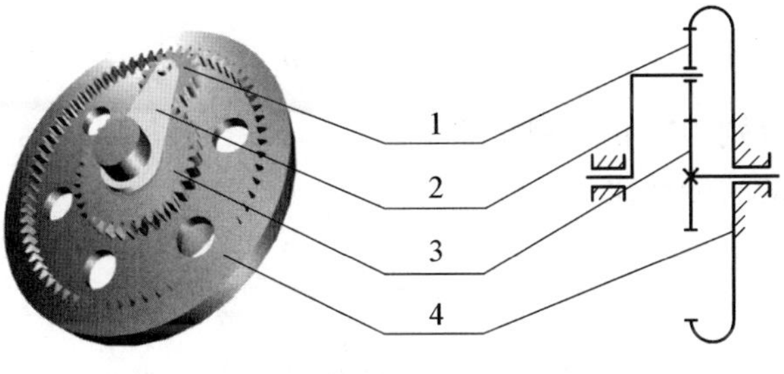

1—行星轮　2—行星架　3、4—中心轮

图 3-2-1　行星齿轮传动原理图

谐波齿轮传动简称谐波传动，是依靠柔性零件产生弹性机械波来传递动力和运动的一种行星齿轮传动，谐波减速器原理图如图 3-2-2 所示，它主要由以下三个基本构件组成：

（1）带有内齿圈的刚轮 3，它相当于行星轮系中的中心轮 4。

（2）带有外齿圈的柔轮 1，它相当于行星轮系中的行星齿轮 1。

（3）波发生器 2，它相当于行星轮系中的行星架 2。

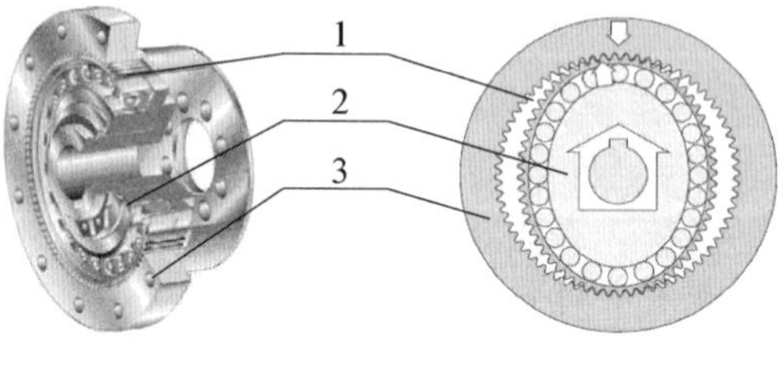

1—柔轮　2—波发生器　3—刚轮

图 3-2-2　谐波减速器原理图

在这三个基本结构中可任意固定一个，其余一个为主动件，另一个为从动件。作为减速器使用，通常采用刚轮固定、波发生器输入、柔轮输出的形式。

波发生器是一个杆状部件，其两端装有滚动轴承构成滚轮，与柔轮 1 的内壁相互压紧。柔轮是可产生较大弹性变形的薄壁齿轮，其内孔直径略小于波发生器的总长。波发生器是使柔轮产生可控弹性变形的构件。当波发生器装入柔轮后，迫使柔轮的剖面由原先的圆形变成椭圆形，其长轴两端附近的齿与刚轮的齿完全啮合，而短轴两端附近的齿则与刚轮完全脱开。周长上其他区段的齿处于啮合和脱离的过渡状态。当波发生器连续转动时，柔轮的变形不断改变，使柔轮与刚轮的啮合状态也不断改变，由啮入、啮合、啮出、脱开、再啮入……周而复始地进行，从而实现柔轮相对刚轮沿波发生器相反方向的缓慢旋转。

在传动过程中，波发生器转一周，柔轮上某点变形的循环次数称为波数，以 n 表示。常用的是双波和三波两种。双波传动的柔轮应力较小，结构比较简单，易于获得大的传动比，故为目前应用最广的一种。

谐波齿轮传动的柔轮和刚轮的周节相同，但齿数不等，通常采用刚轮与柔轮齿数差等于波数，即

$$Z_3 - Z_1 = n$$

式中，Z_1、Z_3 分别为柔轮与刚轮的齿数。

则谐波齿轮传动的传动比为

$$i = -\frac{Z_1}{Z_3 - Z_1} = -\frac{Z_1}{n}$$

在双波传动中，$n=2$。上式负号表示柔轮的转向与波发生器的转向相反，即波发生器每转 1 圈，柔轮相对于刚轮反向转 2 齿。而柔轮齿数可以很多，所以谐波减速器可获得很大的传动比，单级谐波齿轮传动的传动比可达 $i=70\sim500$。

谐波减速器除了传动比大以外，还具有以下优点：

(1) 转矩容量高，承载能力高

柔轮材料使用疲劳强度大的特殊钢。与普通的传动装置不同，同时啮合的齿数占总齿数的约30%，而且是面接触，因此使得每个齿轮所承受的压力变小，可获得很高的转矩容量，承载能力较其他传动形式高。

(2) 齿隙小，运动精度高

谐波齿轮传动不同于普通的齿轮啮合，齿隙极小，可控性好。多齿同时啮合，并且有两个180°对称的齿轮啮合，因此齿轮齿距误差和累积齿距误差对旋转精度的影响较为平均，使位置精度和旋转精度达到极高的水准。

(3) 传动平稳，无冲击，噪声小

工作时轮齿转速低，传递运动受力均衡，因此传动平稳，且振动极小。

(4) 零部件少，安装简便

谐波齿轮传动的基本零部件仅有三个，且同轴，故零部件安装简便。

(5) 体积小、重量轻

与以往的齿轮传动装置相比，体积为1/3，重量为1/2，却能获得相同的转矩容量和传动比，实现小型化和轻量化。

(6) 传动效率高、寿命长

轮齿啮合部位滑动很小，减少了摩擦产生的动力损失，因此在获得高传动比的同时，保持了高效率，并可以实现驱动电机的小型化。

但谐波减速器由于柔轮承受较大的交变载荷，对柔轮材料的抗疲劳强度、加工和热处理要求较高，工艺复杂。传递功率不能过高，否则齿形过大，容易滑齿，不耐冲击。

2) RV减速器

【扫一扫】

RV减速器

(1) RV减速器的原理

RV减速器是一种摆线针轮减速器，是旋转矢量(rotary vector)减速器的简称。RV传动是在传统针摆行星传动(原理见图3-2-3)的基础上发展出来的，不仅克服了一般针摆传动的缺点，而且因为具有体积小、重量轻、振动小、效率高、寿命长，传动比范围大，抗冲击力强，扭矩大，精度保持稳定，传动平稳等诸多优点，被广泛应用于工业机器人。RV减速器比谐波减速器具有高得多的疲劳强度、刚度和寿命，而且回差精度稳定，不像谐波传动那样随着使用时间增长运动精度会显著降低，故世界上许多高精度机器人传动多采用RV减速器，在先进机器人传动中有逐步取代谐波减速器的发展态势。

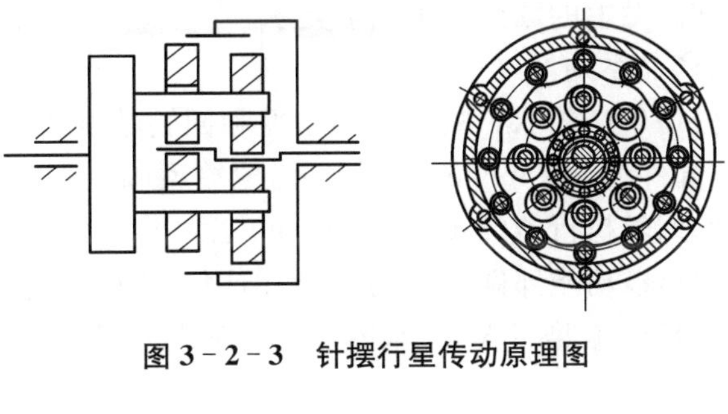

图3-2-3　针摆行星传动原理图

RV 减速器的内部结构比谐波减速器复杂得多，其原理图如图 3－2－4 所示，其内部通常有两级减速机构，它的前级是一个渐开线圆柱齿轮行星减速器，后级是一个摆线针轮减速器。RV 减速器结构紧凑，传动比大，在一定条件下具有自锁功能。主要由芯轴（中心轮或太阳轮）、行星轮、曲轴（转臂）、曲柄轴轴承、RV 齿轮（摆线轮）、针齿、针轮（针齿壳）与输出盘（输出法兰或输出轴）等零部件组成。其径向结构可分为三层，最外层是针轮层，中间层是 RV 齿轮层，最内层是芯轴层，三层部件均可独立旋转。

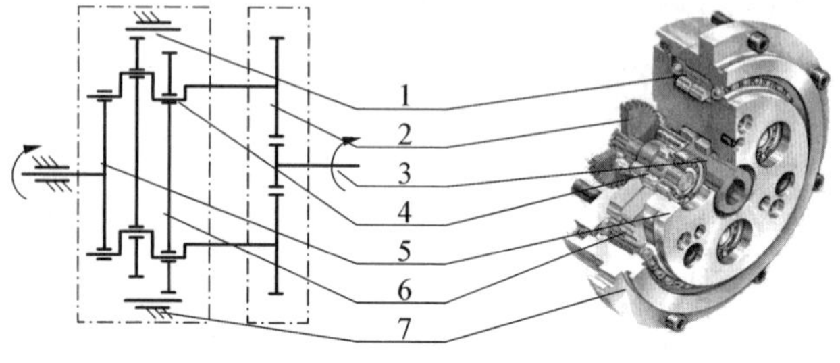

1—针齿　2—行星轮　3—芯轴　4—曲轴　5—输出盘　6—RV 齿轮　7—针轮

图 3－2－4　RV 减速器原理图

针轮实际上是个内齿圈，内侧加工有针齿，外侧加工有法兰和安装孔，可用于减速器的安装与固定。

中间层的端盖和输出盘通过定位销和连接螺栓连成一体，两者间安装有驱动 RV 齿轮摆动的曲轴组件，曲轴外侧套有两片 RV 齿轮。当曲轴回转时，两片 RV 齿轮可在对称方向来回摆动，故 RV 齿轮又称为摆线轮。

里层的芯轴形状与减速器的传动比有关，传动比较大时，芯轴直接加工成齿轮轴；传动比较小时，芯轴加工成套有齿轮的花键轴。芯轴上的齿轮称为中心轮。用于减速时，芯轴一般连接驱动电机轴输入，故又称输入轴。太阳轮旋转时，可通过行星齿轮驱动曲轴旋转，带动 RV 齿轮摆动。

太阳轮和行星齿轮的变速是 RV 减速器的第一级变速，称为正齿轮变速。减速器的行星齿轮和曲轴组件的数量与减速器规格有关，小规格减速器一般布置两对，中大规格减速器布置三对，它们在太阳轮的驱动下同步旋转。

RV 减速器的曲轴组件是驱动 RV 齿轮摆动，它和行星齿轮间一般为花键连接。曲轴组件的中间部位为两段偏心轴，RV 齿轮和偏心轴之间安装有滚针，当曲轴旋转时，它们可分别驱动两片 RV 齿轮，进行 180°对称摆动。曲轴组件的径向载荷较大，因此，它需要用一对安装在端盖和法兰上的圆锥滚子轴承支承。

(2) RV 减速器的产品系列

日本纳博特斯克公司生产的 RV 减速器的刚度和回转精度较高，在工业机器人市场上占有率较高，主要有部件型（component type）、齿轮箱型（gear head type）、RV 减速器/驱动电机集成一体化的回转执行器（rotary actuator）三大类。

部件型 RV 减速器是以功能部件提供的产品，但用户不能自行组装。工业机器人中应用最为广泛的有 RV E 标准型、RV N 紧凑型和 RV C 中空型三种形式，其外形如图 3－2－5所示。

(a) RV E　　(b) RV N　　(c) RV C

图 3-2-5　常用的部件型 RV 减速器

RV E 标准型减速器采用 RV 减速器的标准结构，减速器带有外壳和输出轴承及用于减速器安装固定、输入/输出连接的安装法兰、输出轴/输出法兰。输出法兰和壳体可以同时承受径向及双向轴向载荷，直接驱动负载。

RV N 紧凑型减速器是在 RV E 标准型减速器的基础上派生的轻量级、紧凑型产品，其输入轴不穿越减速器，行星齿轮直接安装在输入侧，外部为敞开结构，同时，输出连接法兰也被缩短。通过这样的设计，与同规格的 RV E 标准型减速器相比，其体积和质量分别比 RV E 标准型减少了 8%～20%和 16%～36%。该类型的减速器输入轴安装调整方便，维护容易，目前已逐步替代 RV E 标准型减速器。

RV C 中空型减速器采用大直径、中空结构，减速器的输入轴和太阳轮需要选配或由用户自行设计、制造和安装。中空型减速器的中空部分用来布置管线，故多用于垂直串联机器人的腰关节、手腕回转和摆动关节，也可以用于 SCARA 机器人中间关节的驱动。

齿轮箱型减速器设计有直接连接驱动电机的安装法兰和电机轴的连接部件，可以直接安装和连接驱动电机，实现减速器和驱动电机的结构整体化，以简化减速器的安装。常用的齿轮箱型减速器有 RD2 标准型、GH 型和 RS 型几种形式。

RD2 标准型减速器是早期 RD 系列减速器的改进型产品，它对壳体、电机安装法兰、输入轴连接部件进行整体设计，使之成为一个可直接安装驱动电机的完整减速器单元，如图 3-2-6 所示。

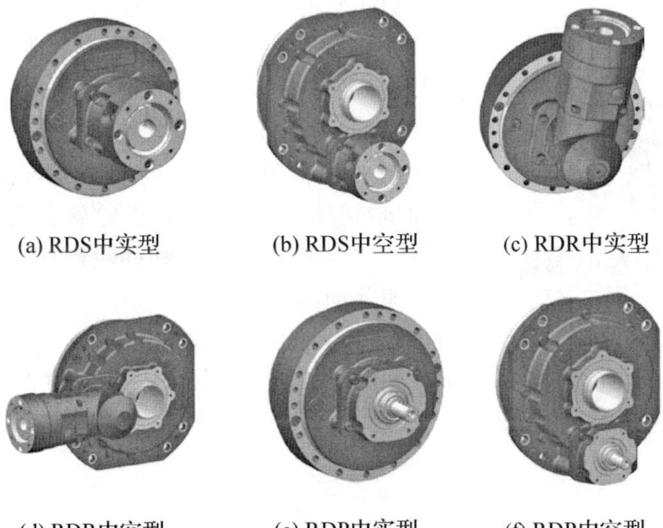

(a) RDS中实型　　(b) RDS中空型　　(c) RDR中实型

(d) RDR中空型　　(e) RDP中实型　　(f) RDP中空型

图 3-2-6　RD2 标准型 RV 减速器

为了便于使用，RD2 型减速器与驱动电机的安装形式有直接输入型 RDS、径向输入型 RDR 和传动输入型 RDP 三种类型，每类又分为实心芯轴和中空芯轴两个系列，它们分别是 RV E 标准型和 RV C 中空型减速器的齿轮箱化。RDS 直接输入型减速器与传统的系列产品相比，轴方向的全长最多可缩短 15%。RDR 径向输入型的装置可以更薄，可设置在狭窄的场所，有效降低工作台高度。RDP 传动输入型可进行带传动输入，电动机设置场所不受限制，通过带传动改变传动比。

GH 高速型减速器的外形和内部结构如图 3-2-7 (a)(b)所示。这种减速器的输出转速较高，其额定输出转速为标准型的 3.3 倍，总减速比较小，只有 10～30，第一级行星齿轮传动基本不起减速作用，因此，其太阳轮直径较大，采用芯轴与太阳轮分离结构，两者之间用花键连接。输入轴连接形式为标准轴孔，其组件的形状与规格可根据驱动电机的实际情况选配。输出连接形式也可根据需要选用输出法兰形式和输出轴形式，如图 3-2-7 (c)(d)所示。GH 高速型减速器的过载能力是标准型的 1.4 倍，常用于转速相对较高的大臂和小臂驱动。

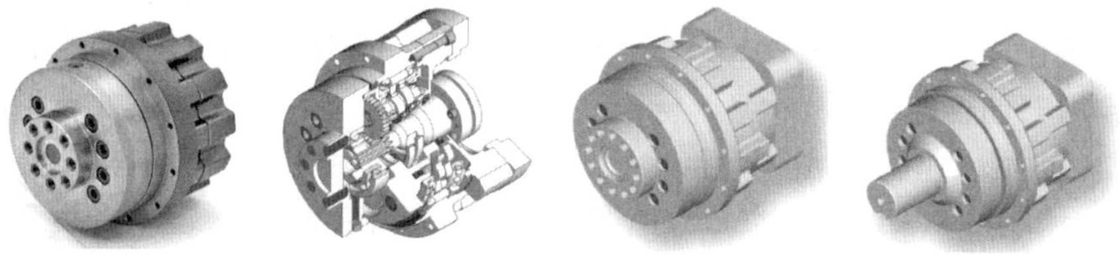

(a) 外形图　(b) 内部结构图　(c) 输出法兰型　(d) 输出轴型

图 3-2-7　GH 高速型 RV 减速器

RS 扁平型减速器的外形如图 3-2-8 所示，为了减小减速器的厚度，驱动电机采用径向安装，芯轴为中空结构，额定输出转矩高达 8 820 N·m，额定转速较低，一般为 10 r/min，承载能力高，载重可达 9 000 kg，可用于大规格搬运、码垛机器人的机身、中型机器人的腰关节，以及回转工作台的重载驱动。

图 3-2-8　RS 偏平型 RV 减速器

(3) RV 减速器的传动比

RV 齿轮和针轮以同等的齿距排列，利用针齿传动原理进行工作。当 RV 齿轮摆动时，针齿将迫使 RV 齿轮沿针轮的齿逐齿回转。如果固定针轮，转动行星轮，则 RV 齿轮由于曲轴的偏心运动也进行偏心运动。此时，如果曲轴转动一周，则 RV 齿轮就会沿与曲轴相反的方向转动一个齿。RV 齿轮和针轮构成了减速器的第二级变速，即差动齿轮变速。

当中心轮的齿数为 Z_1，行星轮的齿数为 Z_2，RV 齿轮的齿数为 Z_3，针轮的齿数为 Z_4，当齿差 $Z_4-Z_3=1$ 时，若将 RV 减速器的针轮(壳体)固定，芯轴(中心轮)连接输入，RV 齿轮(法兰)连接输出时，其传动比

$$i=1+\frac{Z_2Z_4}{Z_1}$$

根据实际情况，可将针轮、RV 齿轮和芯轴三个部件固定一个部件，其余部件一个为输入，一个为输出，得到六种不同的使用方法，如表 3-2-1 所示，将第一种方法的传动比称为基本减速比，记为 R，即

$$R=1+\frac{Z_2 Z_4}{Z_1}$$

RV 减速器生产厂家一般只给出基本减速比 R，用户使用时，可根据实际安装情况，按照表 3-2-1 计算对应的传动比。

表 3-2-1　RV 减速器的使用方法

序号	固定部件	输入部件	输出部件	增减速	传动比
1	壳体(针轮)	芯轴	法兰	减速	R
2		法兰	芯轴	增速	$1/R$
3	法兰(RV 齿轮)	芯轴	壳体	减速	$1-R$
4		壳体	芯轴	增速	$1/(1-R)$
5	芯轴(中心轮)	壳体	法兰	减速	$R/(R-1)$
6		法兰	壳体	增速	$(R-1)/R$

(4) RV 减速器的特点

由 RV 减速器的结构和原理可见，它与其他传动装置相比，主要有以下特点。

① 传动比大

RV 齿轮设计有正齿轮、差动齿轮两级变速，其传动比不仅比传统的普通齿轮传动、行星齿轮传动、蜗轮蜗杆传动、摆线针轮传动大，而且还可以做得比谐波齿轮传动更大。

② 扭转刚度大

输出机构即为两端支承的行星架，用行星架一端的刚性大圆盘输出，大圆盘与工作机构用螺栓联结，其扭转刚度远大于一般摆线针轮行星减速器的输出机构。在额定转矩下，弹性回差小。

③ 结构刚性好

减速器的针轮和 RV 齿轮间通过直径较大的针齿传动，曲轴采用的是圆锥滚子轴承支承，减速器的结构刚性好，使用寿命长。

④ 单位体积的承载能力大，输出转矩高

RV 齿轮的正齿轮变速一般有 2～3 对行星齿轮，差动变速采用的是硬齿面多针齿同时啮合，1 片 RV 齿轮约有 1/3 的齿与针齿同时啮合，且其齿差固定为 1 齿，因此，在体积相同时，其齿形可比谐波减速器做得更大，输出转矩更高。此外，在结构设计中，让传动机构置于行星架的支承主轴承内，使轴向尺寸大大缩小，传动总体积大为减小。

⑤ 传动精度好，传动效率高

只要设计合理，制造装配精度保证，就可获得高精度和小间隙回差，且传动效率高。

2. 拆卸库卡 QUANTEC 系列机器人的中心手

工业机器人的中心手又称为中心手腕，手部或者主机械手，拆卸中心手的工作除了

A4～A6 轴的整体拆卸外，还包括拆卸 3 根轴的电机。需要移动式行车、吊带和扳手等辅助设备和工具。由于该中心手的重量约 130 kg，行车与吊带的承载能力必须大于该数值。

为了防止中心手的坠落，拆卸螺栓前需用合适的设备固定中心手。如果没有固定好中心手，拆卸时中心手将会坠落受损，砸伤操作人员。为了使中心手整体拆卸，除了与小臂连接的 A4 轴齿轮箱最外圈黑色螺栓外，其余螺栓不得松开。当拔出中心手时要观察中心手与小臂装配面的位置，不能歪斜。

【扫一扫】

拆卸中心手教学演示

拆卸中心手的操作步骤如下：

（1）调整机器人的姿态，为了便于拆卸，使中心手的高度位置大约与操作者的腋窝平齐，可通过调整 A2 轴的位置来实现。大概的位置在 A2 轴负向软限位处，如图 3-2-9 所示。为了能将中心手从小臂中水平拔出，应使小臂轴线与水平面平行，可以通过查看机器人的实际位置来精确控制，使 A3 轴与 A2 轴角度数值一样，符号相反，即 A3=−A2，如图 3-2-10 所示。为了能留出拆装空间，还要考虑 A1 轴的位置。

(a) A2轴负向运动　　(b) 负向软限位

图 3-2-9　调整 A2 轴位置

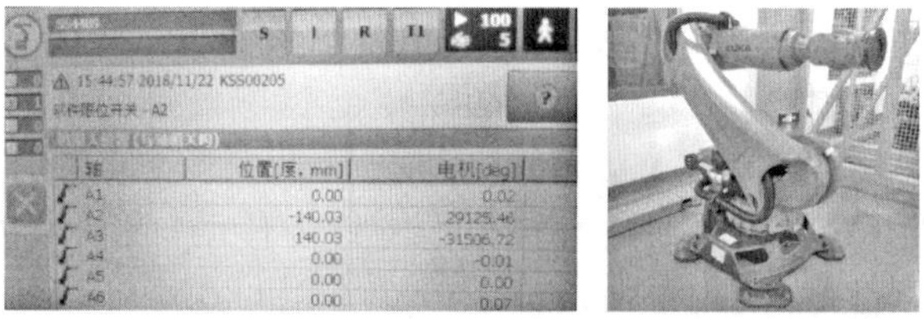

(a) 查看实际位置　　(b) 小臂与地面平行

图 3-2-10　调整 A3 轴位置

图 3-2-11　上锁和贴警示标牌

（2）关闭机器人电源，并且锁住控制柜上的电源开关，防止在拆装过程中，被他人意外重启，造成触电等安全事故的发生。为了提醒他人，还需要在控制柜上贴上警示标牌，如图 3-2-11 所示。

（3）用吊带系在中心手上。为了在拆卸中心手时不发生翻转、歪斜，吊带系扣位置必须经过手腕重心。手腕重心的轴向位置位于“细颈”靠近 A4 轴齿轮箱一侧，径向位置偏向 A5 轴齿轮箱。然后，借助行车将吊带拉紧，固定中心手，如图 3-2-12 所示。

图 3-2-12　固定中心手

(4) 松开与小臂连接的 A4 轴齿轮箱最外圈 20 个螺栓 M10×170/10.9。为了避免松开时中心手向下歪斜，位于最上方的 2 个螺栓应最后松开。最先 4 个螺栓应按照对角交叉的顺序松开。等所有螺栓都松开后，依次抽出螺栓，同样，位于最上方的 2 个螺栓应最后抽出。如果松开后的螺栓在抽出的过程中与中心手发生干涉，则无需抽出该螺栓。

(5) 将中心手向外水平抽出约 200 mm，松开 A6 轴电机上较粗的电源插头和较细的编码器插头，如图 3-2-13 所示。

(6) 松开紧定螺钉，拆下 A4 和 A5 轴的传动轴。

由于 A4 和 A5 轴的传动轴较长，可以先将传动轴上的紧定螺钉松开，然后拆下 A4 和 A5 轴的传动轴，如图 3-2-14 所示。在松开紧定螺钉前，可以检测传动轴的轴向间隙。

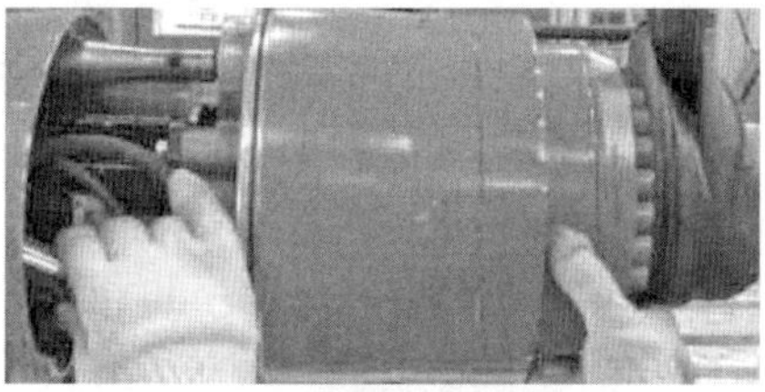

图 3-2-13　拆 A6 轴电机插头

(a) 紧定螺钉　　(b) 抽出传动轴

图 3-2-14　拆传动轴

如果要安装 A4 和 A5 轴的传动轴，需要先将 A4 和 A5 轴的电机拆下，否则很难对准花键。为了克服这一缺点，新款的传动轴紧定螺钉在电机侧，则需要安装转接头，如图 3-2-15所示。

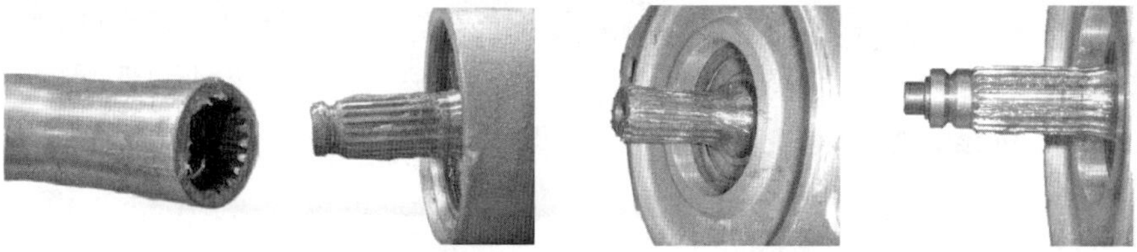

(a) 传动轴内花键　　(b) 齿轮箱外花键　　(c) 电机轴外花键　　(d) 电机轴转接头

图 3-2-15　传动轴与电机轴结构

2000 系列机器人的 A4～A6 轴电机均在肘部小臂端面上，如图 3-2-16 (a)所示，其中上下两根传动轴倾斜布置，两端采用万向节传动，如图 3-2-16 (b)所示，中间轴端部有安全装置，防止扭矩过大而损坏电机，如图 3-2-16 (c)所示。

(a) 中心手的电机布置　(b) 传动轴的布置　(c) 安全装置

图 3－2－16　2000 系列的机器人的传动轴

（7）利用吊装设备将中心手放置到木托板上，如图 3－2－17 所示。

（8）拆下 A6 轴电机，如图 3－2－18 所示。

图 3－2－17　放置中心手

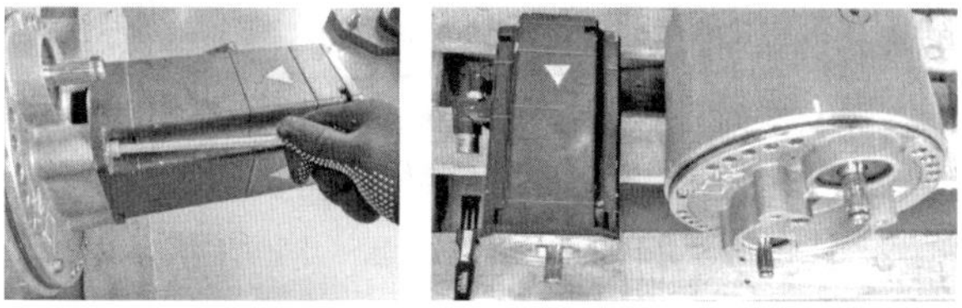

(a) 拆卸前　(b) 拆卸后

图 3－2－18　拆 A6 轴电机

（9）将 A6 轴管线放置在小臂内左侧两根加强筋内，如图 3－2－19 所示。后续当安装中心手时，不能将 A6 轴管线放置在上、下传动轴附近，防止损坏管线。

（10）松开 A4 轴和 A5 轴电机上的电源插头和编码器插头，如图 3－2－20（a）所示。松开 A4 轴和 A5 轴的电机螺栓 M8×25/8.8，如图 3－2－20（b）所示，然后取下电机。

【扫一扫】

拆 A4 和 A5 轴电机教学演示

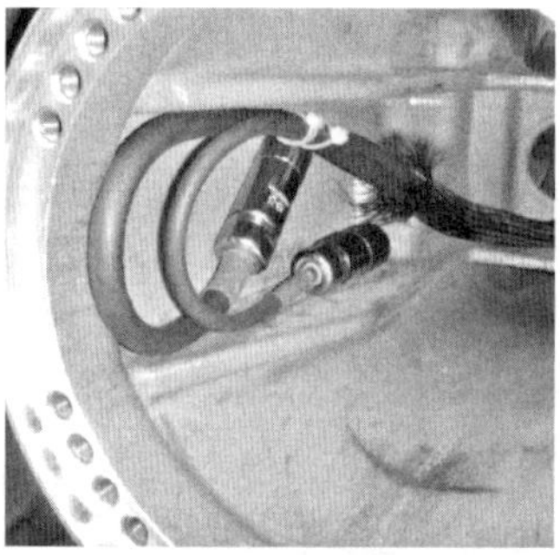

图 3－2－19　A6 轴电机线缆位置

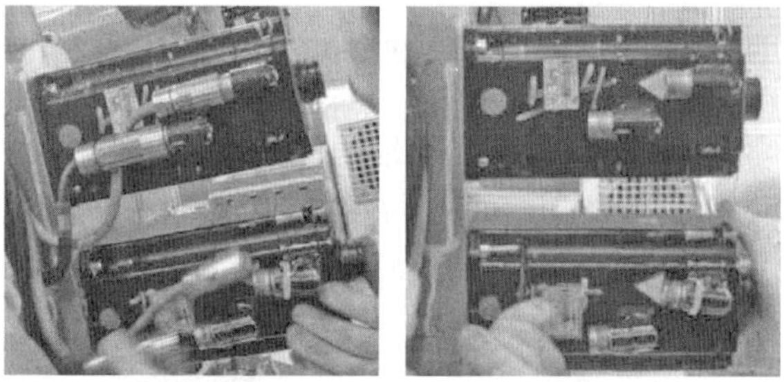

(a) 拆电机插头　(b) 拆电机联接螺栓

图 3－2－20　拆 A4 轴和 A5 轴电机

任务清单 3－2－1　拆卸中心手

班级＿＿＿＿＿＿　姓名＿＿＿＿＿＿　学号＿＿＿＿＿＿　组别＿＿＿＿＿＿　组长＿＿＿＿＿＿

组员＿＿＿＿＿＿＿＿＿＿＿＿＿＿＿＿＿＿＿＿＿＿＿＿＿＿＿＿＿＿＿＿＿＿＿＿

<table>
<tr><td>任务描述</td><td>1. 通过查阅资料，描述常见的工业机器人减速器及其工作原理。
2. 通过查阅资料，制订拆卸机器人中心手的方案。
3. 通过拆卸中心手，描述 KUKA 机器人中心手的拆卸流程和注意事项。</td></tr>
<tr><td>对接“1＋X”</td><td>本任务对接《工业机器人操作与运维职业技能等级标准》(2021 年 2.0 版)的内容有：
<table>
<tr><th>等级</th><th>工作领域</th><th>工作任务</th><th>职业技能要求</th></tr>
<tr><td rowspan="10">初级</td><td rowspan="9">1. 工业机器人操作安全保护</td><td rowspan="3">1.1　通用安全操作执行规范</td><td>1.1.1　能识别工业机器人安全风险。</td></tr>
<tr><td>1.1.2　能遵守通用安全规范实施工业机器人作业。</td></tr>
<tr><td>1.1.3　能正确穿戴工业机器人安全作业服与装备。</td></tr>
<tr><td rowspan="3">1.2　标图识读</td><td>1.2.1　能识读生产现场安全标识。</td></tr>
<tr><td>1.2.2　能识读工业机器人安全标识。</td></tr>
<tr><td>1.2.3　能识别判断工业机器人周边电源、物理等环境安全。</td></tr>
<tr><td rowspan="3">1.3　通用安全操作要求</td><td>1.3.1　能根据工业机器人潜在危险采取避免措施。</td></tr>
<tr><td>1.3.2　能识别工业机器人本体安全姿态。</td></tr>
<tr><td>1.3.3　能识别工业机器人开关机的安全状态。</td></tr>
<tr><td>2. 工业机器人安装</td><td>2.1　机械拆装与测量</td><td>2.1.1　能正确选择工具对电气系统、工业机器人本体、控制柜等进行拆装。</td></tr>
<tr><td>中级</td><td>3. 工业机器人系统维护</td><td>3.3　工业机器人部件更换</td><td>3.3.1　能更换工业机器人本体各关节电机。</td></tr>
<tr><td rowspan="6">高级</td><td rowspan="6">3. 工业机器人系统故障诊断</td><td rowspan="6">3.2　常用电机故障诊断</td><td>3.2.1　能够分析电机通电不运行的原因并排除故障。</td></tr>
<tr><td>3.2.2　能够分析电机启动困难，电机转速远低于额定转速的原因并排除故障。</td></tr>
<tr><td>3.2.3　能够分析电机空载、电流不平衡的原因并排除故障。</td></tr>
<tr><td>3.2.4　能够分析电机运行时响声不正常的原因并排除故障。</td></tr>
<tr><td>3.2.5　能够分析电机运行时振动较大的原因并排除故障。</td></tr>
<tr><td>3.2.6　能够分析电机运行中过热的原因并排除故障。</td></tr>
</table>
</td></tr>
</table>

<table>
<tr><td>任务目标</td><td>1. 知识目标
了解 KUKA 公司的 QUANTEC 系列机器人中心手的结构和各轴的传动路线，掌握拆卸中心手时的注意事项。
2. 能力目标
能够正确使用工具，拆卸工业机器人的中心手。
3. 素质目标
运用已获得知识、技能和经验独立分析和解决问题。
4. 思政育人目标
具有科学精神，能够描述 KUKA 机器人中心手的拆卸流程和注意事项，培养学生求真务实、严谨规范和一丝不苟的工作态度，通过学习拆卸 KUKA 机器人的中心手，进一步树立安全意识和质量意识，引导学生规范操作，培养学生精益求精的工匠精神。</td></tr>
<tr><td>任务要求</td><td>通过分组讨论，制订拆卸中心手的方案，在教师的引导下，组长分工，小组合作，协作完成拆卸中心手，描述拆卸中心手的操作步骤和注意事项。</td></tr>
<tr><td>任务思考</td><td>1. 什么时候需要拆卸 KUKA 机器人的中心手？

2. 常见的工业机器人减速器有哪些，其工作原理如何？</td></tr>
<tr><td>任务实施</td><td>1. 描述拆卸 KR 120 R2500 pro 机器人中心手的流程。

2. 描述拆卸 KR 120 R2500 pro 机器人中心手的注意事项。</td></tr>
<tr><td>任务总结</td><td>1. 知识与技能方面的收获与体会。

2. 职业素养方面的收获与体会。

3. 其他方面的收获与体会。</td></tr>
<tr><td>任务评价</td><td><table>
<tr><th>序号</th><th>考核指标</th><th>所占分值</th><th>备注</th><th>得分</th></tr>
<tr><td>1</td><td>任务完成情况</td><td>30</td><td>是否在规定时间内完成任务</td><td></td></tr>
<tr><td>2</td><td>任务实施质量</td><td>30</td><td>参与态度及任务成果的质量</td><td></td></tr>
<tr><td>3</td><td>任务总结质量</td><td>40</td><td>知识、技能、职业素养及其他方面的收获与体会</td><td></td></tr>
</table>
指导教师： 日期： 年 月 日</td></tr>
<tr><td>任务拓展</td><td>查阅和搜集资料，回答如何实现中心手 A4、A5 和 A6 轴三根传动轴在同一位置，且运动互不干涉。</td></tr>
</table>

子任务2 安装中心手

知识链接

1. 库卡 QUANTEC 系列机器人中心手的结构

【扫一扫】
A4 至 A6 轴传动原理

QUANTEC 系列机器人的中心手结构如图 3－2－21 所示，实现 A4 轴（整个中心手）相对于 A3 轴（小臂）的回转运动，A5 轴相对于 A4 轴的摆动及 A6 轴（法兰）相对于 A5 轴的回转。中心手的一端连接工具，另外一端是 A4～A6 轴的输入端，如图 3－2－21（c）所示，其中上方为 A4 轴输入端，下方为 A5 轴输入端，而中心处为 A6 轴的输入端，A6 轴的伺服电机直接安装在该处，而 A4 和 A5 轴的电机安装在机器人的肘部，通过两根直杆将动力传递到中心手的端部。

(a) 剖开前　(b) 剖开后　(c) 输入端

图 3－2－21　QUANTEC 系列机器人的中心手结构图

1）中心手的 A4 轴

中心手 A4 轴的结构如图 3－2－22 所示，其传动示意图如图 3－2－23 所示。由于 A4 轴的输入端在中心手的上方，而 A4 轴的输出端在中心手的中心，可以通过一对斜齿轮传动，将 A4 轴上方的输入端运动传递到 A4 轴中心，再将运动传递给 A4 轴 RV 减速器的太阳轮，如果将 RV 减速器的壳体固定，法兰输出，则 A4 轴的输入与输出反向。

图 3－2－22　A4 轴内部结构

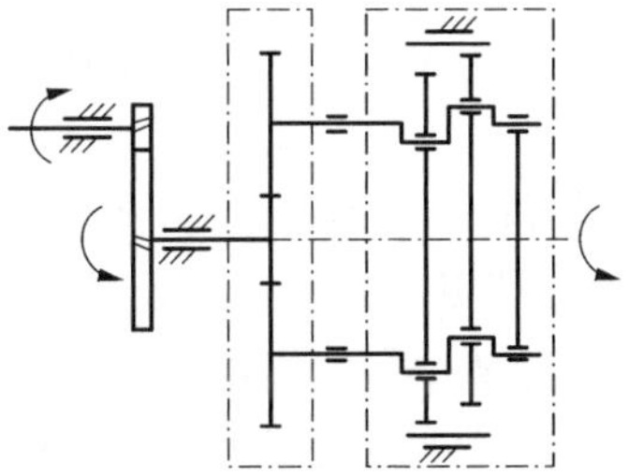

图 3－2－23　A4 轴传动示意图

2）中心手的 A5 轴

中心手 A5 轴的传动示意图如图 3－2－24 所示。与 A4 轴的斜齿轮传动类似，将中心手端部下方 A5 轴的输入端运动传递到中心手的中心，该斜齿轮传动放置在 A4 轴的斜齿轮的左侧。然后通过锥齿轮传动，将运动传递给 A5 轴 RV 减速器的太阳轮，如果将

RV 减速器的法兰固定，壳体输出，则输出端与输入端的转向如图 3－2－24 所示。为了将斜齿轮的运动传递给锥齿轮，需要将传动杆从 A4 轴的从动斜齿轮和 RV 齿轮箱中心穿过，为此 A4 轴 RV 齿轮箱选用中空结构。同样，为了将锥齿轮运动能传递给 A5 轴 RV 齿轮箱的中心轮，其传动杆也需要从中穿过，所以 A5 轴 RV 齿轮箱也选用中空结构。A5 轴锥齿轮传动实物图如图 3－2－25 所示，图中主动锥齿轮的大端安装有调隙机构，用来调整锥齿轮传动的齿轮间隙。A5 轴的 RV 齿轮传动实物图如图 3－2－26 所示。

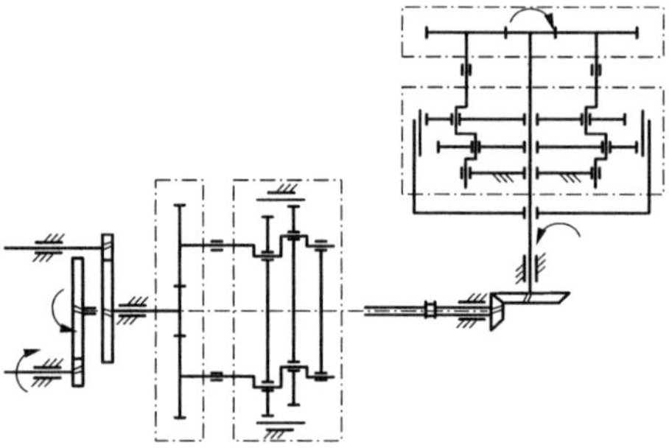

图 3－2－24　A5 轴传动示意图

图 3－2－25　A5 轴锥齿轮传动

图 3－2－26　A5 轴 RV 齿轮传动

3）中心手的 A6 轴

中心手 A6 轴的传动示意图如图 3－2－27 所示。

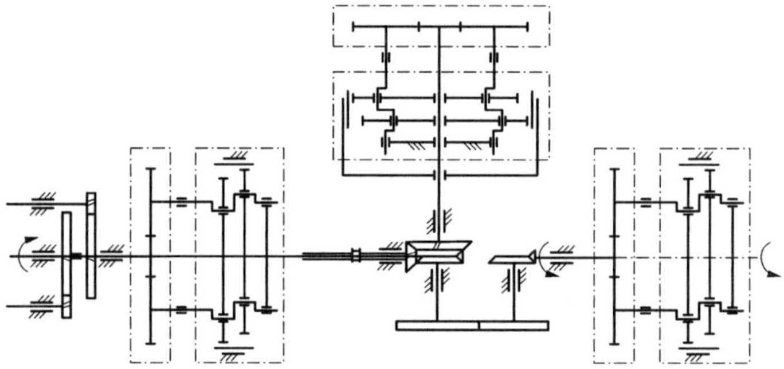

图 3－2－27　A6 轴传动示意图

图 3－2－28　A6 轴直齿轮传动

由于 A6 轴的输入端在中心手端部中心，故不需要像 A4 和 A5 轴的斜齿轮传动，但 A6 轴输入端的运动也需要从 A4 轴中心传递过来，因此可将 A5 轴传动杆设计成空心结构，A6 轴的传动杆从 A5 轴传动杆穿过。由于 A5 轴可以在 A4 轴上实现俯仰摆动，所以不能将 A6 轴的传动杆直接与 A6 轴 RV 齿轮箱输入端相连，而是要通过两对锥齿轮和一对直齿轮，实现 A5 轴在非 0°状态下，A6 轴也能相对 A5 轴作回转运动。为了不干涉 A5 轴的俯仰动作，A6 轴主动直齿轮的回转中心必须经过 A5 轴俯仰的回转中心，其直齿轮传动实物图如图3－2－28所示。

但是，由于 A6 轴主动直齿轮安装在 A5 轴上，即 A6 轴主动直齿轮的机架是 A5 轴。当 A5 轴作俯仰时，如果 A6 轴传动杆保持不动，则 A6 轴主动直齿轮相对机架反向转过相应的角度，带动 A6 轴从动直齿轮转动，从而使 A6 轴相对于 A5 轴发生相对运动，这种现象称为机械联动，或者称为关节耦合，轴耦合。通过定量分析耦合，根据耦合传动比和方向，让驱动电机做出补偿动作，抵消其他轴运动的影响。控制器为了使仅移动 A5 轴时，A6 轴相对 A5 轴保持静止，就要控制 A6 轴伺服电机作补偿运动，使 A6 轴主动直齿轮与 A5 轴转过一样的角度，使 A6 轴主动直齿轮相对机架(A5 轴)保持静止，从而不驱动从动直齿轮运动，使 A6 轴相对 A5 轴保持静止。

这种机械联动现象同样会发生在 A4 轴与 A5 轴上。由于 A5 轴主动锥齿轮安装在 A4 轴上，即 A5 轴主动锥齿轮的机架是 A4 轴。当 A4 轴作回转时，如果 A5 轴传动杆保持不动，则 A5 轴主动锥齿轮相对机架反向转过相应的角度，带动 A5 轴从动锥齿轮转动，从而使 A5 轴相对于 A4 轴发生相对运动。控制器为了使仅移动 A4 轴时，A5 轴相对 A4 轴保持静止，就要控制 A5 轴伺服电机作补偿运动，使 A5 轴主动锥齿轮与 A4 轴转过一样的角度，使 A5 轴主动锥齿轮相对机架(A4 轴)保持静止，从而不驱动从动锥齿轮运动，使 A5 轴相对 A4 轴保持静止。同样，当 A5 轴在对 A4 轴作补偿运动时，还要控制 A6 轴伺服电机，作 A5 轴的补偿运动，使 A6 轴相对 A5 轴保持静止。

2. 安装库卡 QUANTEC 系列机器人的中心手

安装中心手的工作包括安装 A4～A6 轴伺服电机、A4 轴和 A5 轴传动杆及 A4～A6 轴中心手。为了能顺利安装，除了移动式行车、吊带和扳手等辅助设备和工具外，还需要螺纹胶 Drei Bond 1305 和润滑脂 Microlube GL 261，其中螺纹胶的订货号为 84-116-605，润滑脂的订货号为 83-087-280。

安装中心手用的螺栓及螺钉如表 3-2-2 所示。在安装螺栓时，同样要采用对角交叉的方式预紧，然后根据螺栓公称直径和强度等级，查出所需的拧紧扭矩，使用力矩扳手将螺栓拧紧。

表 3-2-2　安装中心手用的螺栓及螺钉

名称	数量/个	规格
中心手内六角螺栓	20	M10×170/10.9
传动杆紧定螺钉	2	M4×8/45H
A4～A6 轴电机内六角螺栓	12	M8×25/8.8

【扫一扫】保养花键轴教学演示

安装中心手的操作步骤如下：

(1) 在 A6 轴电机花键轴、中心手 A4 轴与 A5 轴的输入花键轴上涂抹适量的润滑脂 Microlube GL 261。将 A6 轴电机花键轴对准中心手，从 A6 轴电机向中心手观察，电机线缆插头位于右侧，然后将电机花键轴水平插入到中心手花键孔中。旋入 4 个 A6 轴电机内六角螺栓 M8×25/8.8，用力矩扳手以 23 N·m 的扭矩拧紧螺栓。

(2) 将吊带系在中心手“细颈”处，用行车将中心手连同 A6 轴电机一起吊起，观察中心手轴线是平行于水平面，如果不平行，则重新放下中心手，调整绳结位置，如图 3-2-29 (a)所示，直到中心手的轴线平行于水平面为止。

【扫一扫】安装中心手教学演示

(3) 将中心手端面上的定位销对准小臂端面上的定位孔，用行车向小臂侧水平移动中心手，留出 200 mm 的安装 A6 轴电机线缆空间，如图 3-2-29 (b)所示。调整线缆位置，使之位于小臂内侧面 2 条加强筋之间，如图 3-2-29 (c)所示，然后连接 A6 轴电机电源与编码器线缆接头，如图 3－2－29（d）所示。

(a) 调整绳结位置　(b) 定位销对准定位孔　(c) A6 轴电机线缆位置　(d) 安装A6 轴电机线缆接头

图 3－2－29　安装中心手

（4）平缓地将中心手推入小臂，自然贴合，在推入过程中，观察定位销位置，应完全落在小臂定位孔中。A6 轴电机线缆不能靠近 A4 轴和 A5 轴的传动轴，可以用手电筒从小臂后侧 A4 轴电机安装孔中观察，确认 A6 轴电机线缆未外露或卡住，如图 3－2－30 所示。

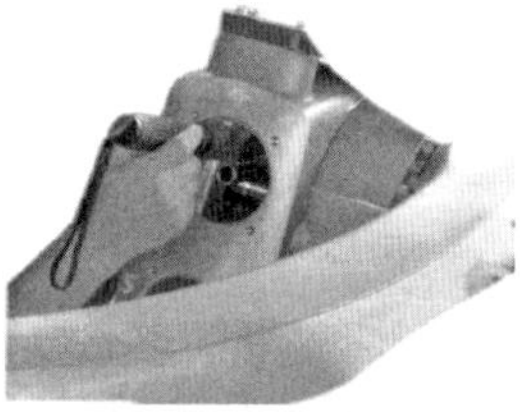

图 4－2－30　确认 A6 轴电机线缆位置

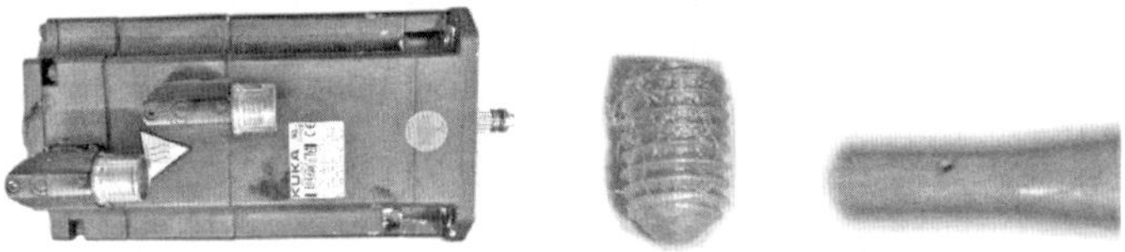

(a) 伺服电机　(b) 紧定螺钉　(c) 传动杆螺纹孔

图 3－2－31　安装传动杆

（5）旋入 20 个中心手内六角螺栓 M10×170/10.9，然后用力矩扳手以 60 N·m 的扭矩拧紧螺栓。

（6）在 A4 轴与 A5 轴电机花键轴上涂抹适量的润滑脂 Microlube GL 261，如图 3－2－31（a）所示，然后将传动杆安装到对应的电机上。

（7）给传动杆紧定螺钉 M4×8/45H 涂上适量的螺纹胶 Drei Bond 1305，如图 3－2－31（b）所示。将紧定螺钉旋入传动杆螺纹孔中，如图 3－2－31（c）所示。拧紧后回退 1/4 圈，即 90°。手握传动杆，沿轴向来回推拉，确认传动杆可沿轴向窜动。该轴向间隙是为了补偿机器人工作时的热膨胀量，防止内外花键间发生“冷焊接”现象。

(a) 安装前　(b) 安装后

图 3－2－32　安装 A4 轴与 A5 轴电机

（8）手握 A4 轴电机，将 A4 轴传动杆花键孔对准中心手的 A4 轴花键轴后插入，使 A4 轴电机端面贴紧小臂端面，旋入 4 个 A4 轴电机内六角螺栓 M8×25/8.8，用力矩扳手以 23 N·m 的扭矩拧紧螺栓。采用相同的方法将 A5 轴电机及传动杆安装到小臂上。然后连接 A4 轴与 A5 轴电机电源与编码器线缆接头，如图 3－2－32 所示。

【扫一扫】

调试机器人教学演示

【扫一扫】

整理教学演示

（9）解去吊装设备，完成中心手安装任务。

任务清单 3-2-2　安装中心手

班级__________姓名__________学号__________组别__________组长__________
组员____

任务描述	1. 通过查阅资料，描述中心手 A4、A5 和 A6 轴的传动路线。 2. 通过查阅资料，制订 A6 轴电机花键轴的油脂保养，安装机器人中心手的方案。 3. 通过安装中心手，描述 KUKA 机器人中心手的安装流程和注意事项。
对接“1+X”	本任务对接《工业机器人操作与运维职业技能等级标准》(2021 年 2.0 版)的内容有：

等级	工作领域	工作任务	职业技能要求
初级	1. 工业机器人操作安全保护	1.1　通用安全操作执行规范	1.1.1　能识别工业机器人安全风险。
			1.1.2　能遵守通用安全规范实施工业机器人作业。
			1.1.3　能正确穿戴工业机器人安全作业服与装备。
		1.2　标图识读	1.2.1　能识读生产现场安全标识。
			1.2.2　能识读工业机器人安全标识。
			1.2.3　能识别判断工业机器人周边电源、物理等环境安全。
	2. 工业机器人安装	2.1　机械拆装与测量	2.1.1　能正确选择工具对电气系统、工业机器人本体、控制柜等进行拆装。
中级	3. 工业机器人系统维护	3.3　工业机器人部件更换	3.3.1　能更换工业机器人本体各关节电机。
高级	3. 工业机器人系统故障诊断	3.2　常用电机故障诊断	3.2.1　能够分析电机通电不运行的原因并排除故障。
			3.2.2　能够分析电机启动困难，电机转速远低于额定转速的原因并排除故障。
			3.2.3　能够分析电机空载、电流不平衡的原因并排除故障。
			3.2.4　能够分析电机运行时响声不正常的原因并排除故障。
			3.2.5　能够分析电机运行时振动较大的原因并排除故障。
			3.2.6　能够分析电机运行中过热的原因并排除故障。

<table>
<tr><td>任务目标</td><td>1. 知识目标
了解力矩扳手的工作原理和使用方法，掌握安装中心手时的注意事项。
2. 能力目标
能够正确使用工具，安装工业机器人的中心手。
3. 素质目标
运用已获得知识、技能和经验独立分析和解决问题。
4. 思政育人目标
具有科学精神，能够描述 KUKA 机器人中心手的安装流程和注意事项，培养学生求真务实、严谨规范和一丝不苟的工作态度，通过学习安装 KUKA 机器人的中心手，进一步树立安全意识和质量意识，引导学生规范操作，培养学生精益求精的工匠精神。</td></tr>
<tr><td>任务要求</td><td>通过分组讨论，制订安装中心手的方案，在教师的引导下，组长分工，小组合作，协作完成安装中心手，描述安装中心手的操作步骤和注意事项。</td></tr>
<tr><td>任务思考</td><td>1. KUKA 公司的 QUANTEC 系列机器人中心手各轴的传动路线是怎样的？

2. 如何保养 KUKA 公司的 QUANTEC 系列机器人 A6 轴电机的花键轴？</td></tr>
<tr><td>任务实施</td><td>1. 描述安装 KR 120 R2500 pro 机器人中心手的流程。

2. 描述安装 KR 120 R2500 pro 机器人中心手的注意事项。</td></tr>
<tr><td>任务总结</td><td>1. 知识与技能方面的收获与体会。

2. 职业素养方面的收获与体会。

3. 其他方面的收获与体会。</td></tr>
<tr><td>任务评价</td><td>
<table>
<tr><th>序号</th><th>考核指标</th><th>所占分值</th><th>备注</th><th>得分</th></tr>
<tr><td>1</td><td>任务完成情况</td><td>30</td><td>是否在规定时间内完成任务</td><td></td></tr>
<tr><td>2</td><td>任务实施质量</td><td>30</td><td>参与态度及任务成果的质量</td><td></td></tr>
<tr><td>3</td><td>任务总结质量</td><td>40</td><td>知识、技能、职业素养及其他方面的收获与体会</td><td></td></tr>
</table>
指导教师：　　　　日期：　　年　月　日</td></tr>
<tr><td>任务拓展</td><td>查阅和搜集资料，制订其余轴电机花键轴油脂保养的拆装方案。</td></tr>
</table>

任务 3　顺藤摸瓜——拆装齿轮箱

【扫一扫】
课前测试

案例引入

某机械加工企业积极开展智能化改造和数字化转型，为减轻工人的劳动负担，加工中心设备旁配备了 KUKA 公司的 QUANTEC 系列机器人，用于上下料。某一天在机器人搬运过程中小臂齿轮箱发生异常响声，经初步检修判断，A3 轴齿轮箱内齿轮发生机械故障的概率较大，需要拆卸 A3 轴齿轮箱以后做进一步检修，然而，该齿轮箱与小臂连接，需要将小臂连同该齿轮箱一同拆卸，而拆卸小臂前，需要拆卸中心手，这样才能顺利地完成 A3 轴齿轮箱的检修工作。

子任务 1　拆卸齿轮箱

知识链接

1. 库卡 QUANTEC 系列机器人基轴的 RV 减速器

1）腰关节 A1 轴

【扫一扫】
A1 轴齿轮箱

QUANTEC 系列机器人的腰部减速器如图 3－3－1（a）所示，该 RV 减速器采用中空结构，使管线能从减速器的中心穿越。腰关节可以实现旋转台相对底座作回转运动，如图 3－3－1（b）所示。伺服电机输入轴与减速器对称中心线平行，通过一对直齿轮，将运动传递给 RV 齿轮箱的太阳轮，该太阳轮可设计成双联结构。主动直齿轮通过轴承安装在电机托架上，如图 3－3－1（c）所示，电机托架又安装在旋转台上，如图 3－3－1（d）所示，图3－3－1（e）所示为电机托架安装前的情况。

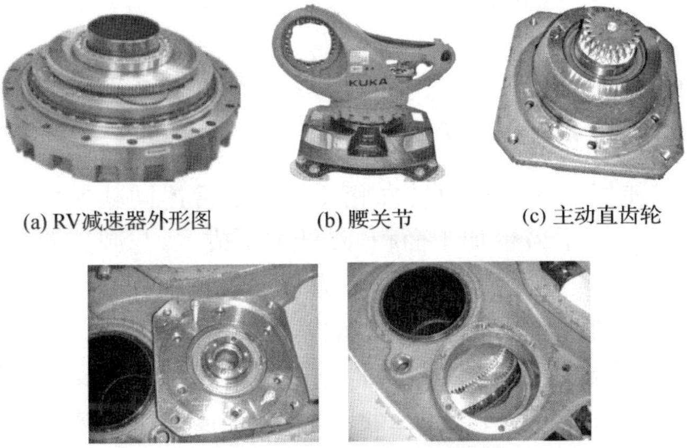

(a) RV减速器外形图　(b) 腰关节　(c) 主动直齿轮

(d) 电机托架　(e) 旋转台

图 3－3－1　QUANTEC 系列机器人腰部减速器

2）肩关节 A2 轴和肘关节 A3 轴

QUANTEC 系列机器人的手臂减速器外形图如图 3－3－2 (a)所示。

机器人手臂减速器内部结构如图 3－3－2 (b)(c)所示。QUANTEC 系列的机器人肩关节与肘关节的减速器类似，下面以肘关节为例，进行叙述。

(a) 外形图　　(b) 左侧内部结构　　(c) 右侧内部结构

图 3－3－2　QUANTEC 系列机器人手臂减速器

肘关节实现小臂相对大臂的回转运动，RV 减速器的法兰与大臂连接，壳体与小臂连接，如图 3－3－3 (a)(b)所示。

(a) 法兰与大臂相连　　(b) 壳体与小臂相连　　(c) 大臂反面

(d) 小臂反面　　(e) 安装前的小臂正面　　(f) 安装吊环

图 3－3－3　QUANTEC 系列机器人肘关节减速器

这种法兰固定，壳体输出的 RV 减速器输入与输出转向相反。将小臂连同减速器拆除后，大臂的反面如图 3－3－3 (c)所示，为了减少加工面积，降低加工成本，与减速器端面配合处，螺钉孔周围有加工要求，而中心设计成凹槽结构，不需要加工。小臂的反面如图 3－3－3 (d)所示，伺服电机直接与减速器相连，成为减速器的输入端。

当伺服电机输出花键轴与 RV 减速器输入花键孔配合后，电机端面贴合小臂反面的安装面，最后用螺栓固定。同样，螺栓孔周围的平面有加工要求，其余不需加工。减速器安装前，小臂的正面图如图 3－3－3 (e)所示，同样与减速器壳体端面配合处也有加工要求，也采用螺栓连接，由于螺栓与螺栓孔间存在配合间隙，所以采用的螺栓数量较多，以提高配合精度。由于减速器重量较重，需要安装吊环，如图 3－3－3 (f)所示，借助行车进行安装与拆卸。为了便于拆装，安装时，要将减速器先与小臂装好后，一起与大臂安装，拆卸时先将小臂连同减速器一起拆下后，再将减速器从小臂上拆下。

2. 拆卸小臂

小臂是工业机器人的 A3 轴，拆卸小臂前已经完成了拆卸中心手的工作，拆卸小臂的工作包括拆卸在 A3 轴铸件上的管线、A3 轴电机、A3 轴铸件与 A3 轴齿轮箱。除了需要移动式行车、吊带和扳手等辅助设备和工具外，还需要 M16 环首螺栓、M16 导向杆及小臂起重装置。其中导向杆的订货号为 00-192-130，如图 3－3－4 所示，小臂起重装置的订货号为 00-184-456，如图 3－3－5 所示。

图 3－3－4　M16 导向杆

(a) 正面　　(b) 背面

图 3－3－5　小臂起重装置

拆卸小臂的操作步骤如下：

(1) 为了使安装后管线留得长短合适，在拆 A3 轴电机前，应对所有管线作好标记。其中 A6 轴管线是从 A3 轴电机附近的凸台孔中穿入小臂铸件内，如图 3－3－6 所示。

图 3－3－6　标记管线位置

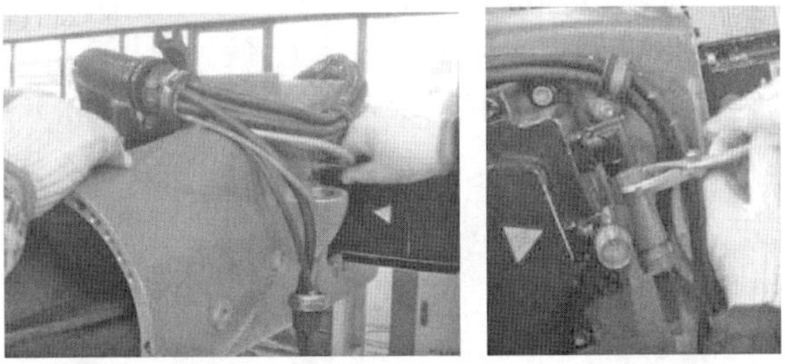

(a) 抽出A6轴电机线缆　　(b) 松开A3轴电机插头

图 3－3－7　拆小臂上的管线

(2) 为了将 A6 轴电机线缆从小臂内顺利抽出，需要拆除固定螺母，拔出橡胶保护塞，拆除螺母座，然后将 A6 轴电源线及电机编码器线依次从凸台孔中抽出，如图3－3－7 (a)所示。然后松开 A3 轴电机上的电源插头和编码器插头，如果插头锁紧螺母较紧，可借助大力钳将其旋松，如图 3－3－7 (b)所示。

(3) 在机器人上贴有拆除电机的注意事项，如图 3－3－8 (a)所示。提醒操作者在拆除电机前，必须固定机器人的轴，防止小臂向下旋转。为此，需用行车、吊带及小臂起重装置固定小臂，如图 3－3－8 (b)所示。安装小臂起重装置时，要注意安装方向，应使环首螺栓的位置偏向 A3 轴齿轮箱，否则，在 A3 轴起吊过程中，因重心不落在吊带上，而发生侧翻现象。

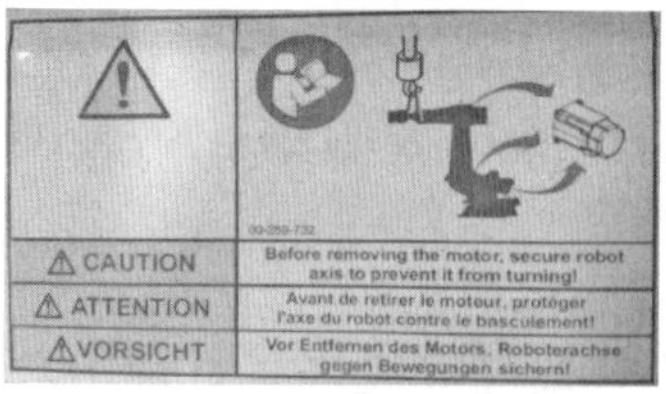

(a) 拆电机注意事项

(b) 固定小臂

图 3－3－8　拆卸 A3 轴电机前的准备工作

(4) 松开 A3 轴电机连接螺栓，将电机沿水平方向从 A3 轴齿轮箱中取出，如图 3－3－9 所示。为了防止 A3 轴电机的坠落，可以不要将电机上的螺栓全部拧出，而仅拧出 3 mm 左右，并且注意接触面和电机轴密封环。

图 3－3－9　拆去 A3 轴电机

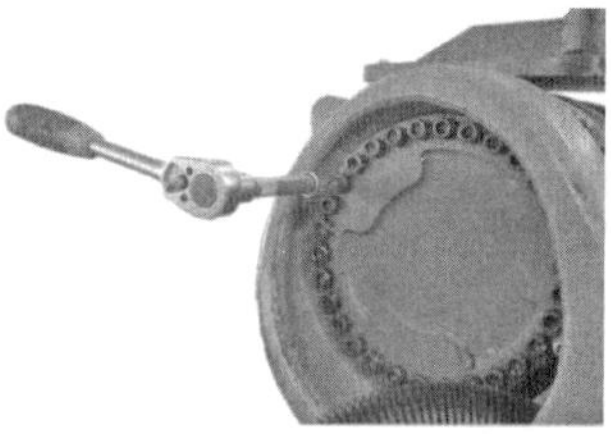

图 3－3－10　松开内圈连接螺栓

(5) A3 轴齿轮箱有两圈螺栓，内圈与大臂连接，外圈与小臂连接。为了使小臂与 A3 轴齿轮箱整体拆卸，应先拆 A3 轴齿轮箱的内圈螺栓，而不能先拆外圈螺栓，如图 3－3－10 所示。否则，因 A3 轴齿轮箱留在大臂上，使齿轮箱拆除困难。拆除螺栓的注意事项与拆除中心手的连接螺栓相同，要按照对角交叉的顺序依次松开第 1～4 个螺栓，而最上方的 2 个螺栓最后松开，也是最后抽出。等所有螺栓都抽出后，装入 2 根 M16 导向杆，如图 3－3－11 所示。

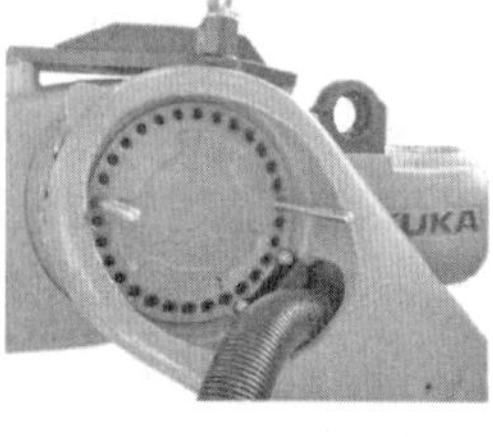

图 3－3－11　装入 M16 导向杆

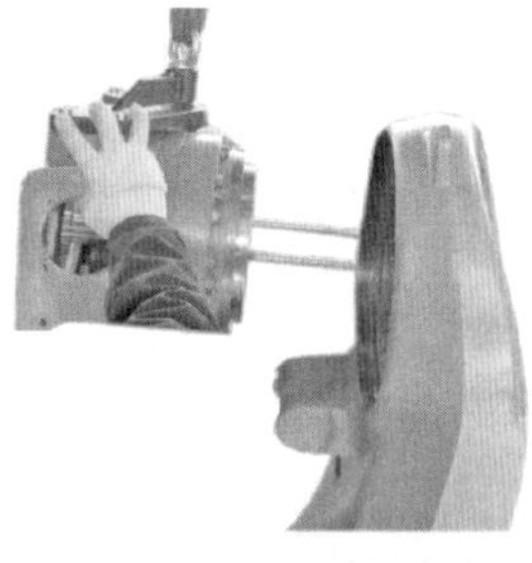

图 3－3－12　抽出小臂

图 3－3－13　放置小臂

(6) 将小臂与 A3 轴齿轮箱一起沿着 M16 导向杆从大臂中抽出，如图 3－3－12 所示。在抽出的过程中时刻观察接触面的位置，不能歪斜，否则容易折断导向杆，刮伤接触面。然后，将其放置到木托板上，注意避让 A3 轴零点探头，如图 3－3－13 所示。

(7) 旋出导向杆，松开并抽出 A3 轴齿轮箱外圈螺栓，如图 3－3－14 (a)所示。将 M16 环首螺栓旋入 A3 轴齿轮箱，如图 3－3－14 (b)所示。将两根 M8 螺栓旋入 A3 轴齿轮箱顶出螺栓孔，将齿轮箱从小臂中顶出。借助行车、吊链及环首螺栓，将 A3 轴齿轮箱从小臂中垂直取出，如图 3－3－14 (c)所示。拆除齿轮箱后的小臂如图 3－3－14 (d)所示。仔细观察小臂的齿轮箱安装端面，两处螺栓顶出痕迹清晰可见，如图 3－3－14（e）所示。

【扫一扫】
拆卸 A3 轴齿轮箱

(a) 松开外圈连接螺栓

(b) 安装环首螺栓

(c) 垂直取出齿轮箱

(d) 拆下齿轮箱后的小臂

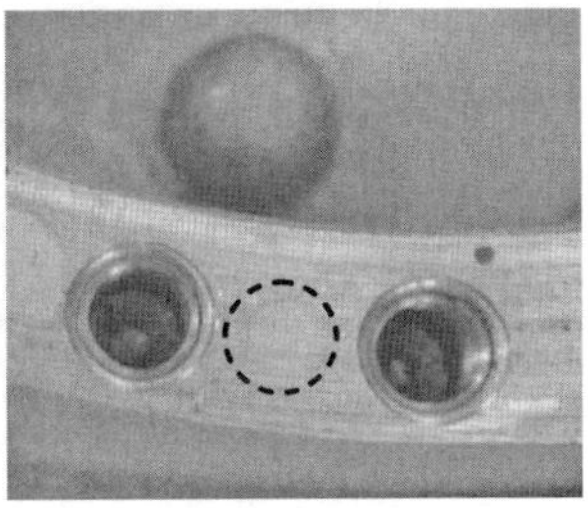
(e) 顶出痕迹

图 3－3－14　取出 A3 轴齿轮箱

3. 拆卸大臂

大臂是工业机器人的 A2 轴，拆卸大臂前可先拆卸中心手和小臂。大臂是机器人的 A2 轴，对于安装平衡装置的机器人，在拆 A2 轴之前，需要拆卸平衡缸。这是因为平衡缸安装在 A2 轴大臂与 A1 轴旋转台之间，平衡缸牵拉着大臂，为了使大臂不受平衡缸的拉力作用，需要加装间隔块，使平衡缸的活塞杆不向内回缩，以顺利拆除大臂。为了将间隔块顺利放置进平衡缸活塞杆上，需要转动大臂，拉长活塞杆，放置后还要让大臂反向转动，使平衡缸夹紧间隔块。为了运动机器人的 A2 轴，需要重新接通控制系统的电源。但在通电前还需要接上各轴电机插头，否则无法运动 A2 轴。可以将已拆下的 A3～A6 轴电机分别放置在机器人附近的木托板上，并且连接其电源线及编码器线，如图 3－3－15 所示。为了能顺利连线，需要将管线从大臂中抽出。

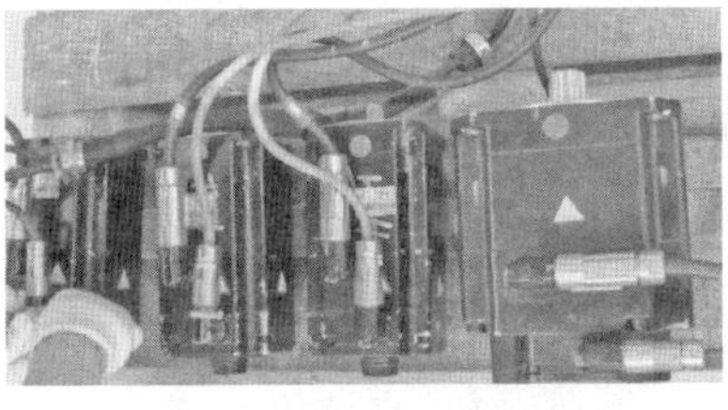
图 3－3－15　连接电机线缆

图 3－3－16　大臂起重装置

图 3－3－17　固定支撑架

拆卸大臂的工作包括拆卸 A2 轴电机、A2 轴铸件与 A2 轴齿轮箱。除了需要移动式行车、吊带和扳手等辅助设备和工具外，还需要 M16 环首螺栓、M16 导向杆及大臂起重装置。大臂起重装置的订货号为 00-184-489，如图 3-3-16 所示。

如果只更换 A2 轴电机，平衡缸尚未拆下时，可以使用专用的固定支撑架，将 A2 轴大臂固定，其订货号为 00-190-539，如图 3-3-17 所示。

拆卸大臂的操作步骤如下：

（1）为了防止大臂坠落，拆卸 A2 轴电机前需用行车、吊带及大臂起重装置固定大臂，如图 3-3-18 所示。在大臂起重装置安装到大臂末端上时，要注意安装方向，应使环首螺栓的位置偏向 A2 轴齿轮箱，否则，在 A2 轴起吊过程中，因重心不落在吊带上，而发生侧翻现象。在用行车吊起时，要注意其松紧程度。不能过紧，否则会损坏 A2 轴电机，也不能过松，否则在拆 A2 轴电机时，大臂会松动。

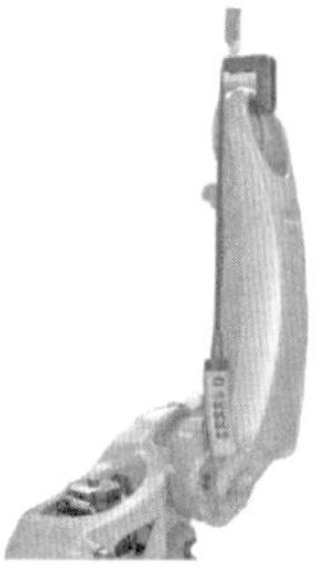

图 3-3-18 固定大臂

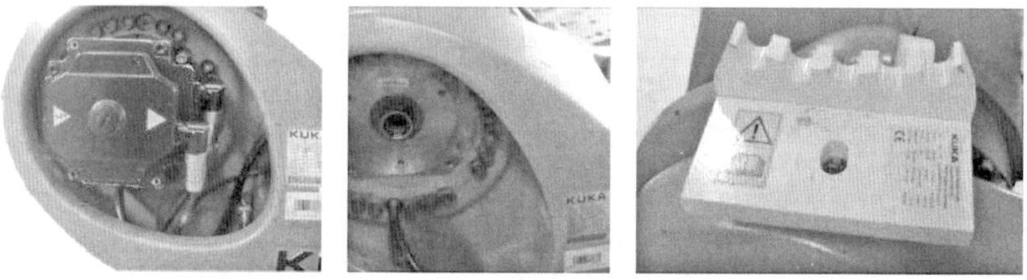

(a) 拆卸前 (b) 拆卸后 (c) 只换电机时用的工具

图 3-3-19 拆 A2 轴电机

（2）松开 A2 轴电机上的电源插头和编码器插头的锁紧螺母，拔出插头。松开 A2 轴电机上的 4 个内六角螺栓 M12×35/8.8，将电机从 A2 轴齿轮箱中水平拔出，在拔出的过程中时刻注意接触面和电机轴密封环，不能歪斜，如图 3-3-19（a）（b）所示。为了防止 A2 轴电机的坠落，可以不要将电机上的螺栓全部拧出，而仅拧出 3 mm 左右。如果仅更换 A2 轴电机，由于平衡缸尚未拆除，可使用专用的固定支撑架，利用其凹槽卡住 A2 轴齿轮箱外圈螺栓，将 A2 轴大臂固定，如图 3-3-19（c）所示。

（3）A2 轴齿轮箱也有两圈螺栓，内圈与旋转台连接，外圈与大臂连接。为了使大臂与 A2 轴齿轮箱整体拆卸，应先拆 A2 轴齿轮箱的内圈螺栓，而不能先拆外圈螺栓，如图 3-3-20（a）所示。否则，因 A3 轴齿轮箱留在大臂上，使齿轮箱拆除困难。拆除螺栓的注意事项与拆除中心手的连接螺栓相同，要按照对角交叉的顺序依次松开第 1～4 个螺栓，而最上方的 2 个螺栓最后松开，也是最后抽出。在拆卸这 26 个内六角连接螺栓 M16×45/10.9 的同时，可以装入 2 根 M16 导向杆。

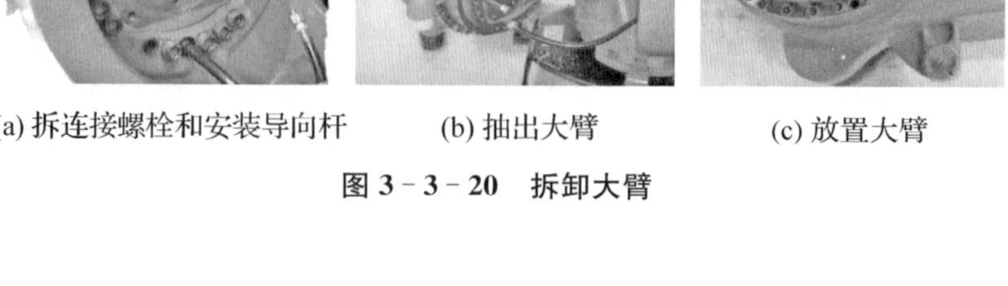

(a) 拆连接螺栓和安装导向杆 (b) 抽出大臂 (c) 放置大臂

图 3-3-20 拆卸大臂

(4) 将大臂与 A2 轴齿轮箱一起沿着 M16 导向杆从旋转台中抽出，期间不能挤压或拉伸油管，如图 3－3－20 (b)所示。在抽出的过程中时刻观察接触面的位置，不能歪斜，否则容易折断导向杆，刮伤接触面。然后，将其放置到木托板上，注意避让 A2 轴零点探头，如图 3－3－20 (c)所示。

(5) 拆 A2 轴硬限位前，应在大臂铸件上标记安装位置。这是因为齿轮箱的外圈在硬限位与大臂铸件之间，硬限位的标记不能作在齿轮箱上，否则容易错位，导致大臂的运动范围受限。然后拧出导向杆，松开并抽出 A2 轴齿轮箱外圈与大臂连接的 22 个内六角螺栓 M12×90/10.9，及与硬限位和大臂连接的 8 个内六角螺栓 M12×115/10.9，如图 3－3－21 (a)所示。取下硬限位，放置到木托板上，如图 3－3－21 (b)所示。利用齿轮箱上的 2 个螺栓顶出齿轮箱，旋入环首螺栓，安装导向杆，垂直取出齿轮箱，如图 3－3－21 (c)所示。

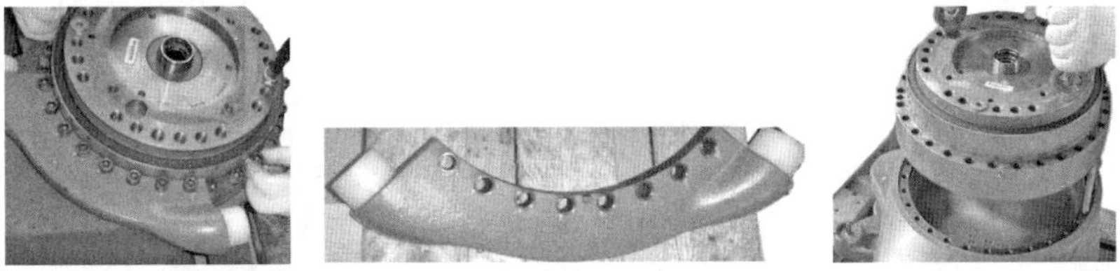

(a) 松开外圈螺栓　　(b) 放置硬限位　　(c) 取出齿轮箱

图 3－3－21　拆卸 A2 轴齿轮箱

4. 拆卸旋转台

旋转台是工业机器人的 A1 轴，拆卸旋转台的工作包括拆卸 A1 轴电机及其托架、A1 轴铸件、RDC 盒、接线盒与管线。除了移动式行车、吊带和扳手等辅助设备和工具外，还需要 M16 环首螺栓、M16 导向杆和手摇手柄 W32。其中导向杆的订货号为 00-192-130，如图 3－3－4 所示。手摇手柄 W32 的订货号为 01-040-245，如图 3－3－22 所示。为了将 A1 轴齿轮箱顺利拆除，需要抬高底座，留出拆卸连接螺栓的空间，为此，需要安装支柱，订货号为 00-192-141，如图 3－3－23 所示。为了能顺利拔出电机，还需要电机把手，订货号为 00-167-432，如图 3－3－24 所示。

图 3－3－22　手摇手柄

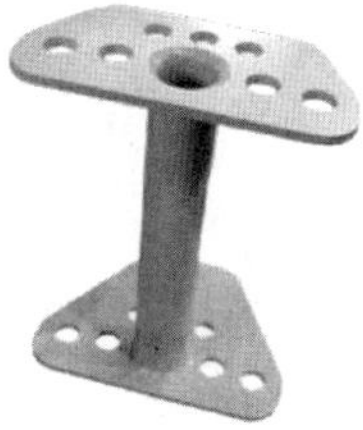

图 3－3－23　支柱

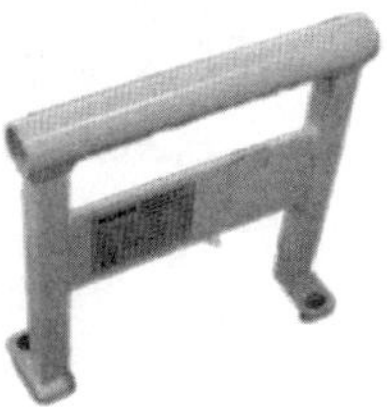

图 3－3－24　电机把手

拆卸旋转台的操作步骤如下：

(1) 安装 M16 环首螺栓到旋转台上，系上吊绳。松开底座与地面垫脚之间的连接螺栓，用行车将旋转台及底座整体吊起，如图 3－3－25 (a)所示。将支柱安装到底座与地面垫脚之间，拧紧连接螺栓，如图 3－3－25 (b)所示。

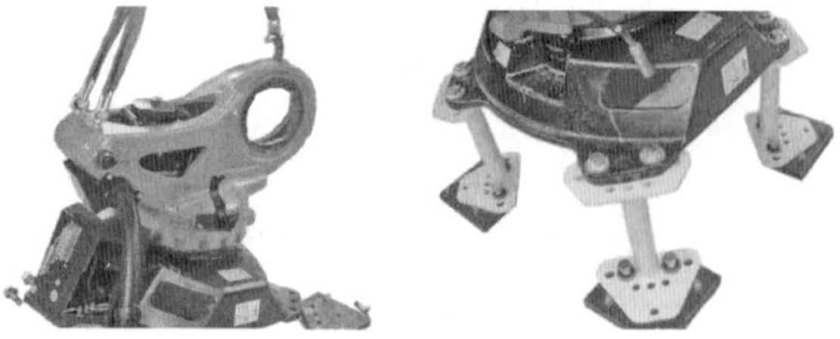

(a) 吊起旋转台及底座　　(b) 安装支柱

图 3-3-25　抬高底座

（2）松开 A1 轴电机上的电源插头和编码器插头的锁紧螺母，拔出插头。松开 A1 轴电机上的 4 个内六角螺栓 M12×35/8.8，安装电机把手，将 A1 轴电机沿着铅垂方向从电机托架中取出，如图 3-3-26 所示。

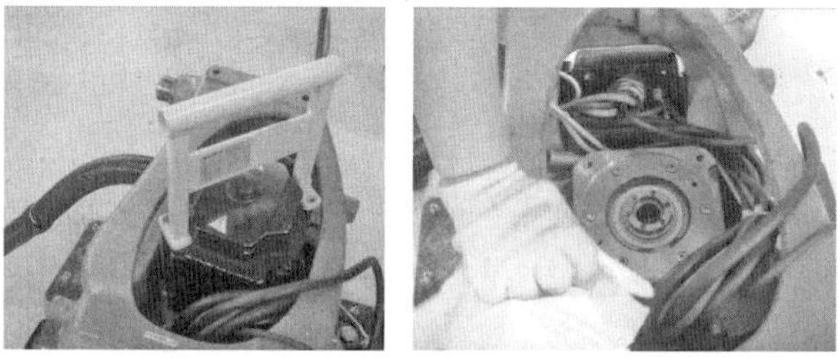

(a) 安装电机把手　　(b) 取出电机

图 3-3-26　拆卸 A1 轴电机

（3）拆下底座上的接线盒与旋转台上的 RDC 盒，如图 3-3-27（a）所示。松开管线支架连接螺栓，如图 3-3-27（b）所示，将管线从 A1 轴齿轮箱的中空部分抽出，如图 3-3-27（c）所示。

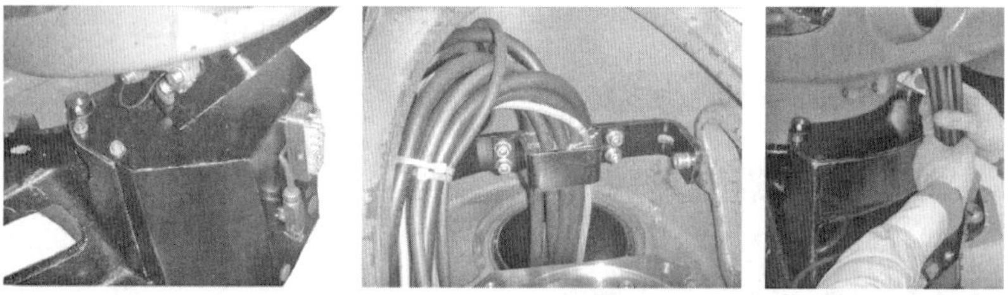

(a) 接线盒与RDC盒　　(b) 管线支架　　(c) 抽出管线

图 3-3-27　拆卸管线

（4）由于 A1 轴齿轮箱是开放式的结构，其盖板就是旋转台，接触面是黏结面。因此，在拆卸旋转台前必须排出齿轮箱油，如图 3-3-28（a）所示。注意工作现场保持清洁，如有油污滴漏在地面，应及时擦干净，防止因踩到油污而摔倒。

为了让 A1 轴齿轮箱留在底座上，应先拆与旋转台连接的外圈螺栓。利用底座中的凹槽，根据螺孔位置，用手摇手柄转动 A1 轴齿轮箱，依次拆卸与齿轮箱外圈的 14 个内六角螺栓 M16×100/10.9 和 4 个连接固定止挡的内六角螺栓 M16×130/10.9，如图

3－3－28 (b)(c)所示。将固定止挡放置到木托板上，如图 3－3－28 (d)所示。在此过程中安装两个顶出螺栓，如图 3－3－28 (e)所示，其中一个顶出螺栓的位置位于固定止挡的上方，如图 3－3－28 (f)所示。

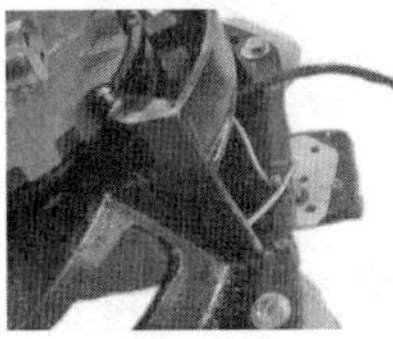

(a) 排出齿轮箱油

(b) 拆卸螺栓

(c) 拆卸固定止挡

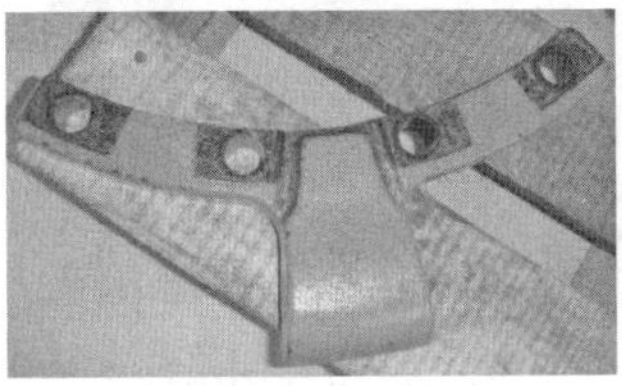

(d) 放置固定止挡

(e) 安装顶出螺栓

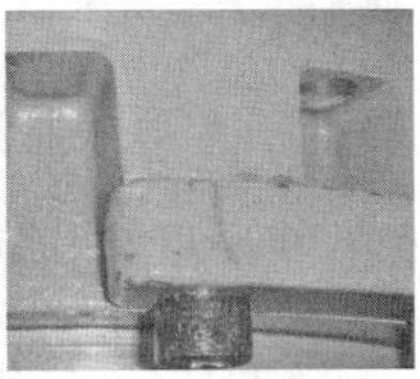

(f) 顶出螺栓安装位置

图 3－3－28　拆卸与 A1 轴齿轮箱外圈连接的螺栓

(5) 松开 A1 轴电机托架的 6 个内六角螺栓 M8×25/8.8，安装顶出螺栓，如图 3－3－29 (a)所示。来回拧紧两个顶出螺栓，观察顶出间隙，不能歪斜，使电机托架与旋转台之间的粘胶自动脱开，如图 3－3－29 (b)所示，然后垂直取出电机托架，如图 3－3－29 (c)所示。将电机托架放置到木托板上，如图 3－3－29 (d)所示，其中电机托架的另一端安装直齿轮，如图 3－3－29 (e)所示。

(a) 安装顶出螺栓

(b) 顶出电机托架

(c) 取出电机托架

(d) 放置电机托架

(e) 电机托架的背面

图 3－3－29　拆 A1 轴电机托架

(6) 旋入 M16 导向杆至旋转台，来回拧紧两个顶出螺栓，观察顶出间隙，不能歪斜，使旋转台与 A1 轴齿轮箱之间的粘胶自动脱开，将旋转台从齿轮箱上顶出，如图 3－3－30（a）所示，在导向杆的导引下，垂直吊起旋转台，如图 3－3－30（b）所示。

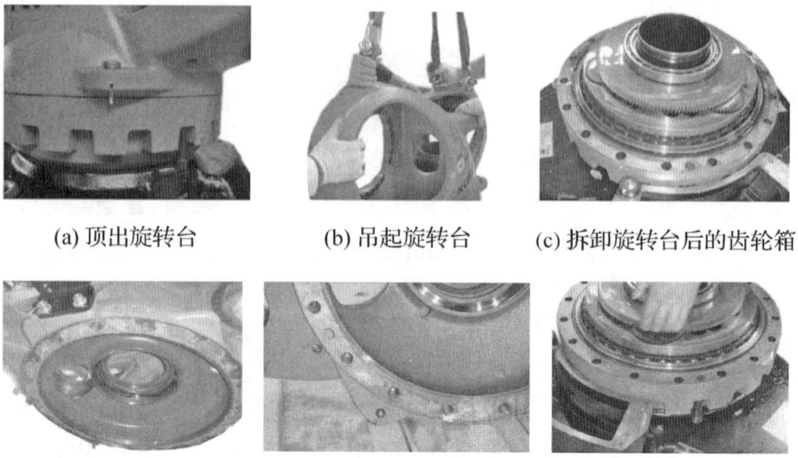

(a) 顶出旋转台　(b) 吊起旋转台　(c) 拆卸旋转台后的齿轮箱

(d) 轴圈留在旋转台中　(e) 顶出位置及探头　(f) 拆卸顶出螺栓

图 3－3－30　拆卸旋转台

在吊起旋转台时必须注意不能歪斜，使双联太阳轮及轴承都要留在齿轮箱上，如图 3－3－30（c）所示，而轴承的轴圈留在了旋转台中，如图 3－3－30（d）所示。如果吊起旋转台时歪斜，双联太阳轮及轴承可能留在了旋转台内，吊起过程中可能会散落。然后，取下导向杆，将旋转台放置到木托板上，注意保护零点探头，如图 3－3－30（e）所示，图中可以看到顶出螺栓的位置。此外，为了取出顶出螺栓，需要用手转动大直齿轮，使顶出螺栓位于底座凹槽中，如图 3－3－30（f）所示。

5. 拆卸底座

工业机器人的操作机可看作是一个开链式多连杆机构，其底座与地面相连，相对地面固定不动，是该机构的机架。由于旋转台拆卸后，A1 轴齿轮箱留在了底座上，因此，拆卸底座的工作除了底座本身的拆卸外，还包括 A1 轴齿轮箱的拆卸。除了移动式行车、吊带和扳手等辅助设备和工具外，还需要 2 个 M16 环首螺栓。

拆卸底座的操作步骤如下：

（1）松开底部盖板上的 4 个 M6×12/8.8 的连接螺栓，取出盖板，如图 3－3－31 所示。

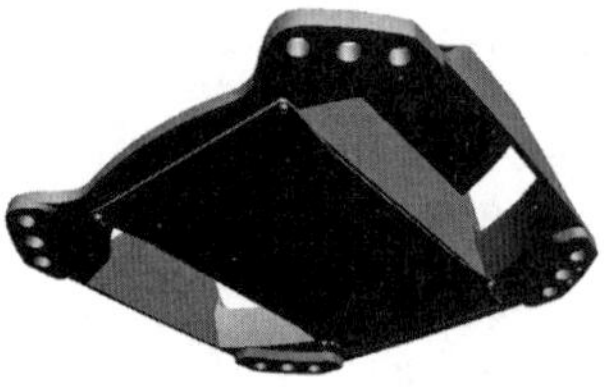

图 3－3－31　拆卸盖板

（2）松开并取出 A1 轴齿轮箱内圈与底座连接的 20 个 M20×45/10.9 内六角螺栓，将其放置到整理盒中。

（3）安装 2 个 M16 环首螺栓至 A1 轴齿轮箱上，用行车将其沿铅垂方向吊离底座，当取出 A1 轴齿轮箱时，应时刻观察其位置，不能歪斜。然后将 A1 轴齿轮箱放置到木托板上。在起吊与放置的过程中要保护油管，不能挤压或拉伸油管。

任务清单 3－3－1　拆卸齿轮箱

班级＿＿＿＿＿＿姓名＿＿＿＿＿＿学号＿＿＿＿＿＿组别＿＿＿＿＿＿组长＿＿＿＿＿＿

组员＿＿

<table>
<tr><td>任务描述</td><td colspan="4">1. 通过查阅资料，描述工业机器人齿轮箱的作用和组成。
2. 通过查阅资料，制订拆卸机器人 A3 轴齿轮箱的方案。
3. 通过拆卸 A3 轴齿轮箱，描述 KUKA 机器人 A3 轴齿轮箱的拆卸流程和注意事项。</td></tr>
<tr><td rowspan="17">对接“1＋X”</td><td colspan="4">本任务对接《工业机器人操作与运维职业技能等级标准》(2021 年 2.0 版)的内容有：</td></tr>
<tr><td>等级</td><td>工作领域</td><td>工作任务</td><td>职业技能要求</td></tr>
<tr><td rowspan="10">初级</td><td>2. 工业机器人安装</td><td>2.1 机械拆装与测量</td><td>2.1.1　能正确选择工具对电气系统、工业机器人本体、控制柜等进行拆装。</td></tr>
<tr><td rowspan="9">4. 工业机器人系统维护</td><td rowspan="3">4.1　工业机器人系统常规检查维护</td><td>4.1.1　能做好泄露、异响、干涉、风冷等事项的日常检查以及外围波纹管附件、外围电气附件等易损、易耗件的日常检查，并对相应问题进行处理。</td></tr>
<tr><td>4.1.2　能做好控制单元电缆和通风单元、机械本体中的电缆、工业机器人的每个部件和螺钉等的检查，并对相应问题进行处理。</td></tr>
<tr><td>4.1.3　能做好电池检查，能更换减速器和齿轮箱的润滑脂。</td></tr>
<tr><td rowspan="3">4.2　工业机器人本体定期维护</td><td>4.2.1　能按步骤更换工业机器人各关节润滑脂。</td></tr>
<tr><td>4.2.2　能找准工业机器人润滑脂更换时的空间方位角。</td></tr>
<tr><td>4.2.3　能对工业机器人各关节皮带、齿轮齿条进行调节处理。</td></tr>
<tr><td rowspan="3">4.3 工业机器人运行状态监测</td><td>4.3.1　能监测工业机器人系统运行状态。</td></tr>
<tr><td>4.3.2　能监测工业机器人运行参数。</td></tr>
<tr><td>4.3.3　能检测工业机器人各关节实时位置数据。</td></tr>
<tr><td rowspan="3">中级</td><td>3. 工业机器人系统维护</td><td>3.3 工业机器人部件更换</td><td>3.3.2 能更换工业机器人减速机。</td></tr>
<tr><td rowspan="2">4. 工业机器人系统故障诊断及处理</td><td rowspan="2">4.1　工业机器人本体故障诊断及处理</td><td>4.1.1　能找到工业机器人震动噪声产生原因并处理。</td></tr>
<tr><td>4.1.3　能找到工业机器人齿轮箱漏油、渗油产生原因及处理。</td></tr>
<tr><td>高级</td><td>3. 工业机器人系统故障诊断</td><td>3.1　工业机器人系统异常处理</td><td>3.1.2　能分析机器人本体常规及异常故障现象(如抖动、异响等)并排除。</td></tr>
</table>

<table>
<tr><td>任务目标</td><td>1. 知识目标
了解工业机器人齿轮箱的作用和组成，掌握拆卸 A3 轴齿轮箱时的注意事项。
2. 能力目标
能够正确使用工具，拆卸工业机器人的 A3 轴齿轮箱。
3. 素质目标
运用已获得知识、技能和经验独立分析和解决问题。
4. 思政育人目标
具有家国情怀，会分析 KUKA 机器人使用的减速器，增强学生推进制造强国建设的信心和底气，通过了解齿轮箱的作用和组成，激励学生科技报国，引导学生坚定“四个自信”。</td></tr>
<tr><td>任务要求</td><td>通过分组讨论，制订拆卸 A3 轴齿轮箱的方案，在教师的引导下，组长分工，小组合作，协作完成拆卸 A3 轴齿轮箱，描述拆卸 A3 轴齿轮箱的操作步骤和注意事项。</td></tr>
<tr><td>任务思考</td><td>1. 工业机器人的齿轮箱有何作用，有几个端口，分别连接什么？

2. 在拆卸 KR 120 R2500 pro 机器人 A3 轴齿轮箱前，如何调整机器人的姿态？为什么需要这样调整？</td></tr>
<tr><td>任务实施</td><td>1. 描述拆卸 KR 120 R2500 pro 机器人 A3 轴齿轮箱的流程。

2. 描述拆卸 KR 120 R2500 pro 机器人 A3 轴齿轮箱的注意事项。</td></tr>
<tr><td>任务总结</td><td>1. 知识与技能方面的收获与体会。

2. 职业素养方面的收获与体会。

3. 其他方面的收获与体会。</td></tr>
<tr><td>任务评价</td><td>
<table>
<tr><th>序号</th><th>考核指标</th><th>所占分值</th><th>备注</th><th>得分</th></tr>
<tr><td>1</td><td>任务完成情况</td><td>30</td><td>是否在规定时间内完成任务</td><td></td></tr>
<tr><td>2</td><td>任务实施质量</td><td>30</td><td>参与态度及任务成果的质量</td><td></td></tr>
<tr><td>3</td><td>任务总结质量</td><td>40</td><td>知识、技能、职业素养及其他方面的收获与体会</td><td></td></tr>
</table>
指导教师：　　　　　日期：　　　年　月　日</td></tr>
<tr><td>任务拓展</td><td>查阅和搜集资料，回答当 A3 轴齿轮箱与小臂之间拆卸困难时的解决方法。</td></tr>
</table>

子任务2　安装齿轮箱

知识链接

1. 库卡QUANTEC系列机器人地线的安装

为了保证机器人用电安全，机器人金属本体需要可靠接地，如图3－3－32 (a)所示。为了将地线能够正确安装到机器人本体上，可以按照图3－3－32 (b)所示的示意图进行安装。首先将地线螺钉拧入机器人本体螺纹孔中，然后将接地板穿进地线螺钉，用螺母拧紧，螺母与接地板之间加装防松垫圈。接着将地线端子安装在两个平垫圈之间，用另一个螺母拧紧，同样，螺母与平垫圈之间也要加装防松垫圈。

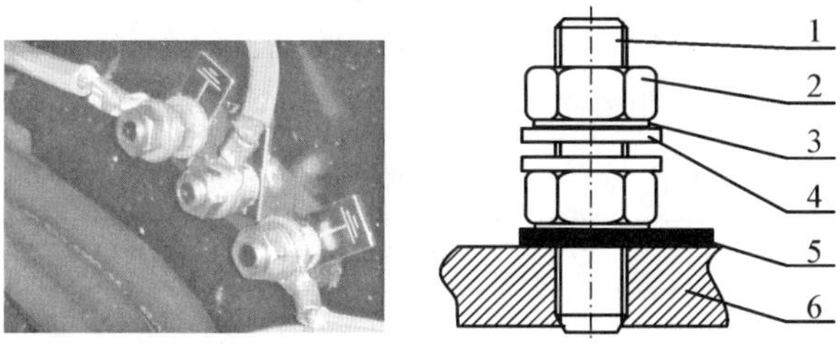

(a) 实物图　　(b) 示意图

1—地线螺钉　2—螺母　3—防松垫圈　4—平垫圈　5—接地板　6—机器人

图3－3－32　地线的安装

地线螺钉采用德国标准mech.galv.DIN 913，规格为M8×30，且表面镀锌。为了能可靠接地，螺钉与机器人本体的螺纹孔之间不能有油漆、油脂等物质。与螺钉配合的螺母规格也为M8。防松垫圈采用史诺(SCHNORR)安全垫圈VS8，如图3－3－33 (a)所示。平垫圈内圈直径为ϕ8.4，其外形如图3－3－33 (b)所示。安装在两平垫圈之间的地线端子外形如图3－3－33 (c)所示。

(a) VS防松垫圈　　(b) 平垫圈　　(c) 地线端子

图3－3－33　安装地线用的零件

2. 安装底座

A1轴齿轮箱的法兰层与底座连接，而针轮层与旋转台连接。由于该齿轮箱为中空开放式结构，其箱盖为旋转台铸件，当打开箱盖后，齿轮箱内有残留的润滑油，如图 3－3－34 所示，所以必须注意保持清洁，防止因润滑油滴落至地面而发生安全事故。

A1 轴齿轮箱法兰层与底座的连接螺栓是从底部向上安装，而底座内空间较小，为了能顺利安装，可用 4 根支柱抬高底座，如图 3－3－35 所示。该支柱的订货号为 00-192-141。

图 3－3－34　A1 轴齿轮箱

图 3－3－35　安装支柱

图 3－3－36　线缆防腐油脂

图 3－3－37　安装用油脂

除了移动式行车、吊带和扳手等辅助设备和工具外，还需要 M16 环首螺栓。为了防止磨损供能管线，还需要线缆防腐油脂 Optitemp RB1（1kg 包装），订货号为 00－101－456，如图 3－3－36 所示。为了保护底座与 A1 轴齿轮箱的接触面，需要在齿轮箱的底面或者底座的上面涂上安装用油脂 Microlube GL 261，如图 3－3－37 所示。

安装底座用的螺栓及组件如表 3－3－1 所示。

表 3－3－1　安装底座用的螺栓及组件

名称	数量/个	规格
A1 轴齿轮箱内六角螺栓	20	M20×45/10.9
盖板内六角螺栓	4	M6×12/8.8
盖板碟形防松垫圈	4	VS6
外六角螺栓	8	M24×45/8.8
外六角螺栓	8	M24×80/8.8
螺母	8	M24
碟形防松垫圈	16	DIN6796-24-FStmechZn

在安装底座时，应采用对角交叉的方式预紧螺栓，如图 3－3－38 所示，然后根据螺栓公称直径和强度等级，查表 3－1－1得出所需拧紧扭矩，调整力矩扳手的扭矩值后拧紧螺栓。

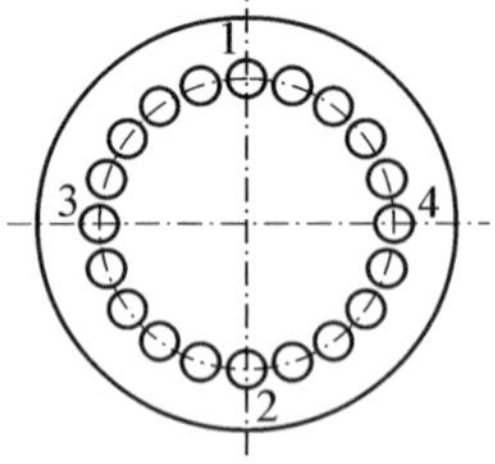

图 3－3－38　预紧螺栓的顺序

安装底座的主要任务是安装 A1 轴齿轮箱的固定端和放置线缆的盖板，其操作步骤如下：

(1) 安装 M16 环首螺栓至 A1 轴齿轮箱，用移动式行车将 A1 轴齿轮箱吊起。在齿轮箱的底面或者底座的上面涂上适量的安装用油脂 Microlube GL 261。然后将齿轮箱螺栓孔与底座的安装孔对齐。为了便于安装，可留有 1～3 mm 的调整缝隙，注意排油管不能被挤压或拉伸。

(2) 调整齿轮箱安装位置，将 3 个内六角螺栓 M20×45/10.9 从底座的底部向上旋入至 A1 轴齿轮箱，吊绳下降，将齿轮箱与底座完全贴合，旋入其余的内六角螺栓，用 500 N·m 的扭矩，以对角交叉的方式拧紧螺栓。

（3）将线缆防腐油脂 Optitemp RB1 涂抹至盖板上方，用 4 个内六角螺栓 M6×12/8.8 和 4 个防松垫圈 VS6 将盖板从下安装到底座的底部，如图 3-3-39 所示。

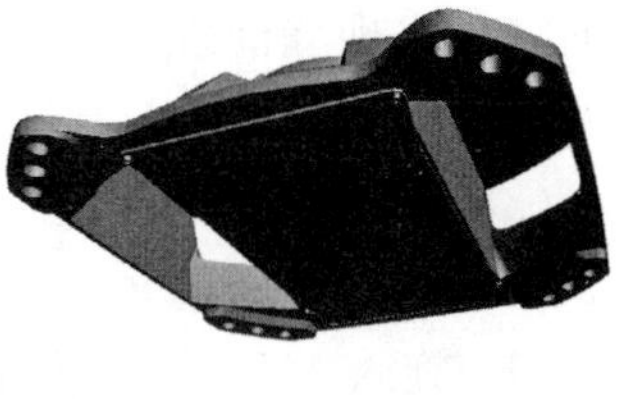

图 3-3-39　安装底座盖板

3. 安装旋转台

当 A1 轴齿轮箱正确安装到底座上后，就要安装旋转台。由于旋转台是齿轮箱的箱盖，齿轮箱上有残留的润滑油，因此必须注意保持清洁，防止因润滑油滴落至地面而发生安全事故。由于旋转台与齿轮箱之间的接触面是黏结面，在涂抹新胶水前，两端面上必须没有污垢和油脂。如果原来有残留胶水，必须用铲子清除，如图 3-3-40（a）（b）所示，然后使用清洁剂清除表面油脂，如图 3-3-40（c）（d）所示。

(a) A1轴齿轮箱的黏结面　(b) 旋转台的黏结面　(c) 清洁剂1　(d) 清洁剂2

图 3-3-40　旋转台与 A1 轴齿轮箱黏结面的处理

安装旋转台用的螺栓如表 3-3-2 所示。在安装时，同样要采用对角交叉的方式预紧螺栓，然后根据螺栓公称直径和强度等级，查出所需的拧紧扭矩，使用力矩扳手将螺栓拧紧。

表 3-3-2　安装旋转台用的螺栓

名称	数量/个	规格
A1 轴齿轮箱内六角螺栓	14	M16×100/10.9
A1 轴固定止挡内六角螺栓	4	M16×130/10.9
A1 轴电机内六角螺栓	4	M12×35/8.8
A1 轴电机托架内六角螺栓	6	M8×25/8.8

为了能顺利安装，除了移动式行车、吊带和扳手等辅助设备和工具外，还需要 M16 环首螺栓、M16 导向杆，订货号为 00-192-130，如图 3-3-4 所示。为了转动旋转台，还需要手摇手柄 W32，订货号为 01-040-245，如图 3-3-22 所示。

安装旋转台的主要任务是安装 A1 轴铸件和 A1 轴电机及其托架，其操作步骤如下：

（1）检查 A1 轴径向密封圈，如图 3-3-41（a）所示。如果密封圈已经损坏，应及时更换。更换时要注意密封圈不能歪斜，否则在安装旋转台的过程中可能会被挤压后破损。

（2）将 O 形环涂上适量油脂后放入 A1 轴齿轮箱的凹槽中，注意放置位置不能歪斜，否则容易出现漏油现象。在齿轮箱与旋转台接触面的螺孔与O形环之间，用胶枪涂上适量的红色黏结剂Dreibond 1118，如图3-3-41(b)所示。

(3) 从旋转台中取下轴圈，如图3-3-41(c)所示，将其安装在太阳轮轴承端面上，如图3-3-41(d)所示。

(4) 旋入M16环首螺栓至旋转台中，用行车谨慎地吊起，防止意外坠落。在旋转台上安装2根对称分布的M16导向杆，用行车将旋转台平移至A1轴齿轮箱正上方。在导向杆的引导下，将旋转台垂直向下移动，慢慢靠近A1轴齿轮箱端面，如图3-3-41(e)所示。在安装过程中要观察接触面和A1轴径向密封圈，防止因歪斜导致损坏密封圈。

(a) A1轴径向密封圈　(b) 接触面上涂黏接剂　(c) 取下轴圈

(d) 安装轴圈　(e) 用导向杆引导安装

图3-3-41　安装旋转台

(5) 为了在旋入内六角螺栓M16×100/10.9时，能够手动调整旋转台的位置，可将旋转台与齿轮箱黏结面之间留有间隙，如图3-3-42所示。等旋入螺栓后再完全贴合黏结面，最后以250 N·m的扭矩拧紧螺栓。

在安装旋转台的过程中，注意观察O形环的安装位置和A1轴径向密封圈的变形情况，如果O形环发生错位，密封圈变形严重，都可以适当调整，保证A1轴齿轮箱的密性封。旋转台相对于太阳轮的轴承应定位可靠，避免因倾斜而损坏轴承。在用力矩扳手拧紧螺栓时，只能在底座凹槽位置拧紧，因此可手动转动太阳轮，使安装的螺孔旋转至底座凹槽的正上方，如图3-3-43所示。

图3-3-42　旋入螺栓时黏结面留有间隙

图3-3-43　利用底座中的凹槽安装螺栓

（6）将固定止挡安装至旋转台底部。固定止挡的外形如图3－3－44（a）所示，固定止挡有一定的厚度，因此，安装固定止挡的4个螺栓较长，其规格为M16×130/10.9，拧紧扭矩仍然为250 N·m。固定止挡的凸出部分要与旋转台头部对齐，如图3－3－44（b）所示。如果安装正确，A1轴最大工作范围可达±185°，如图3－3－44（c）所示。

由于只有在底座上的凹槽处才能放置扳手，为了能安装每一个螺栓，需要转动旋转台。当固定止挡安装后，为了与白色尼龙胶制成的硬限位滑块不发生干涉，可拆除扇形盖板与滑块，如图3－3－44（d）所示，这样，固定止挡可从安放滑块的开口槽中顺利通过。

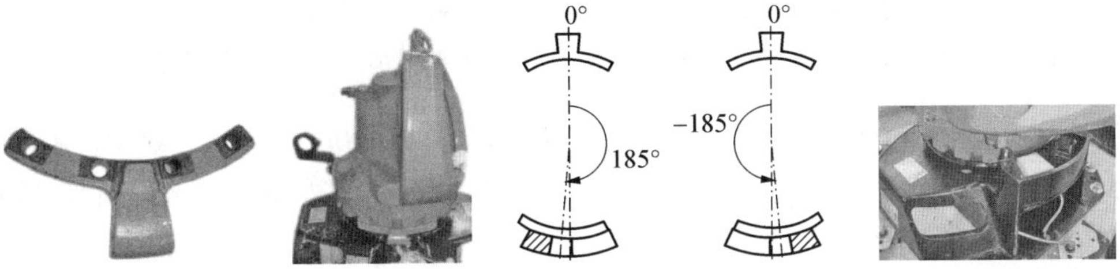

(a) 外形图　(b) 安装位置　(c) A1轴的工作范围　(d) A1轴硬限位滑块

图3－3－44　安装固定止挡

（7）安装A1轴电机托架。电机托架的结构如图3－3－45（a）所示，下方的直齿轮用来驱动双联太阳轮。首先将O形环安装在电机托架上，清除电机托架与旋转台之间接触面上的油污，涂上Dreibond 1118黏结剂。然后将电机托架压入旋转台，由于O形圈与旋转台之间存在一定的阻力，齿轮之间还需啮合，所以在安装电机托架时需要用双手调整位置后压入，如图3－3－45（b）所示。严禁使用螺纹带入，否则会损坏轮齿。端面贴合后，旋入6个内六角螺栓M8×25/8.8，用力矩扳手，以23 N·m的扭矩拧紧螺栓。

电机托架的安装也可以安排在拧紧旋转台与A1轴齿轮箱之间的连接螺栓前进行，这样可以利用手摇手柄W32转动旋转台，如图3－3－45（c）所示。

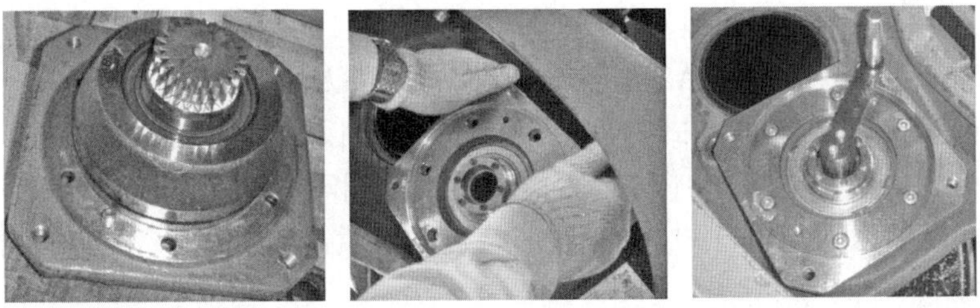

(a) 电机托架结构　(b) 压入电机托架　(c) 手摇手柄

图3－3－45　安装电机托架

（8）在盖板的内侧或者在接触盖板的那段黑色供能管线上涂上线缆防腐油脂Optitemp RB1。将管线从A1轴齿轮箱中空部位穿过后整理好，将管线托架的安装孔与旋转台的螺孔对齐，旋入螺栓后拧紧螺栓，如图3－3－46所示。

图3－3－46　安装管线托架

(9) 安装 RDC 盒及供能管线至旋转台上，如图 3－3－47 所示。

(10) 加入适量的 A1 轴齿轮箱润滑油，如图 3－3－48 所示。

图 3－3－47　安装 RDC 盒及管线

图 3－3－48　加入 A1 轴齿轮箱润滑油

(11) 将密封圈安装到 A1 轴电机花键轴上，其安装位置如图 3－3－49 (a)所示。在电机轴上涂上润滑脂，如图 3－3－49 (b)所示。将 A1 轴电机花键轴装入电机托架，如图 3－3－49 (c)所示，旋入 4 个 A1 轴电机内六角螺栓 M12×35/8.8，用力矩扳手以 78 N·m 的扭矩拧紧螺栓，然后连接 A1 轴电机电源与编码器线缆接头。

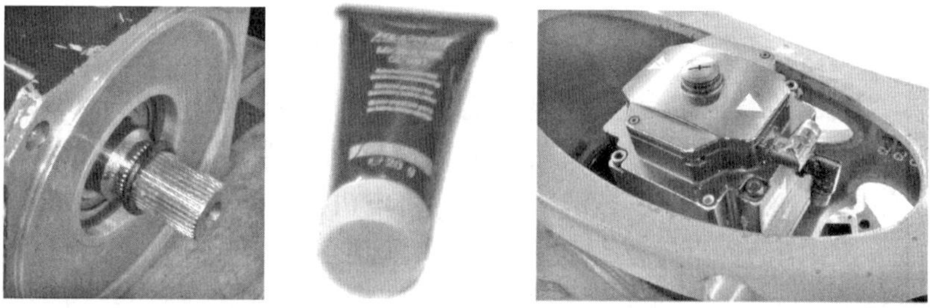

(a) 电机密封圈安装位置　(b) 润滑脂　(c) 装入A1轴电机花键轴

图 3－3－49　安装 A1 轴电机

4. 安装大臂

安装大臂的工作包括安装 A2 轴齿轮箱、大臂铸件及 A2 轴伺服电机。

为了能顺利安装，除了移动式行车、吊带、吊索和扳手等辅助设备和工具外，还需要 M16 环首螺栓、M12 和 M16 导向杆、大臂起重装置和润滑脂 Microlube GL 261，其中 M16 导向杆订货号为 00-192-130，大臂起重装置的订货号为 00-184-489，润滑脂的订货号为 83-087-280。

安装大臂用的螺栓如表 3－3－3 所示。在安装时，同样要采用对角交叉的方式预紧螺栓，然后根据螺栓公称直径和强度等级，查出所需的拧紧扭矩，使用力矩扳手将螺栓拧紧。

表3-3-3　安装大臂用的螺栓

名称	数量/个	规格
A2轴齿轮箱外圈内六角螺栓	22	M12×90/10.9
A2轴固定止挡内六角螺栓	8	M12×115/10.9
A2轴齿轮箱内圈内六角螺栓	26	M16×45/10.9
A2轴电机内六角螺栓	4	M12×35/8.8

安装大臂的操作步骤如下：

(1) 旋入2根M12导向杆至大臂螺孔中，如图3-3-50(a)所示。旋入2个M16环首螺栓至A2轴减速器内圈螺孔，在M12导向杆的引导下，用行车和吊索将A2轴齿轮箱平稳放至大臂上，使齿轮箱与大臂接触面完全贴合，注意对准M12螺栓孔位置，如图3-3-50(b)所示。

(a) 安装导向杆　　(b) 吊装齿轮箱

图3-3-50　安装A2轴齿轮箱

(2) 将A2轴固定止挡对齐在拆卸前大臂铸件上所作的标记位置，如图3-3-51(a)所示。旋入8个固定止挡内六角螺栓M12×115/10.9和22个齿轮箱外圈内六角螺栓M12×90/10.9，如图3-3-51(b)所示，然后用力矩扳手以104 N·m的扭矩拧紧螺栓。

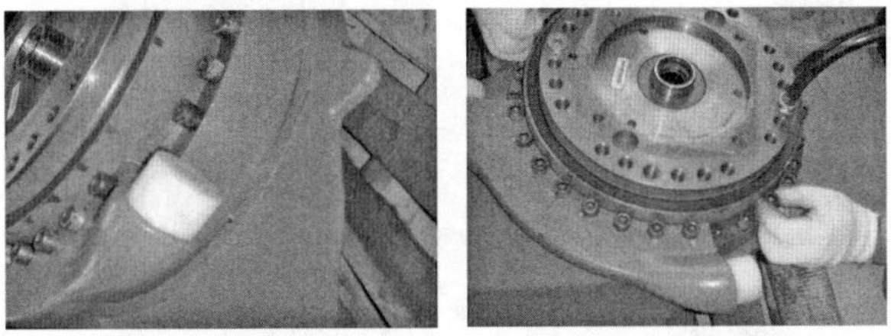

(a) 拆卸前的标记　　(b) 旋入联接螺栓

图3-3-51　安装A2轴固定止挡

(3) 解去在A2轴齿轮箱上的吊装设备，将M16环首螺栓拧下，将2根M16导向杆安装在A2轴齿轮箱内圈螺孔中，其安装位置与2个油孔在圆周上成约90°对称布置，如图3-3-52(a)所示。

(4) 使用大臂起重装置将大臂吊装在行车上，如图3－3－52 (b)所示。用手摇手柄W32 调整 A2 轴齿轮箱油管位置，对准旋转台上油管工艺孔，将大臂连同 A2 轴齿轮箱一起安装至旋转台上。安装过程中注意动作平缓，自然贴合，对准孔位，油管及其接头避免碰撞、挤压和拉伸变形。

(a) 导向杆安装位置　　(b) 使用大臂起重装置

图 3－3－52　吊装大臂

(5) 旋入 26 个 A2 轴齿轮箱内圈内六角螺栓 M16×45/10.9，期间拧下 2 根 M16 导向杆，然后用力矩扳手以 250 N·m的扭矩拧紧螺栓，如图 3－3－53 所示。

图 3－3－53　安装大臂

(6) 用手摇手柄 W32 调整大臂姿态，使大臂由垂直状态正向运动一定角度，使大臂端部的高度位置大约与操作者的腋窝平齐，以便后续小臂与手腕的安装，如图 3－3－54 所示。

(a) 调整前　　(b) 调整后

图 3－3－54　调整大臂姿态

(7) 在 A2 轴电机花键轴上涂抹适量的润滑脂 Microlube GL 261，调整电机橡胶密封圈位置，将 A2 轴电机花键轴安装至 A2 轴齿轮箱花键孔后旋入 4 个 A2 轴电机内六角螺栓 M12×35/8.8，用力矩扳手以 78 N·m 的扭矩拧紧螺栓，然后连接 A2 轴电机电源与编码器线缆接头。

(8) 解去吊装设备，取下大臂起重装置。在此之前，为防止 A2 轴电机刹车不灵使大臂旋转坠落，大臂下方垫上一定高度的支撑板。

5. 安装小臂

安装小臂的工作包括安装 A3 轴齿轮箱、小臂铸件及 A3 轴伺服电机。

为了能顺利安装，除了移动式行车、吊带、吊索和扳手等辅助设备和工具外，还需要 M12 环首螺栓、M12 导向杆、小臂起重装置和润滑脂 Microlube GL 261，其中小臂起重装置的订货号为 00－184－456，润滑脂 Microlube GL 261 的订货号为 83－087－280。

安装小臂用的螺栓如表 3－3－4 所示。在安装时，同样要采用对角交叉的方式预紧螺栓，然后根据螺栓公称直径和强度等级，查出所需的拧紧扭矩，使用力矩扳手将螺栓拧紧。

表 3－3－4　安装小臂用的螺栓

名称	数量/个	规格
A3 轴齿轮箱外圈内六角螺栓	30	M12×110/10.9
A3 轴齿轮箱内圈内六角螺栓	30	M12×40/10.9
A3 轴电机内六角螺栓	4	M12×35/8.8

安装小臂的操作步骤如下：

(1) 旋入 2 根 M12 导向杆至小臂螺孔中，旋入 2 个 M12 环首螺栓至 A3 轴减速器内圈螺孔，在 M12 导向杆的引导下，用行车和吊索将 A3 轴齿轮箱平稳放至小臂上，如图 3－3－55 (a)所示，使齿轮箱与小臂接触面完全贴合，注意对准 M12 螺栓孔位置。孔位对准时，应使油孔在小臂姿态为水平时处于上下位置，注意油孔不能位于 A3 轴零点探头附近，以免污染探头。

(2) 旋入 30 个齿轮箱外圈内六角螺栓 M12×110/10.9，期间拧下 2 根 M12 导向杆，然后用力矩扳手以 104 N・m 的扭矩拧紧螺栓。

(3) 解去吊装设备，将 M12 环首螺栓拧下，将 2 根 M12 导向杆安装在 A3 轴齿轮箱内圈螺孔中，其安装位置与 2 个油孔在圆周上成约 90°对称布置，如图 3－3－55 (b)所示。

【扫一扫】
安装 A3 轴齿轮箱

(a) 吊装齿轮箱　　(b) 安装导向杆

图 3－3－55　安装 A3 轴齿轮箱

(4) 用小臂起重装置和行车吊起小臂，在导向杆的引导下，将小臂连同 A3 轴齿轮箱一起安装至大臂上，如图 3－3－56 (a)所示。安装过程中动作应平缓，对准孔位，观察安装间隙，如图 3－3－56 (b)所示，注意不能歪斜，使 A3 轴齿轮箱与大臂的接触面自然贴合。

(a) 用导向杆引导安装　　(b) 观察安装间隙

图 3-3-56　安装小臂

(5) 旋入 30 个 A3 轴齿轮箱内圈内六角螺栓 M12×40/10.9，期间拧下 2 根 M12 导向杆，然后用力矩扳手以 104 N·m 的扭矩拧紧螺栓。

(6) 在 A3 轴电机花键轴上涂抹适量的润滑脂 Microlube GL 261，调整电机橡胶密封圈位置，将 A3 轴电机花键轴安装至 A3 轴齿轮箱花键孔，如图 3-3-57 所示。然后旋入 4 个 A3 轴电机内六角螺栓 M12×35/8.8，用力矩扳手以 78 N·m 的扭矩拧紧螺栓。

图 3-3-57　安装 A3 轴电机

(7) 解去吊装设备，取下小臂起重装置。

(8) 将伺服电机线缆管穿过大臂并固定，如图 3-3-58 (a)所示。再将 A6 轴电机线缆穿过小臂凸台孔至拆卸时的标记位置，并在小臂上固定。然后安装 A3～A5 轴电机线缆支架至小臂，如图 3-3-58 (b)所示。固定好电机线缆后安装小臂上的地线端子至 2 个平垫圈之间，用螺母锁紧，螺母与平垫圈之间加装 VS8 防松垫圈，最后连接 A3 轴电机电源与编码器线缆接头。

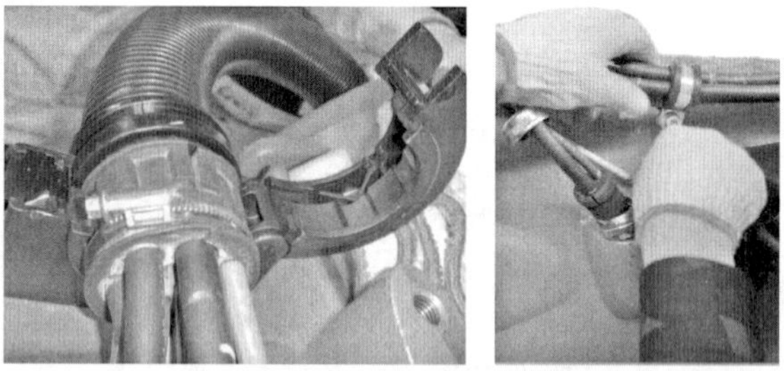

(a) 固定线缆管　　(b) 安装线缆支架

图 3-3-58　安装管线

任务清单 3－3－2　安装齿轮箱

班级＿＿＿＿＿＿姓名＿＿＿＿＿＿学号＿＿＿＿＿＿组别＿＿＿＿＿＿组长＿＿＿＿＿＿
组员＿＿＿＿＿＿＿＿＿＿＿＿＿＿＿＿＿＿＿＿＿＿＿＿＿＿＿＿＿＿

<table>
<tr><td>任务描述</td><td>1. 通过查阅资料，绘制 KUKA 公司的 QUANTEC 系列机器人 A3 轴的传动简图。
2. 通过查阅资料，制订安装机器人 A3 轴齿轮箱的方案。
3. 通过安装 A3 轴齿轮箱，描述 KUKA 机器人 A3 轴齿轮箱的安装流程和注意事项。</td></tr>
<tr><td>对接“1＋X”</td><td>本任务对接《工业机器人操作与运维职业技能等级标准》(2021 年 2.0 版)的内容有：
<table>
<tr><th>等级</th><th>工作领域</th><th>工作任务</th><th>职业技能要求</th></tr>
<tr><td rowspan="11">初级</td><td>2. 工业机器人安装</td><td>2.1　机械拆装与测量</td><td>2.1.1　能正确选择工具对电气系统、工业机器人本体、控制柜等进行拆装。</td></tr>
<tr><td rowspan="10">4. 工业机器人系统维护</td><td rowspan="3">4.1　工业机器人系统常规检查维护</td><td>4.1.1　能做好泄露、异响、干涉、风冷等事项的日常检查以及外围波纹管附件、外围电气附件等易损、易耗件的日常检查，并对相应问题进行处理。</td></tr>
<tr><td>4.1.2　能做好控制单元电缆和通风单元、机械本体中的电缆、工业机器人的每个部件和螺钉等的检查，并对相应问题进行处理。</td></tr>
<tr><td>4.1.3　能做好电池检查，能更换减速器和齿轮箱的润滑脂。</td></tr>
<tr><td rowspan="3">4.2　工业机器人本体定期维护</td><td>4.2.1　能按步骤更换工业机器人各关节润滑脂。</td></tr>
<tr><td>4.2.2　能找准工业机器人润滑脂更换时的空间方位角。</td></tr>
<tr><td>4.2.3　能对工业机器人各关节皮带、齿轮齿条进行调节处理。</td></tr>
<tr><td rowspan="3">4.3　工业机器人运行状态监测</td><td>4.3.1　能监测工业机器人系统运行状态。</td></tr>
<tr><td>4.3.2　能监测工业机器人运行参数。</td></tr>
<tr><td>4.3.3　能检测工业机器人各关节实时位置数据。</td></tr>
<tr style="display:none"></tr>
<tr><td rowspan="3">中级</td><td>3. 工业机器人系统维护</td><td>3.3　工业机器人部件更换</td><td>3.3.2　能更换工业机器人减速机。</td></tr>
<tr><td rowspan="2">4. 工业机器人系统故障诊断及处理</td><td rowspan="2">4.1　工业机器人本体故障诊断及处理</td><td>4.1.1　能找到工业机器人震动噪声产生原因并处理。</td></tr>
<tr><td>4.1.3　能找到工业机器人齿轮箱漏油、渗油产生原因及处理。</td></tr>
<tr><td>高级</td><td>3. 工业机器人系统故障诊断</td><td>3.1　工业机器人系统异常处理</td><td>3.1.2　能分析机器人本体常规及异常故障现象(如抖动、异响等)并排除。</td></tr>
</table>
</td></tr>
</table>

<table>
<tr><td>任务目标</td><td>1. 知识目标
了解地线的安装方法，掌握安装 A3 轴齿轮箱时的注意事项。
2. 能力目标
能够正确使用工具，安装工业机器人的 A3 轴齿轮箱。
3. 素质目标
运用已获得知识、技能和经验独立分析和解决问题。
4. 思政育人目标
具有科学精神，能够描述 KUKA 机器人 A3 轴齿轮箱的安装流程和注意事项，培养学生求真务实、严谨规范和一丝不苟的工作态度，通过学习安装 KUKA 机器人的 A3 轴齿轮箱，进一步树立安全意识和质量意识，引导学生规范操作，培养学生精益求精的工匠精神。</td></tr>
<tr><td>任务要求</td><td>通过分组讨论，制订安装 A3 轴齿轮箱的方案，在教师的引导下，组长分工，小组合作，协作完成安装 A3 轴齿轮箱，描述安装 A3 轴齿轮箱的操作步骤和注意事项，绘制机器人 A3 轴的传动简图。</td></tr>
<tr><td>任务思考</td><td>1. 工业机器人本体上的地线是如何安装的？

2. KUKA 公司的 QUANTEC 系列机器人 A3 轴的传动简图是怎样的？</td></tr>
<tr><td>任务实施</td><td>1. 描述安装 KR 120 R2500 pro 机器人 A3 轴齿轮箱的流程。

2. 描述安装 KR 120 R2500 pro 机器人 A3 轴齿轮箱的注意事项。</td></tr>
<tr><td>任务总结</td><td>1. 知识与技能方面的收获与体会。
2. 职业素养方面的收获与体会。
3. 其他方面的收获与体会。</td></tr>
<tr><td>任务评价</td><td>
<table>
<tr><th>序号</th><th>考核指标</th><th>所占分值</th><th>备注</th><th>得分</th></tr>
<tr><td>1</td><td>任务完成情况</td><td>30</td><td>是否在规定时间内完成任务</td><td></td></tr>
<tr><td>2</td><td>任务实施质量</td><td>30</td><td>参与态度及任务成果的质量</td><td></td></tr>
<tr><td>3</td><td>任务总结质量</td><td>40</td><td>知识、技能、职业素养及其他方面的收获与体会</td><td></td></tr>
</table>
指导教师：　　　　日期：　　年　月　日</td></tr>
<tr><td>任务拓展</td><td>查阅和搜集资料，制订 KUKA 公司的 QUANTEC 系列机器人其余基轴齿轮箱的拆装方案，绘制其余基轴的传动简图。</td></tr>
</table>

参考文献

[1] 蔡红健，巫邵波，唐向清.工业机器人机械基础与维护[M].西安：西安电子科技大学出版社，2019.

[2] 北京新奥时代科技有限责任公司.工业机器人操作与运维职业技能等级标准(2021年2.0版)[S].2021.

[3] 库卡机器人(上海)有限公司.QUANTEC机械系统检修[Z].2012.

[4] 胡月霞.工业机器人拆装与调试(活页式)[M].北京：中国水利水电出版社，2022.

[5] 北京新奥时代科技有限责任公司.工业机器人操作与运维实训(中级)[M].北京：电子工业出版社，2020.

[6] 陈伟卓，胡志刚.KUKA工业机器人操作与编程[M].西安：西安电子科技大学出版社，2019.

【扫一扫】

课前测试
答案解析